Walter Simon

GABALs großer Methodenkoffer

Persönlichkeitsentwicklung

Meinem Lektor
Frank-Michael Rommert

mit Dank
für seine gründliche und verständnisvolle Arbeit

Walter Simon, Bad Nauheim, im Februar 2007

Walter Simon

GABALs großer Methodenkoffer Persönlichkeitsentwicklung

GABAL

Bibliografische Information der Deutschen Nationalbibliothek

Die Deutsche Nationalbibliothek verzeichnet diese Publikation in der Deutschen Nationalbibliografie; detaillierte bibliografische Daten sind im Internet über http://dnb.d-nb.de abrufbar.

Sonderausgabe der im GABAL Verlag unter
ISBN 978-3-89749-672-9 erschienenen Ausgabe.

ISBN 978-3-86936-164-2

2. Auflage 2010
Lektorat, Satz: Rommert Medienbüro, Gummersbach. www.rommert.de
Umschlaggestaltung: +Malsy Kommunikation und Gestaltung, Willich
Umschlagfoto: Getty Images, München
Grafiken: Justus Kaiser/Rommert Medienbüro, Gummersbach
Druck: Salzland Druck, Staßfurt

Abonnieren Sie unseren Newsletter unter:
www.gabal-verlag.de

Inhalt

B Analytische Persönlichkeitsmodelle bzw. -tests

D Lebens- und Erfolgsstrategien

Zu diesem Buch

Dies ist der fünfte GABAL-Methodenkoffer. Die Gesamtreihe besteht aus folgenden fünf Büchern, die alle von Prof. Dr. Walter Simon verfasst wurden: **Fünf Bände**

1. Grundlagen der Kommunikation
2. Grundlagen der Arbeitsorganisation
3. Managementtechniken
4. Führung und Zusammenarbeit
5. Persönlichkeitsentwicklung

Die fünf Bände des GABAL-Methodenkoffers

Band 1 (Methodenkoffer Kommunikation) behandelt auf folgender Gliederung basierend alle relevanten Kommunikationsthemen: **Band 1**

A. Umfassende Kommunikationsmodelle
B. Teilaspekte der Kommunikation
C. Besondere Kommunikationsformen und -zwecke

Der Themenbogen spannt sich von umfassenden Kommunikationsmodellen (z. B. Neurolinguistisches Programmieren) über Teilaspekte der Kommunikation (z. B. Fragetechnik) bis hin zu besonderen Kommunikationsformen (z. B. Rhetorik).

Im *zweiten Band (Methodenkoffer Arbeitsorganisation)* werden die wichtigsten persönlichen Arbeitstechniken behandelt: **Band 2**

A. Persönliche Arbeitsmethodik
B. Lern- und Gedächtnistechniken
C. Denktechniken
D. Kreativitätstechniken
E. Stressbewältigungsmethoden

Zeit- und Zielmanagement, Informationsbewältigung, Superlearning, logisches und laterales Denken und autogenes Training sind einige der Themen, die hier behandelt werden.

Band 3 Der *dritte Band (Methodenkoffer Management)* ist ein reiches Füllhorn an Managementtechniken. In diesen vier Hauptabschnitten werden insgesamt 40 Werkzeuge vorgestellt:

A. Funktionales Management
B. Funktionsintegrierende Managementkonzepte
C. Qualitätsoptimierende Managementtechniken
D. Strategische Managementthemen

Hier reichte der Bogen von Themen wie Szenariotechnik, Nutzwertanalyse, Entscheidungsbaumtechnik, Kennzahlen, Kepner-Tregoe-Methode und Wertanalyse bis hin zu strategischen Themen wie Change-Management und lernende Organisation.

Band 4 *Band vier (Methodenkoffer Führung)* hat das Thema Mitarbeiterführung zum Inhalt. Dieses sind die Themengebiete:

A. *Führungslehre im Wandel der Zeit*
Human-Relation-Schule, Max Webers Führungstypologie, idealtypische (theoretische) und realtypische (empirische) Führungsmodelle, Theorie der Führungsdilemmata, Eigenschaftentheorie

B. *Interaktionelle Führung/Führungsaufgaben*
Ziele vereinbaren; Mitarbeiter informieren und mit ihnen kommunizieren; Mitarbeiter motivieren; Aufgaben, Kompetenzen und Verantwortung delegieren; Mitarbeiter kontrollieren; Mitarbeiter entwickeln; Mitarbeiter gerecht beurteilen; Konflikte erkennen und lösen; neue Mitarbeiter einführen; Mitarbeiter gekonnt kritisieren

C. *Strukturelle Führung*
Visionen kreieren, Leitbilder formulieren, Unternehmenskultur gestalten, Führungsgrundsätze entwickeln

D. *Zusammenarbeit, Kooperation*
Teamwork praktizieren, Gruppenarbeit nutzen, Diversity

E. *Führungsmodelle und -konzepte*
Harzburger Modell, Grid-Modell, Kontingenzmodell, situatives Führen mit dem 3D-Modell, situatives Führen mit dem Reifegradmodell, Management-by-Techniken, Vier-Schlüsselstrategien-Modell, Wunderer-Konzept der strukturellen Führung, Empowerment, Leadership

Inhalt und Aufbau dieses Bandes

Band 5

Den *fünften Band* dieses Kompendiums *(Methodenkoffer Persönlichkeit)* halten Sie in der Hand. Hier geht es um die Persönlichkeit bzw. um Wege und Möglichkeiten der Persönlichkeitsentwicklung. Der Erfolg im Studium, Beruf und Alltag hängt zu einem großen Teil von der Persönlichkeit des jeweiligen Menschen ab, von seinem Denken und Fühlen, seinen Werten und Normen, seinem Wollen und Tun. In diesem Band werden darum Konzepte und Methoden vorgestellt, die Sie zum Nachdenken hierüber anregen sollen.

Kein einheitliches Verständnis

Doch bitte beachten Sie: Der Begriff Persönlichkeitsentwicklung wirft viele Fragen auf. Die Psychologen nennen zwar Ursachen der Persönlichkeitsentwicklung, aber selten Rezepte. Es gibt auch keine empirischen Befunde darüber, ob dieses oder jenes Konzept tatsächlich die Persönlichkeit entwickelt. Das ist schon deshalb unmöglich, weil bisher kein einheitliches Verständnis von Persönlichkeit existiert. Auch sind Inhalt und Richtung der Entwicklung unklar.

Das Buch ist ein Instrumentenkoffer

Das ist der Grund, warum der vorliegende Band keiner Schule bzw. Theorie folgt, wie man es von ähnlichen Büchern her kennt, sondern sich als Instrumentenkoffer für unterschiedliche Wege der Persönlichkeitsentwicklung versteht. Für die Persönlichkeitsentwicklung gibt es keine stromlinienförmigen Musterlösungen. Zu unterschiedlich sind die Situationen und Zusammenhänge. Hier gilt statt eines Entweder-oder ein Sowohl-als-auch. Statt nur eines Werkzeugs werden verschiedene benötigt, je nach Person und Sachlage.

Hauptabschnitte von Band 5

Dieser Band ist in diese Hauptabschnitte gegliedert:

A. Die *Hinführung*, in der es um wichtige Begriffsklärungen im Zusammenhang mit Persönlichkeit und Persönlichkeitsentwicklung geht
B. Die wichtigsten *analytischen Persönlichkeitsmodelle*, so z. B. das DNLA- oder das INSIGHTS-Modell
C. Psychologisch basierte *Persönlichkeitsentwicklungskonzepte* wie Neurolinguistisches Programmieren oder Focusing

D. *Lebens- und Erfolgsstrategien,* soweit diese wegen ihres Bekanntheitsgrades von Bedeutung sind, so z. B. die Lebensgestaltung nach Covey und Work-Live-Balance

Überblick über vielfältige Konzepte

Der Persönlichkeitskoffer gibt einen Überblick über die vielfältigen Konzepte, die sich zum Zwecke der Persönlichkeitsentwicklung anbieten. Sie als Leser müssen selbst die Entscheidung treffen, welches Thema Sie vertiefen wollen. Hierbei ist aber zu bedenken, dass auch der Kommunikationskoffer, der Arbeitsmethodikkoffer und der Führungskoffer wichtige Hinweise zur Persönlichkeitsentwicklung geben.

Zwischen Lexikon und Lehrbuch

Es handelt sich bei den Büchern um fünf Werkzeugkästen, die mit verschiedenen Werkzeugen bestückt sind, je nach Problemlage und Einsatzbereich. Sie sind mehr als ein stichwortartiges Lexikon, aber auch weniger als ein dickleibiges Lehrbuch. So viel wie nötig und so wenig wie möglich, galt auch hier als Faustregel. Alle Bände sind von Struktur und Inhalt aufeinander abgestimmt. Viele Kapitel nehmen Bezug auf ein anderes. So wie Hammer, Nagel und Zange zusammengehören, so gehören auch viele Kapitel der fünf Bände zusammen.

Wenig Aufwand, hoher Nutzen

Inhalt, Themenmenge, Zeitbedarf und individuelle Lernkapazität wurden in ein ausgewogenes Verhältnis gebracht. Die Hauptpunkte eines Themas wurden so sehr verdichtet, dass Sie als Leser auf der Basis des ökonomischen Prinzips mit wenig Aufwand den größtmöglichen Nutzen erzielen. Wenn Sie mehr wissen wollen, orientieren Sie sich bitte an der sorgfältig zusammengestellten Literaturliste.

Handlungskompetenz durch Schlüsselqualifikationen

Ziel: mehr Handlungskompetenz

Wie schon in den anderen Büchern ausgeführt, zielen alle fünf Bände der Reihe darauf, der interessierten Leserschaft Handlungskompetenz durch den Ausbau der Schlüsselqualifikationen zu vermitteln. Wenn das gelingt, ist das ein wertvoller Schritt auf dem nie endenden Weg der Persönlichkeitsentwicklung.

Schlüsselqualifikationen

Sogenannte Schlüsselqualifikationen, auch als extrafunktionale, fachübergreifende bzw. fundamentale Qualifikationen bezeichnet, gewinnen immer mehr an Bedeutung. Fachwissen veraltet schnell, womit sich zugleich auch Ihre Qualifikation entwertet. In dieser Situation helfen Ihnen Schlüsselqualifikationen, neue Lern- und Arbeitsinhalte schnell und selbstständig zu erschließen.

Der Wesenskern von Schlüsselqualifikationen verändert sich nicht, selbst wenn sich Technologien oder Berufsinhalte wandeln. Außerdem können sie für andere Bereiche und weitere Tätigkeiten verstärkend eingesetzt werden und sind so ein wichtiger Teil Ihrer beruflichen Handlungskompetenz.

Zu den Schlüsselqualifikationen gehören die nachfolgend skizzierten Kompetenzfelder.

Fachkompetenz

Berufliche Bildung

Die Fachkompetenz ist das klassische Feld der beruflichen Bildung. Sie haben Fachkompetenz in der Schule, Ausbildung und bei Weiterbildungsmaßnahmen erworben. Dazu gehören u. a.:

- Allgemeinwissen
- Fachspezifisches Wissen und Können
- Sprachkenntnisse
- EDV-Kenntnisse

Hard Skills

Hierbei handelt es sich zumeist um Hard Skills, also um operationalisierbares, kognitives, fachliches Wissen oder um Kenntnisse zur Bedienung technischer Geräte. Diese Art des Wissens oder Könnens eignet sich aber nicht, um komplexe Situationen mit hohem affektivem Anteil zu bewältigen.

Methodenkompetenz

Wissen einsetzen

Die Methodenkompetenz befähigt Sie, Ihr Fachwissen geplant und zielgerichtet einzusetzen. Zur Methodenkompetenz gehören diese Teilkompetenzen:

- Analytisches Denkvermögen, also die systematische Annäherung an eine Problemstellung
- Kreatives Denken, also die Bereitschaft, auch unorthodoxe Wege einzuschlagen

- Strukturierendes Denken, indem Sie Informationen klassifizieren
- Kritisches Denken, indem Sie Bestehendes infrage stellen

Auf Methodenkompetenzen konzentrieren sich Band 2 und 3 dieser Buchreihe.

Sozialkompetenz, Soft Skills

Umgang mit anderen Menschen

Unter der Sozialkompetenz versteht man insbesondere das situations- und personenbezogene Denken und Handeln eines Individuums, vor allem im kommunikativen Bereich. Es handelt sich demzufolge um die Fähigkeit zum konstruktiven Umgang mit anderen, und zwar um die:

- Kommunikationsfähigkeit
- Kritikfähigkeit
- Kooperationsfähigkeit
- Teamfähigkeit
- Empathiefähigkeit
- Konfliktfähigkeit

Darüber informiert der erste Band dieser Buchreihe und unter dem Gesichtspunkt der Mitarbeiterführung der vierte.

Sehr wichtig: Soft Skills

Man umschreibt den Begriff Sozialkompetenz oft auch mit Soft Skills. Diese rangieren in ihrer Bedeutung für Unternehmen mit großem Abstand vor Mobilität und Flexibilität, so das Ergebnis einer Studie des Staufenbiel-Instituts aus dem Jahre 2000 (Büser 2000, S. 60). Als wichtigste Persönlichkeitsmerkmale wurden dort genannt:

- Teamfähigkeit/Kooperationsbereitschaft: 55 %
- Kontakt- und Kommunikationsfähigkeit: 45 %
- Mobilität: 33 %
- Eigeninitiative: 32 %
- Flexibilität: 30 %

Das Interesse von Unternehmen an Soft Skills ist eine Folge der IT-Durchdringung und Globalisierung. Angetrieben durch diese beiden Faktoren entwickelten sich flexible Organisationsstrukturen, flache Hierarchien und dezentrale Entscheidungsstrukturen. Selbstorganisierte, informelle Netzwerke und ganzheitliche, projektorientierte Aufgabenbewältigung treten an die Stelle der tayloristischen Arbeitsteilung. Solche Arbeits- und Organisationsformen setzen aber Team-, Kontakt- und Kommunikationsfähigkeit voraus.

Persönlichkeitskompetenz

Die eigene Person entwickeln

Bei der Persönlichkeitskompetenz geht es um die Fähigkeit, die eigene Person optimal zu entwickeln. Zu den Einflussfaktoren gehören u. a. diese menschlichen Fähigkeiten:

- *Selbstentwicklungsbereitschaft*
  Erst durch die Bereitschaft des Einzelnen kann es zu wesentlichen Änderungen im persönlichen Bereich kommen. Dazu zählen laufende Selbstreflexion der eigenen Fähigkeiten und Verhaltensweisen.
- *Lernbereitschaft*
  Man bezieht die Bereitschaft, immer etwas Neues dazuzulernen, jedoch nicht nur auf das Erlernen von neuem Wissen, sondern auch auf die Fähigkeit des Umlernens von eingefahrenen Denk- und Handlungsstrukturen.

Urteilsvermögen

Weitere wichtige Einflussfaktoren sind das *Urteilsvermögen,* das nur erlangt werden kann, wenn eine Person viele Informationen zur eigenen Meinungsbildung heranzieht.

Glaubwürdigkeit und Belastbarkeit

Auch die *Glaubwürdigkeit* gehört zur Persönlichkeitskompetenz. Aussagen und Verhaltensweisen sind für andere nur dann glaubwürdig, wenn sie ganzheitlich und stimmig sind. Selbst eine ausreichende *Belastbarkeit* ist in unserer an Hektik und Konflikten überladenen Arbeitssituation eine wichtige Teilkompetenz.

Weitere Aspekte

Daneben wird nach Ihrer *Kreativität* und *Flexibilität* gefragt, nach Ihrer *Eigeninitiative, Geduld* und *Ausdauer,* mit der Sie Problemstellungen im privaten und beruflichen Bereich angehen und lösen. „Eine gefestigte, in sich ruhende, selbstsichere und von der Meinung anderer unabhängige Persönlichkeit bildet die Voraussetzung dafür, systematisch und zielgerichtet alle Einflussfaktoren, die Persönlichkeitskompetenz ausmachen, anzugehen und laufend zu verbessern“ (Brommer 1992, S. 65).

Handlungskompetenz

Wissen im Alltag nutzen

Die Weiterentwicklung aller angestrebten Kompetenzen zu einem optimalen Soll-Zustand führt schließlich zur eigentlichen Handlungskompetenz. Darunter versteht man die Fähigkeit, die im Zusammenhang mit den Schlüsselqualifikationen erlangten Fertigkeiten, Fähigkeiten, Erkenntnisse und Verhaltensweisen sowohl im beruflichen als auch im persönlichen Bereich anzuwenden und umzusetzen. Erst wenn das neu erlernte Wissen auch effektiv eingesetzt wird und man die neuen Methoden im täglichen Leben anwendet, kann man von Handlungskompetenz sprechen. Da aber immer wieder neue Lösungen verlangt werden, entwickelt sich die Handlungskompetenz stets weiter.

Literatur

Ulrike Brommer: *Lehr- und Lernkompetenz erwerben. Ein Weg zur effizienten Persönlichkeitsentwicklung.* Wiesbaden: Gabler 1992.

Tobias Büser in: *Wirtschaftsinformatik 42/2000.*

Walter Simon: *GABALs großer Methodenkoffer. Führung und Zusammenarbeit.* Offenbach: GABAL Verlag 2006.

Walter Simon: *GABALs großer Methodenkoffer. Managementtechniken.* Offenbach: GABAL Verlag 2005.

Walter Simon: *GABALs großer Methodenkoffer. Arbeitsmethodik.* Offenbach: GABAL Verlag 2004.

Walter Simon: *GABALs großer Methodenkoffer. Grundlagen der Kommunikation.* Offenbach: GABAL Verlag 2004.

Walter Simon: *Ziele managen.* Offenbach: GABAL Verlag 2001.

Teil A

Hinführung

1. Wer oder was ist eine Persönlichkeit?

Wunsch nach Antworten

Wir fragen uns, warum Menschen so unterschiedlich sind. Warum können einige auf andere Menschen zugehen, während andere nur Ablehnung und Feindseligkeit ausstrahlen? Wir wollen Antworten auf grundlegende Fragen wie:

- Was ist das für ein Mensch?
- Wer bin ich?
- Wie wurde er/sie zu dem, was er/sie ist?
- Warum verhält er/sie sich gerade so und nicht anders?

Uneinige Psychologen

Die Psychologen, die die Frage nach dem Wesen der Persönlichkeit von Berufs wegen beantworten sollten, sind sich uneinig. Sie wollen zwar die grundlegenden Dimensionen und Eigenschaften bestimmen, in denen sich die Menschen voneinander unterscheiden, aber schon hier beginnt der Meinungsstreit. Hinzu kommt, dass ihre Wissenschaft, die Psychologie, keine exakte Fachdisziplin ist. Betriebswirte sind sich einig, was eine Bilanz ist. Unter Mathematikern der ganzen Welt gibt es Konsens über das Einmaleins. Mediziner arbeiten mit einer einheitlichen Fachsprache. Aber in der Persönlichkeitspsychologie gibt es keine allgemein akzeptierten Grundbegriffe. Zahllose Theorien, die sich widersprechen und bekämpfen, schaffen mehr Verwirrung als Klärung.

Kurzer Überblick

Die Aufgabe dieses Buches ist es nicht, sich an diesem Streit zu beteiligen oder den vielen Definitionen von Persönlichkeit eine weitere hinzuzufügen. Aber ein kurzer Überblick über die vorhandenen theoretischen Modelle erscheint genauso sinnvoll wie der Blick von der Kirchturmspitze auf eine Stadt, die man anschließend besichtigen will. Eine solche Panoramaübersicht von oben erleichtert die Orientierung.

Definitionen

Es gibt sehr viele Definitionen des Begriffs Persönlichkeit, je nach theoretischer Zuordnung oder Forschungstradition desjenigen, der definiert. Eine Definition macht nur Sinn, wenn zugleich die elementaren Begriffe Mensch und Individuum geklärt werden.

Mensch

Der Begriff *Mensch* kennzeichnet sowohl die biologische Art *homo sapiens* als auch unser Dasein als gesellschaftliches Wesen.

Individuum

Individuum bedeutet so viel wie Einzelwesen. Jeder Mensch ist ein solches Unikat, mancher gar ein Unikum.

Persönlichkeit

Das Individuum wird in dem Maße zur *Persönlichkeit,* in dem es sich die Errungenschaften der Kultur aneignet, bewusstes Subjekt wird, das seine Handlungen verantwortet und seine Individualität entwickelt. Das impliziert, dass nicht jeder Mensch eine Persönlichkeit ist, am wenigsten ein Neugeborener.

Definition laut Duden

Im Duden wird Persönlichkeit definiert als die „umfassende Bezeichnung für die Beschreibung und Erklärung des einzigartigen und individuellen Musters von Eigenschaften eines Menschen, die relativ überdauernd dessen Verhalten bestimmen".

Definition laut Allport

Der renommierte Psychologe Gordon W. Allport (1897–1967) sprach schon in den dreißiger Jahren des letzten Jahrhunderts von der Persönlichkeit als „die dynamische Organisation derjenigen Systeme im Individuum, die sein charakteristisches Verhalten und Denken determinieren".

Definition laut Fromm

Der bekannte Psychoanalytiker Erich Fromm sieht in der Persönlichkeit die „Totalität ererbter und erworbener psychischer Eigenschaften, die den Einzelnen charakterisieren und das Einmalige dieses Einzelnen ausmachen". Andere sprechen von einem „einzigartigen, relativ stabilen und den Zeitablauf überdauernden Verhaltenskorrelat".

Nicht nur Gegenstand der Psychologie

Man muss sich aber vor einer zu sehr psychologisch ausgerichteten Definition hüten, denn die Persönlichkeit ist nicht nur Gegenstand der Psychologie, sondern auch der Anthropologie, der Somatologie (Lehre von den Eigenschaften des menschlichen Körpers), der Soziologie und der Genetik.

Der Mensch ist sowohl ein natürliches und individuelles als auch soziales Wesen. Persönlichkeit entsteht in der Gesellschaft.

Austausch mit der Umwelt

Denn „der Mensch tritt nur als ein mit bestimmten natürlichen Eigenschaften und Fähigkeiten begabtes Individuum in die Geschichte ein (…) und nur als Subjekt der gesellschaftlichen Beziehungen wird er zur Persönlichkeit“, so der russische Psychologe Alexej Leontjew in seinem Buch *Tätigkeit, Bewusstsein, Persönlichkeit.* Anders gesagt: Die Persönlichkeit ist nicht präexistent, sondern entsteht durch den Austausch mit der Umwelt. Die Fähigkeiten zum Denken, Handeln und Fühlen entwickeln sich stets unter den Bedingungen der konkreten Gesellschaft mit den ihr eigenen Wesenszügen. Die Geburt an einem bestimmten Ort in einer bestimmten Epoche verbindet den Menschen mit einem spezifischen sozialen, wirtschaftlichen, politischen, kulturellen Milieu, das auf ihn einwirkt. Im Laufe seines Lebens bekommt der Mensch alles, was er benötigt, im Austausch mit anderen Menschen. Auch in geistiger Hinsicht hängt er von diesen ab, da er von ihnen auch Sprache, Wissen und Verhaltensnormen übernimmt.

Umstände nicht ignorieren

Das erklärt, warum auch der Versuch jener Psychologen zum Scheitern verurteilt ist, die psychologische Probleme kurieren wollen, ohne Einfluss auf die Lebensumstände zu nehmen, aus denen die Probleme letztendlich resultieren. Auch Persönlichkeitstests, die in der Auswertung Verhaltensempfehlungen abgeben, müssten die Mikroumwelt berücksichtigen, in dem diese Empfehlungen überhaupt erst wirksam werden können.

Die Begriffe sind mehrdeutig

Da kein allgemeingültiges Kriterium zur Verfügung steht, das es uns gestatten würde zu entscheiden, welche der vielen Definitionen von Persönlichkeit anderen vorzuziehen sei, müssen wir akzeptieren, dass die Begriffsinhalte von „Person“ und „Persönlichkeit“ im alltäglichen und im wissenschaftlichen Sprachgebrauch mehrdeutig sind. Es scheint so, dass eine exakte Definition als Folge des Fehlens einer umfassenden Persönlichkeitstheorie gegenwärtig nicht möglich ist. Sie ist auch für die weiteren Ausführungen unerheblich. Immerhin herrscht Einigkeit darüber, dass der Mensch als Ganzes betrachtet werden muss, mit Individualität ausgestattet und einzigartig ist. Sein Verhalten weist konstante Züge auf, ist aber auch ständigem Wandel unterworfen.

2. Wie entsteht Persönlichkeit?

Ein bunter Markt

Auf dem Markt tummeln sich viele Anbieter von Seminaren, die das Thema Persönlichkeitsentwicklung zum Inhalt haben. „Man trägt wieder Persönlichkeit", lautet ein Sprichwort. Aber Persönlichkeitsentwicklung ist ein Containerbegriff, in dem man vieles unterbringen kann: Rhetorikseminare, Yogakurse, Tanztherapie, Urschreitraining, esoterische Quacksalberei und vieles mehr von diesem Genre.

Persönlichkeit ist entwickelbar

Wenn man den Menschen im Sinne der humanistischen Psychologie als ein bewusst lebendes, sich selbst bestimmendes Wesen definiert, wenn man von der behavioristischen Lerntheorie ausgehend die Umwelt als bestimmende Determinante des individuellen Reifungsprozesses betrachtet oder wenn man gar marxistisch vom Primat des Seins über das Bewusstsein ausgeht, dann ist die Persönlichkeit natürlich entwickelbar. Der Mensch befindet sich eigentlich immer in einem persönlichen Entwicklungsprozess.

Ständige Anpassung an die Umwelt

Persönlichkeitsentwicklung ist, so gesehen, die ständige Anpassung individueller Eigenschaften an die Bedingungen der Umwelt. Die vielfältigen Herausforderungen des Lebens führen dazu, dass wir jeden Tag weiter reifen. Man kann sich kaum dagegen wehren. Es ist unmöglich, sich nicht zu entwickeln. Wir sind Darsteller und Regisseure unseres eigenen Films, an dem wir ständig weiter drehen. Darum kann sich auch niemand aus der Verantwortung für sein Tun stehlen, indem er allein dem Schicksal die Schuld für seine Misere gibt.

Ein lebenslanger Prozess

Persönlichkeitsentwicklung ist also ein lebenslanger dynamischer Prozess, an dem die innere (körperliche und geistige) Konstitution, die genetische Struktur und die äußere Realität (Umwelt) aktiv beteiligt sind. Je genauer bzw. kompatibler die Passung zwischen innerer und äußerer Realität ist, umso besser gelingt die Persönlichkeitsentwicklung.

Zwei Ursachenbereiche

Eine der größten Herausforderungen, die sich den Persönlichkeitspsychologen stellt, ist die Erklärung individueller Unterschiede in der Entwicklung der Gesamtpersönlichkeit. In diesem Zusammenhang wurde die Reifung der Persönlichkeit in zwei Ursachenbereiche aufgeteilt:

1. die *genetischen Determinanten*, also die elementaren Merkmale und Veranlagungen
2. die *Umweltdeterminanten*

Müssen wir zwischen beiden eine Wahl treffen oder wirken beide aufeinander ein, weil sie in wechselseitiger Beziehung zueinander stehen?

2.1 Die Bedeutung elementarer Merkmale und Veranlagungen des Menschen

Biologische Grundlagen

Der Mensch ist ein Kind der Natur. Die Verbindung zur natürlichen Umwelt besteht bis ins hohe Alter. Unsere soziale Entwicklung hat stets biologische Grundlagen und ist sozialen, technologischen sowie gesellschaftlichen Einflüssen ausgesetzt.

Erbgut

Zu den biologischen Voraussetzungen gehören auch unsere Anlagen, also jene Faktoren, die durch unsere Gene und unser Erbgut beeinflusst wurden, z. B. physische Merkmale wie Erscheinungsbild und Gesundheitszustand, Geistesgaben wie Intelligenz und Kreativität, Charaktereigenschaften wie Emotionalität und Soziabilität.

Genetische Faktoren

Genetische Faktoren spielen eine wichtige Hauptrolle bei der Bestimmung unserer Persönlichkeit. Sie bewirken die Einzigartigkeit eines jeden Individuums. Genetische Faktoren bestimmen z. B. die Augenfarbe und die Größe der Person. Auch Persönlichkeitsmerkmale wie Intelligenz oder Temperament beruhen in der Regel auf genetischen Faktoren.

Als Beispiel für die unterschiedliche Ausprägung von Temperamenten stehen Aktivität und Ängstlichkeit. Einige Menschen sind aktiver als andere, sie müssen immer in Aktion sein. Im

Vergleich zu anderen, die sich eher ängstlich und vorsichtig verhalten, sind sie zumeist auch furchtloser.

Unterschiede sind erblich bedingt

Die Tatsache, dass diese Unterschiede schon früh in der Kindheit auftauchen und bis ins hohe Alter anhalten, sie also unabhängig von den individuellen Erfahrungen sind, zeigt, dass die Unterschiede erblich bedingt sind. Es lassen sich also viele Verhaltensmuster auf unser Erbgut zurückführen, das wir mit den Mitgliedern unserer Familie gemein haben. So bestimmen Gene sowohl unser Menschsein als solches wie auch unsere Einzigartigkeit als Individuum.

2.2 Die Bedeutung des Eigen- und Umfelderlebens

Einflüsse auf die Entwicklung

Im Alltag ergeben sich Einsichten, entstehen Gewohnheiten und bilden sich Fähigkeiten heraus. Emotionen sind zu kontrollieren, Informationen zu verarbeiten, Planungen und Handlungen zu initiieren, Konflikte zu lösen, um nur einige Einflüsse des die Persönlichkeit prägenden Entwicklungsprozesses zu nennen.

Externe Faktoren

Zu den inneren Einflussfaktoren der Persönlichkeitsentwicklung kommen die externen. In der Kinder- und Jugendzeit sind es Familie, Freunde, Schule und Medien, die Markierungsmarken am Menschen setzen. Beim Erwachsenen wirken der Beruf, der soziale Status und die sozialen Netzwerke auf die Persönlichkeit. Traumatische Erlebnisse wie Krieg oder Tod, Verbrechen oder Katastrophen hinterlassen tiefe Narben in der Psyche eines Menschen.

Kultur

Persönlichkeit ist kulturabhängig

Jede Kultur verfügt über einen eigenen Vorrat aus erlernten Verhaltensmustern, gesellschaftlichen Ritualen, Formen der Körpersprache und allgemein anerkannten Überzeugungen. Menschen, die dieser Kultur angehören, haben gewisse Persönlichkeitsmerkmale gemeinsam mit den anderen Mitgliedern dieser Kultur. So verleihen wir unseren Gefühlen einen ganz bestimmten Ausdruck, unsere Bedürfnisse definieren wir in einer uns eigenen Art und Weise und auch unser Verhältnis zu Leben und Tod wird durch unsere Kultur bestimmt. Wir nehmen diese Merkmale oft nur unbewusst wahr, bis wir mit Mitgliedern einer anderen Kultur in Berührung kommen, die unsere Sicht der Dinge infrage stellen.

Soziale Schicht

Verhaltensmuster und soziale Schicht

Neben der Kulturdeterminante spielt auch die soziale Schicht, der wir entstammen, eine große Rolle im Persönlichkeitsbildungsprozess. Die soziale Gruppe ist von Bedeutung, denn sie hilft uns bei der Bestimmung des Status, den wir einnehmen, bei den Pflichten, die wir zu erfüllen haben, und bei den Vorrechten, die wir genießen. So entwickeln sich gewisse Verhaltensmuster aufgrund der Zugehörigkeit zu einer bestimmten sozialen Schicht. Diese Verhaltensmuster wirken sich auf das Bild aus, das jemand von sich selbst hat und das andere von dieser Person haben.

Elternhaus

Eltern dienen als Identifikationsmodell

Auch der Einfluss des Elternhauses ist für unseren Lebensweg sehr wichtig. Ein Viertel bis zu einem Drittel seines Lebens, als Kind und Jugendlicher, ist der Mensch von seinen Eltern abhängig. Diese können liebevoll oder abweisend sein, behüten wollen oder viele Freiheiten gestatten. Die Eltern dienen als Identifikationsmodelle. Sie dirigieren die Kinder auch in eine bestimmte Richtung, indem sie Verhalten belohnen oder bestrafen. Allerdings hat das Elternhaus nur einen begrenzten Einfluss auf die Persönlichkeitsentwicklung, da das Kind unterschiedliche Erfahrungen auch außerhalb der Familie sammelt. Die aktive Aneignung des Umfeldes spielt im Persönlichkeitsentwicklungsprozess die entscheidende Rolle.

Arbeit

Beruf und Identität

Ein wichtiger Einflussfaktor auf unsere Persönlichkeitsentwicklung ist der ausgeübte Beruf und das dazugehörige Umfeld. Immerhin verbringen Sie als Berufstätiger den größten Teil Ihres Tages am Arbeitsplatz. Neben der bloßen Existenzsicherung ist die Erwerbsarbeit die wichtigste Quelle der Lebenserfahrungen und damit Mitgestalter der eigenen Identität. Diese bildet sich in der wechselseitigen Beziehung zwischen dem Inneren einer Person und den äußeren beruflich-gesellschaftlichen Gegebenheiten heraus. Der Job bestimmt die soziale Identität. Am Arbeitsplatz werden implizite Erwartungen an das Individuum formuliert. Diese sind eng mit der Berufsrolle des Menschen verbunden. Insofern ist die Erwerbsarbeit eine wichtige Voraussetzung zur Bildung der Identität.

Großer Einfluss auf die Persönlichkeit

Im Allgemeinen bedeutet der Begriff Arbeit eine „... geordnete Tätigkeit, die der Erzeugung, Beschaffung, Umwandlung, Verteilung oder Benutzung materieller oder ideeller Daseinsgüter dient" (Dorsch 1994, S. 49). Diese Definition reicht aber nicht aus, um die ganze Reichweite des Begriffs aufzuzeigen. Die Erwerbsarbeit nimmt im Leben des modernen Menschen einen zentralen Platz ein, da sie nicht nur der Sicherung des Lebensunterhalts dient, sondern auch Einfluss auf die Entwicklung und Entfaltung der Persönlichkeit hat. Arbeit bedeutet also auch Persönlichkeitsentfaltung, sie beeinflusst und prägt den Menschen. Die Arbeit „ist die erste Grundbedingung alles menschlichen Lebens, und zwar in einem solchen Grade, dass wir in gewissem Sinne sagen müssen: Sie hat den Menschen selbst geschaffen" (Karl Marx).

Arbeit und Wertschätzung

Arbeit verhilft uns zu einem Platz im gesellschaftlichen Kontakt- und Wirkungsgefüge und bestätigt die eigene Wertschätzung. Der Mensch macht die Erfahrung, nützlich für die Gesellschaft zu sein. Das wiederum stabilisiert sein Verhalten und ist auch Voraussetzung für ein Arbeitseinkommen und damit u. a. für die die Möglichkeiten der Freizeitnutzung.

Wichtigkeit für die Psyche

Die Bedeutung der Arbeit hat sich im Laufe der Menschheitsgeschichte zwar verändert, für die Psyche des Menschen hat sie aber nie an Wichtigkeit verloren. Dies gilt zumal dann, wenn man den Begriff Arbeit nicht auf die Erwerbsarbeit beschränkt. Neben der Funktion der bloßen Existenzsicherung, welche – oberflächlich gesehen – sicherlich die wichtigste ist, bleibt die Erwerbsarbeit die wichtigste Quelle vielfältiger Lebenserfahrungen. Sie ist damit ein wichtiger Mitgestalter der eigenen Identität.

Wechselspiel von Person und Umwelt

Koevolutionäre Entwicklung

Alles in allem kann man den Menschen als ein sich dialektisch bedingendes, dynamisches Person-Umwelt-System betrachten, in dem sich Person und Umwelt wechselseitig bzw. koevolutionär entwickeln. Die Umwelt prägt den Menschen und dieser prägt die Umwelt. Beide komplettieren sich zu einer Einheit. Es findet ein ständiges Zusammenspiel zwischen Anlage und Umwelt statt. Die Vererbung gibt eine Anzahl von Verhaltensweisen vor, die Umwelteinflüsse bestimmen aber letztlich das Ergebnis. Ein lebhafter Mensch ruft andere Verhaltensweisen bei seiner Umwelt hervor als ein ruhiger, ein hübscher Mann andere Reaktionen bei Frauen als ein hässlicher. So ist auch die künstlerische Begabung bereits in den Genen veranlagt, aber die Umwelt bestimmt die Ausprägung der Begabung. Die Persönlichkeit entwickelt sich zu dem, was sie ist, durch ein ständiges Ineinandergreifen zwischen Genen und Umweltdeterminanten.

Der Mensch erlebt sich in diesem Austausch mit seiner Umwelt selbst, setzt sich mit sich selbst auseinander, denkt über seinen Wert nach, überwacht sich, konstruiert sein eigenes Weltbild, vergleicht sich mit anderen Menschen, arbeitet an seiner Identität und definiert seinen Standort im Umfeld.

Grundformen des Austausches Umwelt – Person

Zwei Grundformen

Die Interaktion zwischen Person und Umwelt kann man auch in diese zwei Grundformen untergliedern:

1. *Reaktive* Person-Umwelt-Transaktionen
2. *Proaktive* Person-Umwelt-Transaktionen

Reaktiv

Reaktive Person-Umwelt-Transaktionen liegen vor, wenn sich das Individuum einer Situation passiv anpasst oder infolge des Mangels an konsistenten Reaktionsmustern auf gleiche Situationen unterschiedlich reagiert.

Proaktiv

Proaktive Person-Umwelt-Transaktionen zeichnen sich dadurch aus, dass Menschen ihre Umwelten selbst auswählen bzw. gestalten. Sie bestimmen über sich selbst, z. B. bei der Auswahl der Freundschaften oder des Berufes, der Freizeitaktivitäten, Mitgliedschaften, Rollenannahme u. a. m. Das Individuum stimmt seine eigenen Bedürfnisse und Interessen mit der Umwelt ab. Es nimmt so Einfluss auf seine Persönlichkeitsentwicklung und baut ein reflektierendes Selbstbild auf, das ein flexibles, der Situation angemessenes Sozialhandeln ermöglicht.

Rolle des Alters

Mit dem Älterwerden nehmen proaktive Person-Umwelt-Transaktionen zu und die reaktiven ab. Das Wort Persönlichkeit wird darum auch nur von einer bestimmten Altersstufe an verwendet. Als Persönlichkeit wird man nicht geboren, zur Persönlichkeit wird man. Paradox ist hierbei, dass viele der Faktoren zur Persönlichkeitsbildung ihrem Wesen nach unpersönlich sind, denn die äußeren (sozialen) Bedingungen wirken stark auf die (psychologischen) inneren.

In diesem Prozess gewinnt der Mensch an emotionaler Stabilität und lernt, in sich zu ruhen. Zugleich entsteht Weisheit, sozusagen als die höchste Erkenntnisstufe menschlicher Wahrnehmung.

Bildung von Handlungskompetenz

Letztendlich zielt die Persönlichkeitsentwicklung auf die Bildung von Handlungskompetenz für die Auseinandersetzung mit der „äußeren" und „inneren" Realität. Mit Handlungskompetenz ist die Fähigkeit und Bereitschaft gemeint, Probleme der Berufs- und Lebenssituation zielorientiert auf der Basis methodisch geeigneter Handlungsschemata selbstständig zu lösen, die gefundenen Lösungen zu bewerten und das Repertoire der Handlungsfähigkeiten zu erweitern.

→ Ergänzende und vertiefende Informationen zum Thema Handlungskompetenz finden Sie in den einleitenden Kapiteln aller Bücher dieser Buchreihe.

3. Persönlichkeits-theoretische Grundmodelle

Rahmen für Tests

Mit persönlichkeitstheoretischen Grundmodellen sind jene übergeordneten Persönlichkeitstheorien gemeint, die menschliche Verhaltensweisen und den Aufbau der Persönlichkeit modellhaft zu erklären versuchen. Diese theoretischen „Inhaltskonzepte" liefern den Rahmen, an denen sich gängige, d. h. im Persönlichkeits- und Führungstraining oder in der Eignungsdiagnostik (Assessment-Center) eingesetzte Persönlichkeitstests orientieren. Das betrifft insbesondere die Persönlichkeitstheorie des Schweizer Psychiaters C. G. Jung.

Aspekte der Persönlichkeit

Die meisten dieser Tests beruhen auf psychologischen Grundannahmen über das Wesen des Menschen oder auf Teilaspekten, mit denen die Persönlichkeit erfasst und beschreibbar gemacht werden soll. Zu diesen Aspekten gehören z. B.:

- Verhalten
- Werte
- Motive
- Gewohnheiten
- Denk- und Lernstile

Theorie und Empirie

Umgekehrt wirken aber die Erkenntnisse aus diesen Tests beziehungsweise der Forschung auf die Grundlagen wieder zurück. Theorie und Empirie bedingen sich also, sind zwei Seiten derselben Medaille „Persönlichkeit".

Die Persönlichkeitsforschung bewegt sich seit Jahrzehnten in Richtung des statistisch-empirischen Vorgehens. Man will wissen, wie sich die Persönlichkeit im konkreten Einzelfall erfassen und beschreiben lässt.

Ordnungsraster

Um den Wildwuchs an Persönlichkeitsmodellen überschaubar zu machen, sind Ordnungsraster hilfreich. Den nachfolgenden

Ausführungen liegt eine solche Gliederungshilfe zugrunde, indem sie folgende Lehren bzw. Theorien unterscheidet:

- Typenlehre
- Eigenschaftentheorie
- Dynamische Theorien
- Lerntheorie
- Sozialpsychologische Theorien
- Statistische Theorien
- Humanistische Theorien

3.1 Typenlehre

Die Vielfalt ordnen

Schon immer bestand das Bedürfnis, die individuelle Vielfalt zu ordnen. Das erklärt die Beliebtheit von Typologien, denn sie ermöglichen eine schnelle Zuordnung. Man geht hier von einer vorherrschenden Disposition aus, die den einzelnen Menschen vom anderen unterscheidet.

Die Astrologie

Der erste Schritt

Die Astrologie war der erste Schritt hin zur Persönlichkeitsdiagnostik, beginnend etwa 640 v. Chr. in Babylonien. Sie diente zunächst der Vorhersage der Zukunft. Das Individuum selbst wurde nicht analysiert, sondern die Sternenkonstellation zum Geburtszeitpunkt eines Menschen.

Lehre der vier Temperamente

Vier Grundpersönlichkeiten

Das wohl bekannteste Modell der Vier-Temperamente-Gruppe ist die Typentheorie der Ärzte Galenos von Pergamon (129–216), aus dessen Namen sich das Wort Galle ableitet, und Hippokrates von Kós (460–375 v. Chr.). Sie definierten folgende vier Grundpersönlichkeiten, je nach Temperament:

- Choleriker
- Melancholiker
- Phlegmatiker
- Sanguiniker

In den Bezeichnungen der vier Temperamente sind die Namen der Körpersäfte enthalten:

Die vier Säfte

- Der Jähzorn des *Cholerikers* (von griech. chole = Galle, daher auch die Redensart „Gift und Galle spucken“) kommt vom Überschuss an gelber Galle.
- Der Trübsinn des *Melancholikers* kommt von zu viel schwarzer Galle (griech. melas = schwarz).
- Ein *Phlegmatiker* kämpft mit zu viel Schleim.
- Der *Sanguiniker* schließlich (von lat. sangue für Blut) steht wegen seines überkochenden Blutes im Guten wie im Bösen ständig unter Strom.

Der deutsch-britische Persönlichkeitspsychologe Hans Eysenck (1916–1997) hat diese temperamentbasierte Typologisierung mit der Persönlichkeitsdimension „Introversion – Extraversion“ von C. G. Jung zu seinem „Persönlichkeitszirkel“ verknüpft:

Der Persönlichkeitszirkel von Hans Eysenck

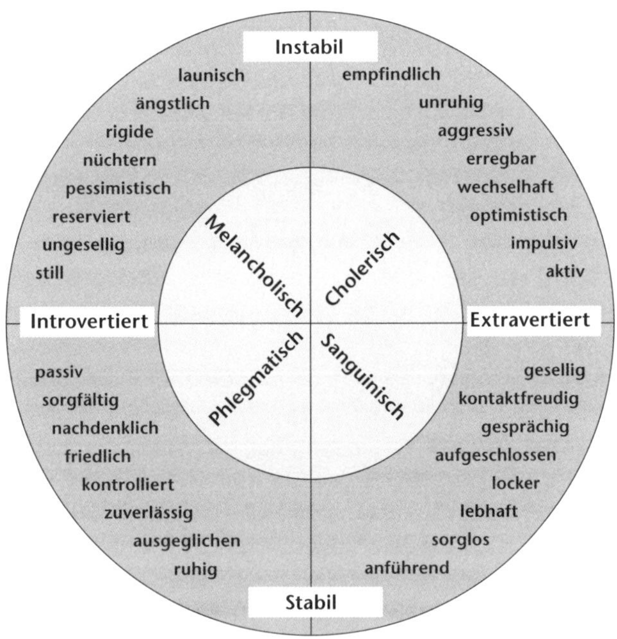

Auf der Basis dieses Zirkels hat Eysenck ein Persönlichkeitsmodell entwickelt, in dem er die Persönlichkeit hierarchisch so strukturiert:

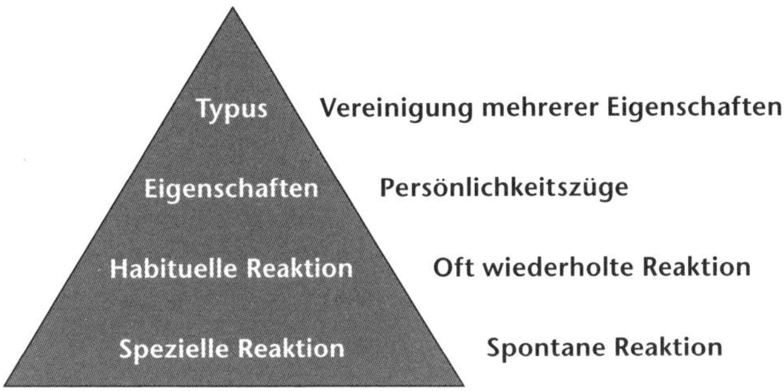

Persönlichkeitsmodell von Hans Eysenck

Typus

Der *Typus* steht für die Vereinigung mehrer Eigenschaften und Grundeinstellungen. Neben Extraversion und dem Gegenstück, der Introversion, unterscheidet Eysenck auch die emotionale Stabilität und Labilität. Stabilität steht dabei für konstantes, relativ gleichartiges Verhalten auch bei Änderung der Umweltreize. Bei der Labilität tritt eine erhöhte Störbarkeit des seelischen Gleichgewichts auf.

Eigenschaften

Unter *Eigenschaften* versteht Eysenck Persönlichkeitszüge wie z. B. Reinlichkeit oder Ordnungssinn. Daraus lassen sich auch allgemeine Eigenschaften wie Impulsivität, Kontaktfreudigkeit und Bewegungsdrang ableiten.

Habituelle Reaktionen

Habituelle Reaktionen sind oft wiederholte Reaktionen wie z. B. Hobbys.

Spezielle Reaktionen

Die unterste Stufe bilden *spezielle Reaktionen.* Darunter versteht er spontane, wechselnde Reaktionen, die keinen Hinweis auf allgemeine Tendenzen geben.

Typologie der Lebensformen nach Spranger

Sechs Akte

Der Philosoph, Pädagoge und Psychologe Eduard Spranger (1882–1963) geht von einer sechsfachen Gliederung der menschlichen Kultur aus, woraus sich sechs elementare geistige Akte ergeben. Jeder Mensch favorisiert einen dieser Akte, sodass dieser sein Grundverhalten prägt.

Grundtypen nach Spranger

Kulturbereiche	**Grundtypen**
Wissenschaft	Theoretischer Mensch
Wirtschaft	Ökonomischer Mensch
Kunst	Ästhetischer Mensch
Politik	Politischer Mensch
Gemeinschaftsleben	Sozialer Mensch
Religion	Religiöser Mensch

Ideal- und Komplextypen

Bei den Grundtypen handelt es sich um sogenannte Idealtypen. In der Realität treten häufig Komplextypen auf, die verschiedene Wesensarten in sich vereinigen, so z. B. der Techniker, der Teile des ökonomischen und des theoretischen Menschen in sich vereinigt.

Konstitutionspsychologie nach Ernst Kretschmer

Pykniker

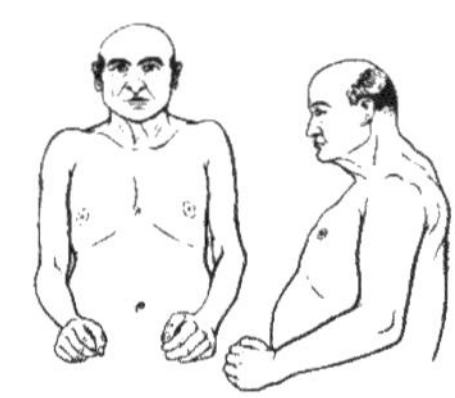

Die Konstitutionspsychologie des Psychiaters Ernst Kretschmer (1888–1964) kann man der Typenlehre zuordnen. Er schlussfolgerte aus dem Körperbau auf das Vorhandensein von bestimmten Persönlichkeitsmerkmalen. Demnach sollte der *Pykniker*, mit seinem gedrungenen Körperbau und seiner Neigung zu Fettansatz, eher ein behäbiger, gemütlicher, gutherziger, geselliger, lebhafter bis hitziger oder auch stiller und weicher Mensch sein.

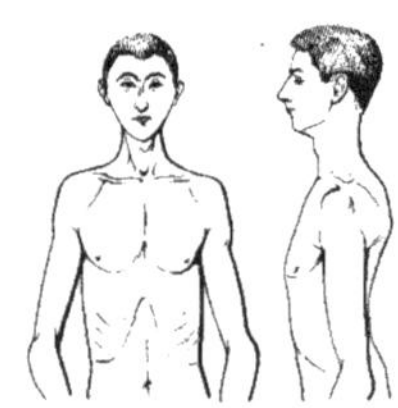

Leptosom

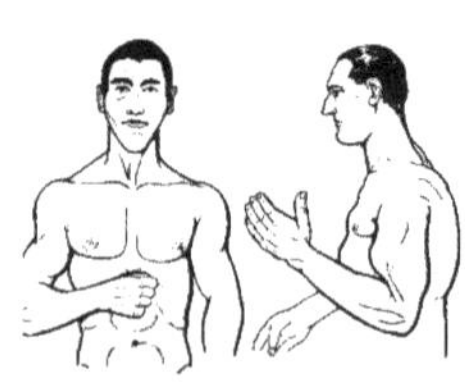

Der magere, zarte, eng- und flachbrüstige *Leptosom* mit seinen dünnen Armen und Beinen soll körperlich und geistig empfindlich, kompliziert, sprunghaft sein.

Athletiker

Der *Athletiker* mit seinem kräftigen Körper wird als heiter, forsch und aktiv eingestuft.

Extraversion – Introversion nach C. G. Jung

Zwei Pole

Carl Gustav Jung (1875–1961), ein Schüler Sigmund Freuds, entwickelte eine Typologie, bei der das Grundverhältnis des Menschen zu sich selbst und seiner Umwelt im Mittelpunkt steht. Dieses Grundverhältnis ist bipolarer Natur mit den Idealtypen

- *Introversion* und
- *Extraversion* an beiden Enden eines Kontinuums.

Extravertiert oder introvertiert

Eine *extravertierte* Persönlichkeit orientiert sich stark an ihrer Umwelt und den Mitmenschen. Der/die Extravertierte ist im Denken und Handeln nach außen orientiert. Analog dazu ist beim *introvertierten* Menschen die eigene Person der Ausgangs- und Bezugspunkt der Orientierung. Der Introvertierte verhält sich zögernd, misstrauisch und gegebenenfalls abweisend.

Vier Grundfunktionen

Neben diesen beiden Grundtypen unterscheidet C. G. Jung noch vier Grundfunktionen der Psyche, die unabhängig von Extraversion und Introversion auftreten. Es handelt sich dabei um die

- *rationalen* Funktionen des Denkens und Fühlens (rational, weil wertend) und die
- *irrationalen* des Empfindens und Intuierens (irrational, weil nur wahrnehmend).

Als Folge möglicher Kombinationen von Einstellungstyp einerseits und Funktionstyp andererseits ergeben sich acht Variationsmöglichkeiten der Persönlichkeit:

Funktionstyp	Einstellungstyp	
Denken Fühlen Empfinden Intuieren	**Extraversion** Gekennzeichnet durch Hinwendung zum äußeren Objekt, durch Aufgeschlossenheit und Bereitwilligkeit gegenüber den äußeren Vorgängen.	**Introversion** Gekennzeichnet durch Zuwendung zum Subjekt und die Verschlossenheit gegenüber dem äußeren Objekt.

Denken		
„Das Denken ist diejenige psychologische Funktion, welche, ihren eigenen Gesetzen gemäß, gegebene Vorstellungsinhalte in (begrifflichen) Zusammenhang bringt. (…) unter Denken verstehe ich die Funktion des intellektuellen Erkennens und der logischen Schlussbildung …" (Jung)	Extraversion	Introversion
	Der extravertierte Denktyp setzt sich mit der Welt analytisch auseinander, bewertet und beurteilt die Dinge auf eine sachliche Art. Er versucht seine Umwelt zu lenken und zu organisieren, hat eine klare Vorstellung, was zu tun und zu lassen ist, trifft Entscheidungen und gibt Anweisungen. Ziele verfolgt er systematisch mit hohem Einsatz.	Der introvertierte Denktyp ist logisch, objektiv, unpersönlich, kritisch und lässt sich nur mit Tatsachen überzeugen. Er versucht nicht, die Außenwelt zu verändern, und drängt seine Ideen anderen nicht auf. Seine Gedankengänge sind für Außenstehende kompliziert und schwer verständlich. Er läuft Gefahr, missverstanden zu werden und Probleme mit anderen Menschen zu bekommen.

Fühlen		
Fühlen ist ein Vorgang, der dem Inhalt eine bestimmte Qualität im Sinne des Annehmens oder des Abweisens (Lust oder Unlust) erteilt. „Das Fühlen ist daher auch eine Art des Urteilens, das aber insofern vom intellektuellen Urteil verschieden ist, als es nicht in Absicht der Herstellung eines begrifflichen Zusammenhangs, sondern in Absicht eines zunächst subjektiven Annehmens oder Zurückweisens erfolgt."	Extraversion	Introversion
	Der extravertierte Fühltyp sucht Harmonie und Geselligkeit. Er vermeidet Konflikte und ist bereit, Menschen mit ihren positiven und negativen Eigenschaften anzunehmen. Auch ist er offen für andere Meinungen, ist tolerant und arbeitet gerne mit anderen zusammen. Hinzu kommt, dass er häufig konventionell und konservativ ist, treu und loyal sowie hingabefähig.	Dieser Typ zeigt seine innere Wärme und seinen Enthusiasmus nur den Menschen, denen er vertraut. Seine Gefühle sind auf seine Innenwelt beschränkt. Er verlässt sich auf seine Gefühle und urteilt nach seinen persönlichen Werten. Für ihn muss die Außenwelt mit seinem inneren Gefühl übereinstimmen. Im Berufsleben bringt er dann gute Leistungen, wenn er vom Wert und Nutzen seiner Arbeit überzeugt ist. Er ist nur dann zufrieden, wenn er einen Sinn hinter seiner Tätigkeit erkennt. Menschliches Wohlbefinden und Wohlergehen spielen, wie bei der Extraversion, die Hauptrolle.

Empfinden		
Empfindungen werden durch äußere und innere Sinnesreize erzeugt. Diese erfolgen ausschließlich mit unseren Sinnesorganen: Geruch, Geschmack, Gehör, verschiedenen Hautempfindungsgefühlen sowie Bewegungssinn und Gleichgewicht.	Extraversion	Introversion
	Die Stärke dieses Typs liegt in dem Erkennen der äußeren Realität und der tatsächlichen Gegebenheiten. Er stützt sich auf seine Sinne, wobei er Einzelheiten und Tatsachen stark beachtet. Gegenüber seiner Umwelt ist er sachlich, realistisch, tatsachenorientiert und ggf. materialistisch eingestellt. Er ist anpassungsfähig, weil er Tatsachen akzeptiert. Neue Ideen und Veränderungen, die noch nicht Eingang in die Gegenwart gefunden haben, lehnt er ab, weil er sie mit seinen Sinnen nicht erfassen kann. Auch abstrakte Konzepte und Theorien sind für ihn nicht wirklich und werden daher meist abgelehnt.	Dieser Typ ist abhängig von Dingen subjektiver Natur, die nicht nach außen gespiegelt werden. Er fällt durch Neutralität auf, die aber häufig nur rein äußerlich vorhanden ist. In seinem Innenleben beschäftigt er sich mit den auf ihn einwirkenden Eindrücken mit großer Sensitivität. Auf äußerliche Wahrnehmung reagiert er nicht direkt, vielmehr nimmt er sich Zeit für innerliches Überdenken. Er gerät deshalb selten aus der Fassung und reagiert nicht impulsiv oder spontan, ist sorgfältig, erstrebt genaue Ergebnisse, hat aber Geduld und hält beharrlich an seinem Vorhaben fest.

Intuieren		
Die Intuition ist eine Art Ahnung oder Wahrnehmung verborgener Möglichkeiten. Es ist die „Wahrnehmung auf unbewusstem Wege". Das Ahnungsvermögen verleiht die Fähigkeit, die Möglichkeiten, die in den Dingen liegen, zu erkennen sowie die Hintergründe bei bestimmten Situationen zu erspüren. Es ist eine Art Erfassen der Zusammenhänge.	Extraversion	Introversion
	Die Stärke des extravertierten Intuitionstyps liegt im Erkennen von Möglichkeiten. Er ist eine reiche Ideenquelle. Eingebungen verfolgt er mit großem Interesse und Begeisterung. Seine Leistungskraft scheint insoweit nicht zu erschöpfen. Er verfolgt seine Ideen konsequent, um zu wissen, ob sie durchsetzbar sind oder nicht. Seine Impulse kommen in einer derart konzentrierten überwältigenden Form, dass andere mitgerissen werden und sich seinen Ideen anschließen. Sein Interesse erlischt aber, wenn sein Ziel erreicht ist und andere an der Verwirklichung arbeiten. Die Umsetzung seiner Idee liegt ihm nicht.	Seine Fähigkeiten gleichen denen des extravertierten Intuitiven. Auch er hat einen Schwerpunkt im Erkennen zukünftiger Möglichkeiten und ahnt noch nicht sichtbare Entwicklungen voraus. Aber die Intuition richtet sich in der Introversion auf das Erkennen von Möglichkeiten, die sich aus unbewussten Inhalten ableiten. Er mag Herausforderungen, die Freiräume für seine Visionen und Inspirationen bieten. Je komplexer, unfassbarer und offener sich die Probleme gestalten, desto besser. Auch er verliert das Interesse an einem Projekt, wenn es konkrete Formen angenommen hat und eine Lösung bevorsteht.

Grundlage vieler Tests

Das Modell von C. G. Jung ist die Grundlage einer Reihe von Persönlichkeitstests. Aus der Verknüpfung von Funktionstyp und Einstellungstyp werden in der beruflichen Eignungsdiagnostik Schlussfolgerungen auf die Passgenauigkeit von Bewerber und Arbeitsplatz gezogen.

3.2 Eigenschaftentheorie

Begrenzte Zahl von Grundmerkmalen

Im Zusammenhang mit der Verbreitung der Massenpsychologie entstand die Eigenschaftentheorie. Nach ihr kann die Persönlichkeit durch eine begrenzte Anzahl von Grundmerkmalen mit individuell unterschiedlicher Ausprägung beschrieben werden, z. B. Extraversion und Introversion oder emotionale Stabilität.

Persönliche Eigenschaften zeichnen sich dadurch aus, dass sie
- zeitlich stabil sind und sich
- in unterschiedlichen Situationen als konsistent erweisen.

Arten von Eigenschaften

Häufig werden Eigenschaften hierarchisiert, indem man sie so oder ähnlich differenziert:
- Kardinaleigenschaften (fundamentale Charakterzüge)
- Zentrale Eigenschaften (Merkmale einer Person, z. B. Ehrlichkeit, Kollegialität)
- Sekundäre Eigenschaften (Geschmack, Neigungen, gewisse Vorlieben)

„Great Man Theory"

Das Thema Eigenschaftentheorie wurde bereits im Band 4 dieser Buchreihe im Zusammenhang mit der Frage nach den wirksamen Führungseigenschaften bzw. der „Great Man Theory" – der Theorie vom „großen Mann" – behandelt. Sie untersucht, was Führer von Geführten unterscheidet bzw. wodurch sich gute Führer von schlechten unterscheiden.

→ Ergänzende und vertiefende Informationen zur Eigenschaftentheorie finden Sie im Kapitel „Führungslehre im Wandel der Zeit" im vierten Band dieser Buchreihe, dem „Führungskoffer".

Führungseigenschaften

Bis zu 500 verschiedene Führungseigenschaften wurden in der einschlägigen Literatur bis etwa in die fünfziger Jahre des letzten Jahrhunderts hinein identifiziert. Aber nur bei den folgenden 15 Führereigenschaften stimmen – nach Studien des amerikanischen Managementwissenschaftlers Ralph M. Stogdill – die vielen Untersuchungen überein:

- Intelligenz
- Schulische Leistungen
- Zuverlässigkeit
- Aktivität und soziale Teilnahme
- Sozioökonomischer Status
- Soziabilität
- Initiative
- Ausdauer
- Sachkenntnis
- Selbstvertrauen
- Begreifen der Situation
- Kooperationsbereitschaft
- Beliebtheit
- Anpassungsfähigkeit
- Wortgewandtheit

Große Beliebtheit

Die große Verbreitung von Persönlichkeitstests im Rahmen der Bewerberauswahl für Vertriebs- oder Führungspositionen zeigt, dass sich eigenschaftstheoretische Erklärungsversuche immer noch großer Beliebtheit erfreuen. Sie geben eine erste, wenn auch vage, Sicherheit, dass das Eignungsprofil des Bewerbers zum Anforderungsprofil der Stelle passt.

3.3 Dynamische (Freud'sche) Theorien

Drei Instanzen

Dynamische Theorien beruhen größtenteils auf dem Persönlichkeitsmodell Sigmund Freuds (1856–1939), der die menschliche Psyche in drei Instanzen aufteilte, das „Es“, das „Ich“ und das „Über-Ich“. Diese drei Schichten grenzen sich nicht streng voneinander ab, sondern stehen in dynamischer Verbindung zueinander. Sie können sich gegenseitig durchdringen und miteinander in Konflikt geraten.

Es

Von Geburt an mitgebracht

Das Es beinhaltet alles, was ererbt und von Geburt an mitgebracht wurde. Man spricht deshalb auch vom System der primären Motive und Triebe. Der Inhalt wird bestimmt durch die überwiegend sexuelle und aggressive Natur des Menschen, die sofortige Befriedigung fordert. Das Es weiß nichts von den Konsequenzen der sofortigen Befriedigung, ist unbelehrbar und handelt allein nach dem Lustprinzip. Die Motive der „Es-Schicht" sind unbewusst. Moralische Wertvorstellungen, Fürsorge oder Angst sind im Es nicht enthalten. Der Drang nach sofortiger Befriedigung der Grundbedürfnisse kann nur durch Abwehrmechanismen des Ichs gehindert werden.

Über-Ich

Normen der Eltern und der Gesellschaft

Das Über-Ich widerspiegelt die Normen der Eltern und die gesellschaftlich geprägten Ge- und Verbote. Diese psychische Instanz beinhaltet lobende und strafende Impulse gegenüber dem Ich. Es gibt ihm Befehle und droht mit Strafen. Das Verhalten des Ichs wird an den verinnerlichten Normen geprüft, weswegen wir das Über-Ich als unser Gewissen empfinden.

Ich

Vermittelnde Instanz

Das Ich folgt dem Realitätsprinzip. Es versteht sich als vermittelnde Instanz zwischen den Forderungen des Es, den Geboten des Über-Ichs und den Möglichkeiten der Motivbefriedigung in der Realität. Ist die Befriedigung in der Realität nicht möglich, so ist es die Aufgabe des Ichs, die Befriedigung sicher abzuwehren. Das Ich gewährleistet die Triebregulierung, indem es einen Kompromiss durch Abblocken der bedrohlichen Impulse aus dem Es und Über-Ich findet. Der Lustgewinn und die Unlustvermeidung werden ausgeglichen.

Verdrängung

Ständiger Konflikt

Obwohl es sich bei der Freud'schen Theorie eher um ein Strukturmodell handelt, wird es der Gruppe der psychodynamischen Persönlichkeitsmodelle zugeordnet. Das spezifisch Dynamische ergibt sich als Folge des ständigen Konflikts zwischen dem Es und dem Über-Ich, aus dem eine Einschränkung des Es resultiert. Diesen Vorgang nennt Freud „Verdrängung". Sie ist der grundlegende psychische Abwehrmechanismus des Ich, um die Triebe des Es zu zügeln. Ihr übertriebener Einsatz führt zur „Neurose". Die Abbildung verdeutlicht den dynamischen Aspekt in der freudschen Theorie.

Psychodynamisches Modell

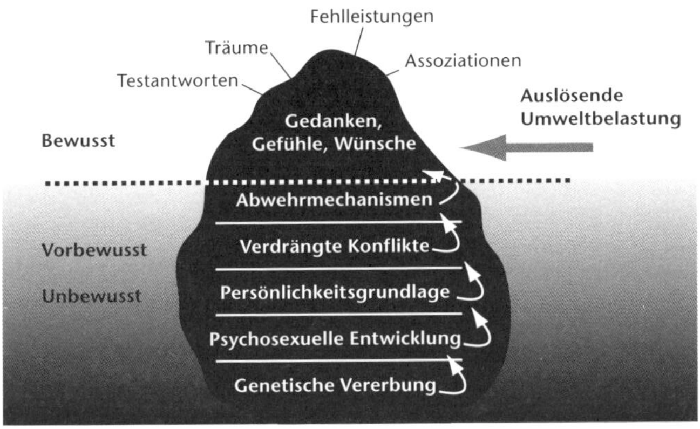

Angstsituationen

Die zentrale Aufgabe dieses Abwehrmechanismus ist die Minderung des Angstzustandes. Solche Angstsituationen entstehen, wenn bisher befriedigte Motive nicht mehr befriedigt werden können, weil entweder das Objekt zur Befriedigung nicht mehr vorhanden ist oder weil auf die Befriedigung Strafe folgt. In dieser Situation steigt der Motivdruck immer stärker an und ein Gefühl der Angst entsteht. Das Ich kann jetzt leicht die Kontrolle über die fordernden Impulse verlieren.

Abwehrmechanismen

Abwehrmechanismen sind Techniken, mit denen das Ich versucht, bedrohliche Situationen zu bewältigen. Sie führen nicht zu einer Vernichtung des Triebwunsches, sondern nur zu dessen Blockierung. Hier drei Beispiele:

Verschiebung

Suche nach Ersatzobjekt

In der Verschiebung blockiert das Ich den Triebwunsch und macht ihn damit unbewusst. Der blockierte Trieb sucht sich ein Ersatzobjekt, mit dem er zufriedengestellt werden kann. Der Triebbefriedigung ist es egal, gegen wen sich seine Liebe, sein Unmut oder seine Aggressionen richten. Wichtig ist nur, dass geliebt, gehasst oder bestraft werden kann. Anstatt an dem verhassten Objekt seine Aggressionen auszuleben, verschieben sich diese zu einem anderen, leichter zu bestrafenden Objekt.

Projektion

Gestörte Wahrnehmungsfähigkeit

Wenn Triebimpulse aus dem Es oder Über-Ich nicht vollständig verdrängt werden können, bedrohen sie das Ich. Dieses hat aber keine Energien zur Abwehr mehr übrig und kann sich nur durch Projektion retten. Das bedrohliche Motiv wird einer oder mehreren Personen der Außenwelt zugeschrieben und dort bekämpft. Die Wahrnehmungsfähigkeit des Ichs ist gestört. In besonders schwierigen Situationen projizieren wir unsere Probleme auf andere und hoffen, dass sie sich dadurch lösen. Denn aufgrund unserer bereits gesammelten Erfahrung wissen wir, dass wir selbst zur Problemlösung ungeeignet sind. Der „Held unserer Träume" aber besitzt die Fähigkeit zur Bewältigung der bedrohlichen Situation.

Reaktionsbildung

Konträres Verhalten

Sie ergibt sich aus einem besonders strengen Über-Ich-Gebot. Ein Triebimpuls aus dem Es wird abgeblockt, indem das Ich den entgegengesetzten Antrieb aktiviert. Es werden konträre Verhaltensweisen entwickelt. Zum Beispiel werden aggressive Impulse gegenüber einem nicht gewollten und ungeliebten Kind dadurch im Keim erstickt, dass man mit diesem Kind besonders liebevoll umgeht, es sozusagen überbehütet wird. Oder die verbotene Lust an Schmutz oder Kot wird mit übertriebener Reinlichkeit abgewehrt.

Diese und alle anderen Abwehrmechanismen führen nicht zu einer Vernichtung des Triebwunsches, sondern nur zu einer Blockierung. Ihr übertriebener Einsatz führt nach Freud gar zur „Neurose".

3.4 Lerntheorie (Behaviorismus)

Das lerntheoretische Denkgebäude entstand im frühen 20. Jahrhundert unter der Bezeichnung Behaviorismus in den USA, und zwar als Reaktion auf die vorwiegend phänomenologisch orientierte Psychologie Europas. Seine größte Popularität erlangte es in den fünfziger Jahren des letzten Jahrhunderts durch die Forschungsarbeiten von Burrhus Frederic Skinner (1904–1990).

Fokus auf Umweltreize

Während andere Persönlichkeitstheorien den strukturellen Aspekt der Persönlichkeit betonen, interessiert sich die Lerntheorie – oft auch „kognitive Theorie“ oder „mechanistische Theorie“ genannt – eher für den Einfluss von Umweltreizen auf die Persönlichkeitsentwicklung. Die Umwelt wird also als die entscheidende Determinante für das Verhalten eines Individuums angesehen. Dieses entwickelt und verändert sich aufgrund der von seiner Umgebung ausgehenden Reize. Die angeborenen Triebe oder Motive bestimmen nur teilweise das Verhalten. Die auf Reiz und Reaktion beruhenden Lernvorgänge sind entscheidend.

Gehirn als Black Box

Die radikalsten Vertreter des Behaviorismus definieren das Gehirn als eine große Black Box, die, wenn ein Reiz auf sie einwirkt, mit einer Reaktion antwortet. Sie sehen in den von ihnen beobachteten Menschen mechanische Apparate, an denen bestimmte „Zustände“ physikalisch so zu beobachten sind wie Zeigerausschläge an einem Voltmeter (Seifert 1973, S. 14).

Die pawlowschen Experimente

Reiz und Reaktion

Das klassische Beispiel hierfür sind die konditionierten (bedingten) Reflexe des pawlowschen Hundes. Zu Beginn des 20. Jahrhunderts führte der russische Psychologe Iwan Pawlow (1849–1936) dieses berühmt gewordene Experiment durch: Ein Hund wurde in einen besonderen Apparat gestellt, in dem die Intensität des Speichelflusses als Reaktion auf bestimmte Reize gemessen werden konnte. Dem Tier wurde ein unbedingter Reiz (Futter) präsentiert, woraufhin er den angeborenen Reflex (Speichelfluss) zeigte. Auf das Läuten einer Glocke zeigte der Hund keinerlei Reaktion, außer einer gewissen Neugier.

Pawlow kombinierte nun die beiden Reize Futter und Glocke, worauf der Hund mit Speichelfluss reagierte. Nach mehrmaligem Wiederholen dieser Reizpräsentation reagierte der Hund schon auf das Glockenläuten mit Speichelfluss. Diese Reaktion nennt man nach Pawlow einen konditionierten Reflex.

Anwendungen des Behaviorismus

Auf die Erkenntnisse der behavioristischen Forschung stützen sich diverse verhaltenstherapeutische Vorgehensweisen, unter anderem die Behandlung von Phobien und Autismus, aber auch die moderne Abrichtung von Hunden und Zirkustieren. Selbst das programmierte Lernen, Sprachlabors und die heute gängigen PC-Programme zum Selbststudium von Fremdsprachen sind eine Nutzanwendung der behavioristischen Theorie.

3.5 Sozialpsychologie

Zwei bedeutsame Ansätze

Innerhalb der Sozialpsychologie, die sich vornehmlich für die Auswirkungen sozialer Interaktionen auf Gedanken, Gefühle und Verhalten des Individuums interessiert, existieren viele Ansätze, die eine Grenzziehung ihres Gegenstandes erschweren. Unter ihnen finden sich auch solche, die in diesem Kapitel schon vorgestellt wurden, z. B. die Tiefenpsychologie und die Lerntheorie. Obwohl die Sozialpsychologie keine persönlichkeitstheoretischen Grundmodelle anbietet, existieren zwei Ansätze, die für die menschliche Persönlichkeit und ihr Verhalten bedeutsam sind: die Feldtheorie Kurt Lewins (1890–1947) und die Gruppentheorie.

Lewins Feldtheorie

Verhalten und Umfeld

Kurt Lewin brachte mit seiner Feldtheorie eine neue Sichtweise in die Persönlichkeitspsychologie. Er ist in Anlehnung an die deutsche Gestaltpsychologie der Meinung, dass menschliches Verhalten durch die Bedingungen des (Um-)Feldes bzw. des Lebensraumes bestimmt wird.

→ Ergänzende und vertiefende Informationen hierzu finden Sie im Kapitel C 3 „Gestalttherapie“ dieses Buches.

Ein Begriff aus der Physik

Den Begriff Feldtheorie entnahm Lewin der Physik, wo man ihn u. a. zur Darstellung von Kraftlinien von Magneten nutzt. Die Situation, in der ein Individuum existiert und agiert, ist ein solches Kraftfeld. Lewin bezeichnete es als Lebensraum. Eine bloße Koppelung von Reiz-Reaktions-Assoziationen, so wie von den Behavioristen angenommen, reicht demnach nicht aus, das Verhalten einer Person in einer bestimmten Situation zu erklären, denn gleiches Verhalten kann verschiedene Ursachen haben. Da sich außerdem Verhalten aus situativen Faktoren des Lebensraumes erklärt, kann man es nicht in dem Maße auf frühkindliche Ereignisse zurückführen, wie es die Psychoanalyse versucht.

Definition „Lebensraum"

Den Begriff Lebensraum definiert Lewin als „Gesamtheit der Tatsachen, die das Verhalten eines Individuums in einem gegebenen Augenblick determinieren (…) Der Lebensraum schließt die Person (P) und die Umgebung (U) ein." Diese Umwelt ist voll von Objekten, die für das Individuum einen Aufforderungscharakter haben, d. h., sie wirken anziehend oder abstoßend auf ihn.

Verhaltensgleichung

Lewins Forderung nach Analyse der Gesamtsituation mündete in der berühmt gewordenen Verhaltensgleichung:

$$V = f\,(P, U)$$

Demnach ist Verhalten (V) eine Funktion von Persönlichkeitsfaktoren (P) und Umgebungsfaktoren (U). Deutlicher kann man die Wechselwirkung zwischen Mensch und Umfeld/Situation im Sinne einer gegenseitigen Beeinflussung kaum betonen. Jedoch ist die Umwelt keinesfalls die objektive Realität, sondern die subjektive Welt, wie sie das Individuum wahrnimmt.

Gruppentheorie

Wirklichkeit ist nichts Absolutes

Lewin ist der Meinung, dass die Wirklichkeit nichts Absolutes ist: „Sie ändert sich mit der Gruppe, zu der das Individuum gehört." Von dieser Position ausgehend empfahl er, nach 1945 die demokratische Umerziehung der Deutschen vor allem mittels „Wir-Gruppen" durchzuführen, denn jemand, der in die Zugehörigkeit einer Gruppe einwilligt, übernimmt auch deren Wertesystem.

Er, aber auch andere bekannte Theoretiker, z. B. George C. Homans, haben wichtige Beiträge zur Gruppentheorie entwickelt. Sie ist ein Theoriegebäude, das sich fast zu gleichen Teilen in der Psychologie und der Soziologie befindet. Hier sollen jedoch nur jene Aspekte der Gruppentheorie dargestellt werden, die einen engen Bezug zur Persönlichkeitspsychologie haben bzw. Antwort auf die Frage geben, wie und warum die Gruppe auf den Einzelnen wirkt.

Wirkung eines Kraftfelds

Eine Gruppe wirkt wie ein Kraftfeld auf das Verhalten ihrer Mitglieder. Alle Menschen orientieren sich ein Stück an den Wertevorstellungen der Familie, der Firma, der in einem Land verbreiteten Religion oder der Geschmacksbildung durch die Modeindustrie. Umgekehrt ist natürlich auch der Einzelne an der Meinungsbildung in den Gruppen beteiligt.

Gruppenkonformes Verhalten

So zwingt die Anwesenheit anderer Gruppenmitglieder bzw. die „Macht der Mehrheit“, sich gruppenkonform zu verhalten und etwa Entscheidungen zuzustimmen, nur um nicht in eine Außenseiterposition zu geraten. In Extremsituationen, wenn niemand der Gruppe von außen hilft, wird der Konformitätsdruck erhöht.

Auch persönliche Entscheidungen werden gefestigt, wenn andere Gruppenmitglieder zustimmen. Man fühlt sich in einer Gruppe gegenüber anderen besser und stärker, manchmal sogar so lange unverwundbar, bis man von der Realität eingeholt wird.

Einfluss auf Wahrnehmung und Urteil

Auch Wahrnehmungen und das Urteilsvermögen werden durch Gruppen beeinflusst. SPD-Mitglieder nehmen die Politik der CDU anders wahr als CSU-Sympathisanten. Grüne Parteimitglieder mögen Windkrafträder als schön empfinden, während Mitarbeiter der Elektrowirtschaft sie als landschaftsverschandelnd ablehnen. Meinungen wirken auf die Informationsauswahl und die Urteilsbildung. Was nicht in das Denkschema bzw. in das Meinungsmodell der Gruppe passt, wird ausgeblendet.

3.6 Statistische Theorien

Messen statt beschreiben

Die theoretisch orientierten Psychologen gehen davon aus, dass die menschliche Psyche nicht quantifizierbar ist, da es sich um ein qualitatives Phänomen handelt. Sie bevorzugen daher qualitative Methoden, so etwa die Wesenserfassung oder die einfühlende Personenbeschreibung. Im Gegensatz dazu orientiert sich die analytisch-empirische Psychologie an den Methoden der exakten Wissenschaften und bevorzugt eher das Messen als das bloße Beschreiben. Dem liegt die Auffassung zugrunde, dass alles, was in einer ganz bestimmten Menge existiert, messbar ist. Man kann allen Phänomenen und Ereignissen bestimmte Zahlen zuordnen und sie damit quantifizieren.

Werkzeuge

Es handelt sich bei den statistischen Ansätzen weniger um Theorien als um Werkzeuge wie Fragebögen, Tests, Ratings und Korrelationsanalysen. Die in diesem Buch vorgestellten Persönlichkeitstests gehören zur Gruppe statistisch-analytischer Verfahren.

Faktorenanalyse

Suche nach den grundlegenden Faktoren

Die Faktorenanalyse ist die grundlegende Methode der statistischen Verfahren. Hierbei wird unter Zuhilfenahme statistischer Methoden bestimmt, ob z. B. die Ergebnisse eines Persönlichkeitstests auf einen oder aber mehrere gemeinsame Faktoren (Eigenschaften) zurückgeführt werden können. Aus Fragen und Antworten wird dann eine Persönlichkeitseigenschaft – beispielsweise Willensstärke oder Stressstabilität – geschlussfolgert. Man spricht daher auch von einem datenreduzierenden Verfahren. Die unüberschaubare Vielfalt der Zusammenhänge wird geordnet und auf die zugrunde liegenden Ursachen zurückgeführt.

Korrelationen

Unterschiedliche Testaufgaben weisen unterschiedlich hohe positive Korrelationen auf. Eine Korrelation ist eine Beziehung zwischen zwei oder mehreren quantitativen statistischen Variablen. Hierzu das Beispiel „je mehr, desto mehr“: Je mehr ich trinke, desto mehr werde ich betrunken. Das umgekehrte Beispiel „je mehr, desto weniger“ ist ebenfalls denkbar.

Faktorenanalyse

Man kann davon ausgehen, dass an einem Testergebnis immer mehrere Faktoren beteiligt sind. Aus den Korrelationen der Leistungen untereinander lässt sich errechnen, wie viele Faktoren an der Gesamtheit der Leistungen beteiligt sind, welche Faktoren auf die einzelnen Aufgaben einwirken und in welchem Ausmaß jede Aufgabe mit ihren Faktoren beteiligt ist. Diese Berechnung geschieht mithilfe der Faktorenanalyse.

Items

Ein weiterer Anwendungsbereich der Faktorenanalyse ist die Suche nach Grunddimensionen des Verhaltens. Hierfür werden meist Fragebogen-Items korreliert und die Faktoren analysiert. Ein Item ist eine als Frage oder Urteil formulierte Aussage, zu der die befragte Person ihre Zustimmung oder Ablehnung äußern kann.

Hier je ein Beispiel für ein dichotomisches Item und Multiple Choice:

Dichotomisches Item

	Stimmt	Stimmt nicht
Ich arbeite oft unter Zeitdruck		

Multiple Choice

Wähle das richtige Land aus.	Belgien	Deutschland	Spanien

Ziel der Faktorenanalyse ist es, aus dem Beobachtungsmaterial allgemeine Grundkonzepte ableiten zu können, ohne dass diese von einer vorgeprägten Lehrmeinung beeinflusst werden. Die in diesem Buch vorgestellten statistischen Persönlichkeitsmodelle beziehungsweise Tests kann man den faktorenanalytischen Modellen zuordnen.

3.7 Humanistische Theorien

Ziel: Entwicklung der Persönlichkeit

Die humanistische Psychologie kann man als dritte Kraft neben der Tiefenpsychologie und dem Behaviorismus einordnen. Ihre Ziele sind die Entwicklung der Persönlichkeit in Richtung auf Selbstwahrnehmung, Selbstverwirklichung, Selbsterfüllung, Erfahrung von Verantwortlichkeit und Sinnhaftigkeit.

Frage nach dem „Wie"

Im Gegensatz zur Tiefenpsychologie (Psychoanalyse, Verhaltenstherapie), die nach dem „Warum" fragt, konzentriert sich die humanistische Psychologie auf das „Wie". Man bezeichnet diese Richtung auch als phänomenologisch.

Die humanistische bzw. phänomenologische Psychologie entstand als Gegenbewegung in den USA zum Behaviorismus und zur Psychoanalyse. Ihre Begründer und Pioniere sind u. a. Carl Rogers, Erich Fromm und Abraham Maslow. Das wissenschaftstheoretische Gerüst lieferte der Philosoph Edmund Husserl (1859–1938).

Ganzheitliches Erfassen

Im Gegensatz zur statistisch-analytischen Methode, die ihre Untersuchungsobjekte in die einzelnen Bestandteile auflöst, um sie besser analysieren zu können, erfasst die phänomenologische Methode ihren Gegenstand ganzheitlich. Sie fordert, das unmittelbar Erlebte zum Ausgangspunkt der wissenschaftlichen Erkenntnis zu machen. Ein Psychologe, der über das Phänomen der Liebe forscht, darf und soll die Erfahrungen seines eigenen Verliebtseins in der Vergangenheit oder Gegenwart in die Forschungsarbeit einbeziehen, so wie Siegmund Freud es bei seinen Arbeiten zur Traumdeutung tat.

Persönliche Erfahrungen nutzen

Wenn die persönliche Erfahrung dazu beiträgt, ein wissenschaftliches Problem zu lösen, muss sie genutzt werden. Im Dienste wissenschaftlicher Erkenntnisse sollen nach Meinung der Phänomenologie alle Erkenntnisquellen genutzt werden, denn außer dem Zählen und Messen gibt es noch andere Zugänge zum Menschen, z. B. den eidetischen, d. h. die innerlich geistige bzw. intuitive Anschauung. Dabei ist es nach Meinung Husserls wichtig, dass sich das Bewusstsein sich selbst zuwendet, um festzustellen, was es im Bewusstsein hat und wie es dies im Bewusstsein hat. Der Wissenschaftler bezieht sich in die Reflexion ein, um eine entkörperte, rein abstrakte, logisch-analytische, statistische Analyse zu vermeiden.

Begriff „humanistisch"

Der Begriff Humanismus im Kontext der Persönlichkeitstheorie hat einen anderen Sinn als die übliche Deutung im Sinne echter Menschlichkeit. Humanistisch meint hier eher eine Hinwendung zum Menschen selbst, ohne einen Bezug zum idealen Menschen oder zur idealen Gesellschaft herzustellen.

Grundsätzliche Annahmen

Die humanistisch-psychologisch orientierten Ansätze basieren auf folgenden grundsätzlichen Annahmen:
- Der Mensch ist mehr als die Summe seiner Teile (ganzheitliches Wesen).
- Der Mensch lebt in zwischenmenschlichen Beziehungen.
- Der Mensch lebt bewusst und kann seine Wahrnehmungen schärfen (Selbstaktualisierung).
- Der Mensch kann entscheiden (Selbstbestimmung).
- Die Natur des Menschen kann niemals völlig bestimmt werden.

Aus der humanistischen Psychologie haben sich eine Reihe neuerer Psychotherapien entwickelt, so z. B. die Gesprächspsychotherapie mit Carl Rogers als Hauptvertreter, die Gestalttherapie, deren Initiator Fritz Perls war, und die von Eric Berne entwickelte Transaktionsanalyse.

4. Grundlagen der Persönlichkeitsdiagnostik

Welches Potenzial steckt in mir? Was ist der Bewerber für ein Typ? Passt er zum Unternehmen? Diese Fragen interessieren Individuen, Personalverantwortliche und Vorgesetzte. Antworten erhofft man sich aus Persönlichkeitstests oder sogenannten Potenzialanalysen. „Personaler“ möchten angesichts hoher Personalkosten das Risiko einer Fehlbesetzung reduzieren. Auf der anderen Seite wollen Bewerber wissen, welches Karrierepotenzial in ihnen schlummert, dies aber möglichst außerhalb des Personalbüros. Ihre Akzeptanz gegenüber dem Test hängt von dessen Ergebnis oder vom Erfolg bzw. Misserfolg der Bewerbung ab.

Die Persönlichkeit gibt den Ausschlag

Nach Meinung der Befürworter von Persönlichkeitstests liegt die Ursache gescheiterter Beschäftigungsverhältnisse in den meisten Fällen an der Nichtübereinstimmung von Persönlichkeitsmerkmalen und den Anforderungen der Stelle. Nicht das Wissen und Können geben demnach den Ausschlag, sondern die Persönlichkeit.

Unterlassung kann zu Schäden führen

Das gilt im besonderen Maße für Führungskräfte mit großem Multiplikatoreneffekt gegenüber Mitarbeitern, Kollegen, Kunden, Kreditinstituten und Mitbewerbern. Hier potenziert sich der mögliche Schaden. Darum ist die sach- und fachgerechte Personalauswahl – ggf. unter Einbeziehung eines Tests – wichtig. Die Befürworter der Persönlichkeitstests gehen davon aus, dass das Unterlassen der Durchführung solcher Tests allein in der Bundesrepublik Deutschland jährlich zu volkswirtschaftlichen Schäden in Höhe eines zweistelligen Milliardenbetrags führe.

Trotz dieses Sachverhaltes und des Bedürfnisses nach Persönlichkeitsinformationen führen Persönlichkeitstests im deutschsprachigen Raum noch immer ein Aschenputteldasein, während sie in den USA zum Standardrepertoire eines Einstellungsverfahrens gehören. Wie groß der Anteil an Persönlichkeitstests in Deutschland, Österreich und der Schweiz ist, kann mangels empirisch fundierter Aussagen nicht gesagt werden.

Definition „Test"

Es gibt Hunderte von Tests. Sie messen zumeist einen Teilaspekt der Persönlichkeit: die Intelligenz, das Konzentrationsvermögen, handwerkliches Geschick, kreatives Denken, Wissen und vieles andere mehr. Unter Tests versteht man Instrumente, mit deren Hilfe man „psychometrisch vergleichbare und gültige Informationen über Verhalten und Erleben einzelner Personen erhält" (Hossiep, Paschen und Mühlhaus 2000).

Nutzen von Persönlichkeitstests

Von persönlichkeitsbezogenen Tests im Allgemeinen kann man reine Persönlichkeitstests im Besonderen definitorisch so abgrenzen: Ein Persönlichkeitstest dient der Messung von Persönlichkeitseigenschaften. Es geht hier um die Vorhersage emotionaler und motivationaler Aspekte des Verhaltens in Alltags- und Arbeitssituationen, also um:

- Verhaltensweisen,
- Einstellungen, Überzeugungen und Wertvorstellungen,
- Vorlieben,
- Stärken und Schwächen sowie
- Charaktereigenschaften.

4.1 Kurze Geschichte der Psychometrie

Anfänge in der Antike

Schon lange denken Forscher darüber nach, wie man Menschen und deren Verhalten messen und hinsichtlich der Determinanten beschreiben kann. So interessieren sich Wissenschaftler seit der Antike für die Frage, ob und inwieweit man vom mimischem Ausdruck auf die Persönlichkeit beziehungsweise den Charakter schließen kann. Aristoteles (384–322 v. Chr.) brachte das menschliche Gesicht mit der Gesichtsform von Tieren in Beziehung. So entstanden die Ideen vom schlauen Fuchs und dummen Schaf, die sich bis in die Neuzeit gehalten haben.

Im 18. Jahrhundert erkannte Johann Jakob Engel (1741–1802), dass es zwischen Gebärden und inneren psychischen Vorgängen einen Zusammenhang gibt. So drückt sich das Denken einer erhabenen Idee im erhobenen Kopf aus. Charles Darwin (1809–1882) ergänzte dieses durch die Erkenntnis, dass das Ausdrucksverhalten entwicklungsgeschichtlich einen biologischen Zweck erfüllt. So dienen erhobene Hände mit der Handfläche nach außen der Gefahrenabwehr.

Körper und Psyche

Ähnlich erkannte Theodor Piderit (1826–1912), dass bestimmte Erlebnisse Muskelbewegungen auslösen. Hermann Strehle erforschte in den dreißiger Jahren des 20. Jahrhunderts, dass Empfindungen wie Wut, Scham oder Verlegenheit auf die Blutgefäßkontraktion wirken (Erröten, Erbleichen). Andere Forscher schlussfolgerten aus der Schädelform auf die Persönlichkeit.

Diese Untersuchungen zeigen, dass es objektiv registrierbare physiognomische und mimische Ausdrucksweisen gibt, die mit ganz bestimmten Persönlichkeitszügen in Verbindung gebracht werden können, die aber oft nicht mit den realen psychischen Vorgängen des Ausdrucksträgers übereinstimmen.

Psychodiagnostische Verfahren

Gegen Ende des 19. Jahrhunderts wurden erste psychodiagnostische Verfahren entwickelt, zunächst zur Messung der Intelligenz von Schülern. Die französische Regierung ordnete nach 1910 an, dass sich die Einweisung von Kindern in eine Sonderschule auf solche Tests stützen muss.

Ersatz für Interviews

Mit dem „Personal Data Sheet“ von Robert S. Woodworth (1869–1962) wurden lang dauernde Psychiaterinterviews ersetzt. Der Test wurde genutzt, um zu verhindern, dass psychisch instabile Soldaten in US-Elitekorps des Ersten Weltkrieges gelangten.

Große Berühmtheit erlangte der Formdeutungsversuch von Hermann Rorschach (1884–1922), der für die Diagnostik von Schizophrenie entwickelt wurde.

Faktorenanalyse von Cattell

Die heute aktuellen Persönlichkeitsfragebogen beruhen zu einem großen Teil auf Raymond Bernard Cattell (1905–1998). Er entwickelte mithilfe der Faktorenanalyse ein Modell von 16

Persönlichkeitsfaktoren, die sich bipolar gegenüberstehen. Diese wurden von ihm als situationsunabhängige Grundeigenschaften der Persönlichkeit angesehen, mit denen sich jede Person beschreiben ließe und die dem offen gezeigten Verhalten zugrunde lägen.

16 Dimensionen

Der Fragebogen erfasst mit 184 aktualisierten Items diese 16 Primärdimensionen der Erwachsenenpersönlichkeit:

1. Sachorientierung vs. Kontaktorientierung
2. Konkretes Denken vs. abstraktes Denken
3. Emotionale Störbarkeit vs. emotionale Widerstandsfähigkeit
4. Soziale Anpassung vs. Selbstbehauptung
5. Besonnenheit vs. Begeisterungsfähigkeit
6. Flexibilität vs. Pflichtbewusstsein
7. Zurückhaltung vs. Selbstsicherheit
8. Robustheit vs. Sensibilität
9. Vertrauensbereitschaft vs. skeptische Haltung
10. Pragmatismus vs. Unkonventionalität
11. Unbefangenheit vs. Überlegenheit
12. Selbstvertrauen vs. Besorgtheit
13. Sicherheitsinteresse vs. Veränderungsbereitschaft
14. Gruppenverbundenheit vs. Eigenständigkeit
15. Spontaneität vs. Selbstkontrolle
16. Innere Ruhe vs. innere Gespanntheit

Fünf Globalfaktoren

Daraus abgeleitet werden die folgenden fünf zusätzlichen Globalfaktoren:

1. Extraversion
2. Unabhängigkeit
3. Ängstlichkeit
4. Selbstkontrolle
5. Unnachgiebigkeit

Eysenck-Persönlichkeits-Inventar

Zu den Pionieren der Psychometrie gehört der schon weiter vorne erwähnte Hans Eysenck mit seinem Eysenck-Persönlichkeits-Inventar (E-P-I). Die theoretische Grundlage des Verfahrens bildet seine Persönlichkeitstheorie. Für ihn besteht die Persönlichkeit aus den zwei Hauptfaktoren Extraversion und Neurotizismus. Dies sind jeweils bipolare Dimensionen:

- Extraversion = Introversion bis Extraversion
- Neurotizismus oder Emotionalität = Stabilität bis Instabilität

Dementsprechend misst sein Fragebogen diese vier Dimensionen:

1. Extraversion
2. Neurotizismus
3. Psychotizismus
4. „Lügenskala“ (soll Verfälschungstendenzen erfassen)

Persönlichkeitsmerkmale

Extraversion gesellig, lebendig, aktiv, selbstsicher, sensation-seeking, sorglos, dominant, „aufwallend“, abenteuerlustig
Neurotizismus vs. emotionale Stabilität ängstlich, depressiv, Schuldgefühle, niedriges Selbstwertgefühl, angespannt, irrational, schüchtern, verstimmt (moody), emotional
Psychotizismus aggressiv, kalt, egozentrisch, unpersönlich, impulsiv, antisozial, unempfindsam, kreativ, hartherzig, tough-minded

4.2 Grundtypen und Arten von Persönlichkeitstests

Grobklassifikation

Die vielen Tests bieten entsprechend viele Möglichkeiten, sie zu klassifizieren. Durchgesetzt hat sich die Grobklassifikation in Leistungstests und Persönlichkeitstests.

Natürlich gehört auch die Leistung zur Persönlichkeit, aber Leistung erfordert spezifische Reaktionsweisen. Während Leistungstests situativ maximales Verhalten messen, geht es bei Persönlichkeitstests um typisches Verhalten.

Leistungstests

Zur Gruppe der *Leistungstests* zählen Intelligenztests, Aufmerksamkeits- und Belastungtests, kognitive Tests zu Wissen und Sprachen oder auch spezielle Funktionsprüfungen im sensorischen sowie motorischen Bereich. Die Antworten der Fragen werden im Gegensatz zu Persönlichkeitstests als richtig oder falsch eingestuft.

Persönlichkeitstests

Zu den *Persönlichkeitstests,* also jenen Tests, die nichtleistungsmäßige Eigenschaften messen, zählt man:
- allgemeine Persönlichkeitsstrukturtests, mit denen das „typische" Verhalten einer Person erfasst wird;
- spezifische Persönlichkeitstests (z. B. Kontrollüberzeugungen, Empathie) und
- im weiteren Sinne auch Einstellungs-, Interessen- und Motivationstests.

Innerhalb der Gruppe reiner Persönlichkeitstests gibt es eine weitere Unterscheidung zwischen
- objektiven Tests (direkte Verfahren) und
- projektiven Tests (indirekte Verfahren).

Objektive Tests (direkte Verfahren)

Keine Interpretation der Auswerter

Objektive Tests werden nach festen Regeln durchgeführt. Heute werden viele dieser Tests online am Personalcomputer ausgefüllt und ausgewertet, sodass keine Interpretationen der auswertenden Personen einfließen können. Es wird also versucht, das Persönlichkeitsmerkmal mit einem Höchstmaß an Objektivität zu erheben. Der Sinn des Verfahrens ist für den Probanden durchschaubar.

Objektive Tests sind der Gruppe der statistischen Verfahren beziehungsweise der weiter vorne beschriebenen Faktorenanalyse zuzuordnen. Normalerweise wird dabei ein Fragebogen ausgefüllt, zumeist indem man das am meisten und am wenigsten Zutreffende markiert. Oft muss gewichtet werden, z. B. auf einer Notenskala von 1 bis 6. Bei den in diesem Buch vorgestellten Tests sowie bei fast allen relevanten Persönlichkeitstests wie auch bei Intelligenztests handelt es sich um objektive Verfahren.

Projektive Tests (indirekte Verfahren)

Stimulierung der Probanden

Bei projektiven Tests werden Probanden mit abstrakten Mustern, angefangenen Geschichten, Zeichnungen oder Bildern stimuliert. Diese Vorlagen sind so vage, dass sie verschiedene Interpretationsmöglichkeiten zulassen. Der Betrachter bringt bei der Deutung oder Ergänzung dieser Stimuli sich selbst, seine inneren Gefühlszustände, Wünsche und Vorerfahrungen ein. Die Antworten und Assoziationen werden dann vom Experten interpretiert und analysiert. Damit sind die Testergebnisse unter Umständen von der Person des Testenden abhängig: Es kann keine volle Objektivität bei der Auswertung geben, denn der Auswertende ist, wie man es umgangssprachlich ausdrückt, auch nur ein Mensch.

Rorschachtest

Der bekannteste Test dieses Typs ist der 1921 erstmals veröffentlichte Rorschachtest, benannt nach dem Schweizer Psychiater Hermann Rorschach (1884–1922). Dieser Test arbeitet mit abstrakten Mustern wie etwa dem folgenden:

Eingeschränkter Nutzen

Der Rorschachtest und ähnliche Verfahren beruhen auf tiefenpsychologischen Mechanismen. Sie entsprechen kaum den nachstehenden Qualitätskriterien. Die Ergebnisse haben allenfalls den Wert eines kontrastarmen Röntgenbildes. Ihr Nutzen liegt in der Bildung von Arbeitshypothesen.

4.3 Was leisten Persönlichkeitstests?

Ethische und fachliche Fragen

Über den Wert von Persönlichkeitstests wird gestritten. Das liegt in der Natur der Sache. Sie tragen dazu bei, den Menschen noch „gläserner“ zu machen. Hier liegt das ethische Problem. Fachlich ist zu hinterfragen, ob sie das leisten, was sie versprechen, vor allem, ob sie dazu beitragen, Entscheidungen zur Personaleinstellung zu objektivieren.

Konzentration auf wenige Merkmale

Was den Erkenntnisnutzen angeht, so soll mithilfe von Persönlichkeitstests ein möglichst fundiertes Bild über das Verhalten und die Persönlichkeit eines Menschen gewonnen werden. Dennoch ist kein Persönlichkeitstest in der Lage, die Ganzheit einer Person erschöpfend abzubilden. Darum konzentrieren sich diese Tests bzw. Analysen auf einige wenige Merkmale.

Welche Landkarte für welchen Zweck?

Nur eine spezielle Perspektive

Bei einem seriösen Test sollte von vornherein eindeutig festgelegt werden, was genau betrachtet bzw. welcher Ausschnitt eines Menschen „vermessen" werden soll. Eine Landkarte eignet sich für den Vergleich. Sie stellt ein Gebiet nur aus einer speziellen Perspektive dar, aber ein umfassendes Bild über dieses Gebiet ist nur über die Gesamtheit aller Landkarten, Straßen- und Bahnkarten, geologischen Karten und Gewässerkarten zu bekommen. Jede einzelne Landkarte vermittelt nur eine von vielen Möglichkeiten, ein Gebiet darzustellen. In ähnlicher Art und Weise ergänzen sich unterschiedliche Testergebnisse und bieten so die Möglichkeit, ein vielfältigeres Bild der Persönlichkeit zu bekommen.

Ausschnitt der Gesamtpersönlichkeit

Da es nicht möglich ist, den Menschen in seiner Komplexität mit nur einem Persönlichkeitstest zu „vermessen", muss man sich auf Teilaspekte beschränken. Die verschiedenen Tests bzw. Persönlichkeitsanalysen haben unterschiedliche Schwerpunkte. Sie zeigen immer nur einen Ausschnitt der Gesamtpersönlichkeit. So geht es z. B. um die Verhaltensweisen im Beruf oder um die Art und Weise der Kommunikation bei Konflikten. Kein Verfahren schafft es, Persönlichkeit in ihrer ganzen Komplexität abzubilden. Der Anspruch einer Gesamtbeschreibung wäre genauso schwer einzulösen wie die präzise Abbildung der ganzen Welt in einem Stadtplan. Jeder Stadtplan hat eine andere Stadt und andere Sachverhalte zum Inhalt, z. B. Straßen, Gewässer oder die Geologie. Nur so ermöglicht er die Orientierung.

Messen meint eigentlich vergleichen

Der Begriff „messen" meint eigentlich „vergleichen", denn die von einer Person im Test erreichten Werte werden mit denen anderer Menschen verglichen. Deren Werte dienen als Vergleichsmaßstab. Sie bilden in ihrer Summe die Normwerte (also Durchschnittswerte) in den jeweiligen Messbereichen ab. Mittels dieser Normwerte kann sich nun der zu Beurteilende mit den Personen vergleichen, deren Werte die Stichprobe der Normwerte bilden. Er sieht, ob er in einem bestimmten Messbereich unter oder über dem Durchschnitt liegt.

Objektivierung des Subjektiven

Maßstab für andere Verfahren

Viele Befürworter von Persönlichkeitstests meinen, dass Theorie und Methodik von psychologischen Testverfahren so hoch entwickelt seien, dass sie auch für andere Verfahren Maßstäbe setzen könnten. Insbesondere die Trennung von Durchführung und Urteilsbildung objektivieren die subjektiven Eindrücke der auswählenden Personalmitarbeiter. Genau hier liegt die Crux des reinen Bewerberinterviews.

Objektiv, zuverlässig und vergleichbar

Eignungsdiagnostiker vertreten die Ansicht, dass Tests, die von ihnen nach psychometrischen Kriterien sorgfältig konstruiert wurden, die messtechnisch anspruchsvollste Eignungsdiagnostik bieten. Prof. Jürgen Deller meint: „Die aktuelle Forschung zeigt, dass vor allem (…) Aspekte der Persönlichkeit wie Gewissenhaftigkeit, Leistungsbereitschaft und Extraversion [in] einem sehr engen Zusammenhang mit dem späteren beruflichen Erfolg stehen“ (FAZ-Hochschulanzeiger vom 13.05.2002). Die Konstrukteure der in diesem Buch aufgeführten Tests sagen von sich, objektive, zuverlässige und vergleichbare Ergebnisse zu liefern. Ihre Ergebnisinterpretation ist genormt. Der Vorhersagewert für Kriterien des Berufserfolgs ist vielfach bekannt oder zumindest exakt prüfbar.

Pro und Contra

Vorteile

Auch mit der Zeitersparnis wird der Einsatz von Persönlichkeitstests begründet. Die Auswertung eines Testbogens benötigt weniger Zeit als ein langes Interview. Mithilfe eines Persönlichkeitstests erhält man psychometrisch vergleichbare und gültige Informationen über Verhalten und Erleben einzelner Personen, was bei Interviews und Zeugnisnoten kaum der Fall ist. Auf diese Weise können die gewonnenen Daten in IT-Systeme eingespeist und verglichen werden.

Kritik Kritiker machen dagegen geltend, dass die meisten Persönlichkeitstests auf der Selbsteinschätzung oder Darstellung von Befindlichkeiten der Kandidaten beruhen. Diese müssen bestimmte Aussagen in Bezug auf ihre Persönlichkeit als zutreffend oder unzutreffend klassifizieren. Darum bilden sie nie das tatsächliche Potenzial eines Menschen ab, sondern dessen Selbstbild. Das könnte Bewerber mit einem überzogenen Selbstbild bei der Stellenauswahl bevorzugen und selbstkritische benachteiligen.

Subjektivität bleibt Skeptiker fragen, ob Eigenschaften, die man insbesondere bei Bewerbern gerne herausfinden möchte, wie Offenheit, Dominanz, Sorgfalt, Loyalität und Selbstdisziplin, objektiv fassbar sind. Sie meinen, dass das, was am Ende mittels eines Tests oder eines standardisierten Auswahlverfahrens herauskommt, allenfalls eine von subjektiven Momenten durchsetzte Annäherung sein kann. Das Subjektive, mithin also die Persönlichkeit eines Menschen, kann nie objektiviert werden.

Soziale Erwünschtheit Im Gegensatz zu kognitiven Leistungstests verfügen Probanden bei Persönlichkeitstests über ausreichend Zeit, um die Fragen zu beantworten. Ein Proband kann sich also in Ruhe überlegen, auf welche Eigenschaft die Fragen abzielen und welches wohl die günstigste Antwort in Bezug auf die angestrebte Position ist. Es liegen recht viele Beispiele dafür vor, dass Bewerber ihr Testergebnis im Sinne sozialer Erwünschtheit positiv beeinflussen können. Dabei helfen auch die vielen „Testknacker", mit denen der Büchermarkt immer wieder neu überflutet wird.

4.4 Qualitätsanforderungen an Persönlichkeitstests

Was erfahren Sie durch Persönlichkeitstests? Welchen Nutzen können Sie konkret aus einem bestimmten Testverfahren ziehen? Selbsterkenntnis durch ein Testverfahren per Ankreuzen – das scheint verlockend. Gibt es vielleicht auch Aspekte, die Sie in jedem Fall beachten sollten, um sich nicht zu schaden?

Vorsicht vor Sekten

Ja, es gibt diese Aspekte. Schauen Sie darum genau hin, wer den Test anbietet und welche Zielsetzung dahintersteht. Auch manche Sekten locken vorzugsweise mit Persönlichkeitstests. Darin werden dann persönliche Schwächen oder Probleme erfragt, um dem potenziellen Mitglied zu suggerieren, dass die Mitgliedschaft in dieser Sekte der einzige Weg sei, diese Schwächen auszubügeln und glücklich zu werden.

Unterschiedliche Qualität

Je nach Herkunft und Anwendungsgebiet unterscheiden sich diese Psychotests in ihrer Wissenschaftlichkeit und Brauchbarkeit. Bei vielen Tests wird scheinbar „eher gewürfelt", aber es gibt auch Tests, die hohen Qualitätsansprüchen gerecht werden.

Wissenschaftlichkeit

Was aber macht einen guten Test aus? Um diese Frage zu beantworten, ist zu klären, welche Erwartungen der Anwender an einen Test hat. Eine häufig zitierte Definition fordert Wissenschaftlichkeit: „Ein Test ist ein wissenschaftliches Routineverfahren zur Untersuchung eines oder mehrerer empirisch abgrenzbarer Persönlichkeitsmerkmale mit dem Ziel einer möglichst quantitativen Aussage über den relativen Grad der individuellen Merkmalsausprägung" (Lienert 1998, S. 1).

Viele Anforderungen

Diese Definition schränkt den Begriff „Test" vielfach ein, denn er soll

- routinemäßig durchführbar sein, d. h. von einer beliebigen Person unter Standardbedingungen (mit den gleichen Testmaterialien, zur gleichen Zeit usw.);
- eine relative Positionsbestimmung zu anderen getesteten Personen ermöglichen;
- empirisch abgrenzbare Persönlichkeitsmerkmale, Fähigkeiten und Fertigkeiten messen und
- wissenschaftlich begründet sein, also wissenschaftliche Gütekriterien erfüllen.

Drei Kriterien

Um zu zuverlässigen Aussagen bzw. Ergebnissen zu kommen, gibt es in der mathematisch-statistischen Testtheorie drei spezielle Kriterien der fachgerechten Konstruktion und Anwendung von Persönlichkeitstests: Objektivität, Validität und Reliabilität.

Objektivität

Die Tests müssen objektiv sein, d. h., die Bedingungen der Testdurchführung und -auswertung müssen feststehen, immer gleich sein und unabhängig von den jeweiligen Anwendern oder beurteilenden Personen. Der Tests muss bei derselben Testperson oder Testgruppe das gleiche Ergebnis erzielen oder reproduziert werden können. Das erfordert eine weitgehende Standardisierung des Verfahrens.

Drei Formen von Objektivität

Es wird unterschieden zwischen der Durchführungsobjektivität, der Auswertungsobjektivität und der Interpretationsobjektivität:

- Die *Durchführungsobjektivität* ist gegeben, wenn das Verhalten der Testperson unabhängig von dem jeweiligen Verhalten des Testdurchführers ist, die Versuchsperson also bei verschiedenen Testleitern zum gleichen Ergebnis kommt.
- Die *Auswertungsobjektivität* ist vorhanden, wenn gleiches Verhalten einer Testperson stets auf die gleiche Weise ausgewertet wird.
- *Interpretationsobjektivität* ist erfüllt, wenn das Testergebnis unabhängig von der auswertenden Person ist, also alle Tester zu gleichen Schlüssen kommen.

Validität (Gültigkeit)

Bei einer hohen Validität werden mit einem Test genau das Merkmal bzw. die Merkmale gemessen, die man messen möchte, z. B. Introversion, Sorgfalt oder Leistungsorientierung. Eine hohe Validität ist immer von einer hohen Objektivität und einer hohen Reliabilität abhängig. Hat ein Test eine geringe Validität und eine hohe Reliabilität, dann misst er etwas anderes als geplant.

Konstruktvalidität

Die *interne Validität* (Konstruktvalidität) bezieht sich auf die Frage, in welchem Ausmaß das zu untersuchende Merkmal bzw. Konstrukt tatsächlich erhoben wird. Misst beispielsweise ein Reaktionstest tatschächlich die Konzentrationsfähigkeit?

Kriteriumsvalidität

Die *externe Validität* (Kriteriumsvalidität) gibt an, in welchem Ausmaß ein Ergebnis auf andere Situationen übertragen werden kann.

Reliabilität (Zuverlässigkeit)

Unabhängigkeit von Zufallsschwankungen

Die Reliabilität zeigt, wie genau ein Test ein bestimmtes Merkmal misst. Beim Vorliegen von stabilen Merkmalen erwartet man, dass bei wiederholten Messungen auch dieselben Ergebnisse entstehen. Aus diesem Grund resultiert aus einer hohen Reliabilität eine Unabhängigkeit des Tests von Zufallsschwankungen und Umweltbedingungen. Die Reliabilität hängt damit stets auch von der Objektivität ab.

Normierung

Wichtig: Vergleichspunkte

Für sich genommen ist ein Testergebnis bedeutungslos und nicht interpretierbar. Was besagt es schon, wenn jemand in irgendeinem Test ein Resultat von 57 Punkten hat? Ohne weitere Vergleichsmaßstäbe kann anhand dieses Wertes nichts über die Testperson gesagt werden, denn es fehlen Vergleichspunkte zu anderen, die den Test gemacht haben. Man muss wissen, wie viele Punkte maximal und minimal möglich sind. Doch selbst wenn man die Punkteskala kennt, weiß man noch nicht, wie viele Menschen bei diesem Test 57 oder mehr Punkte erzielen. Ihre Bedeutung erhalten die „absoluten Testdaten" erst durch den Vergleich mit einer ausreichend großen Zahl anderer Menschen: Wenn nur fünf Prozent der Bevölkerung einen Wert von 57 oder höher erreichen, ist diese Zahl völlig anders zu werten, als wenn drei Viertel der Bevölkerung auf einen solchen Wert kommen.

Eichung

Um solche Vergleichspunkte in einem kontrollierten Verfahren für ein möglichst breites Feld von Versuchspersonen zu erhalten, führt man die Normierung bzw. Eichung eines Testes durch. Man erhält dann Normwerte, die einen Vergleich des Rohwertes (= ein Testresultat) einer Person mit den Werten anderer Personen mit ähnlichen Voraussetzungen (z. B. gleiches Alter oder gleiche Berufsausbildung) und damit eine Interpretation ermöglichen.

Literatur

Friedrich Dorsch: *Psychologisches Wörterbuch.* Bern u. a.: Huber 1994.

Rüdiger Hossiep, Michael Paschen und Oliver Mühlhaus: *Persönlichkeitstests im Personalmanagement.* Göttingen: Verlag für Angewandte Psychologie 2000.

Carl Gustav Jung: *Über die Entwicklung der Persönlichkeit.* Gesammelte Werke Bd. 17. Freiburg (i. Brsg.) und Olten: Walter Verlag 1995.

Carl Gustav Jung: *Typologie.* München: dtv 2003.

Gustav Adolf Lienert und Ulrich Raatz: *Testaufbau und Testanalyse.* Weinheim: Beltz 1998.

Helmut Seifert: *Einführung in die Wissenschaftstheorie 2.* München: C. H. Beck 1973.

Teil B

Analytische Persönlichkeits-modelle bzw. -tests

1. Discovery of Natural Latent Abilities (DNLA)

Das Discovery-of-Natural-Latent-Abilities-Testsystem (deutsch: „Aufdeckung der natürlichen Fähigkeiten“) wird im Kapitel der analytischen Persönlichkeitsmodelle bzw. -tests an erster Stelle vorgestellt, weil es anderer Natur ist als die nachstehend beschriebenen Verfahren und aus keinem persönlichkeitstheoretischen Grundmodell abgeleitet wurde. Außerdem ist es ein in Deutschland entwickeltes Verfahren.

Im Mittelpunkt: soziale Kompetenz

Im Mittelpunkt steht dabei die soziale Kompetenz. Sie ist der rote Faden, der sich durch alle fünf Bände dieser Buchreihe zieht. Sozialkompetenz ist der Kern der elementaren Schlüsselqualifikationen. Die Bände Band 1 (Kommunikationskoffer) und 4 (Führungskoffer) beinhalten die ganze Palette sogenannter Soft Skills. Neue Arbeits- und Organisationsformen setzen die Kenntnis und das Beherrschen solcher Soft Skills – also Team-, Kontakt- und Kommunikationsfähigkeit – voraus.

Spezialverfahren

Für den Leser dieses Buches empfiehlt sich das Spezialverfahren DNLA – *ESK* (Soziale Kompetenz für Mitarbeiter/innen und Führungskräfte). Dieses Basismodell enthält alle wesentlichen Faktoren im Bereich sozialer Kompetenz, die den Berufserfolg beeinflussen. Führungskräften, die mehr über ihren Führungsstil erfahren wollen, sei zusätzlich DNLA – *Management* empfohlen.

→ Ergänzende und vertiefende Informationen zur sozialen Kompetenz finden Sie in der Einleitung dieses Buches („Zu diesem Buch“) sowie in den Einleitungen des ersten, zweiten und dritten Bandes dieser Buchreihe.

DNLA – Soziale Kompetenz und DNLA – Management basieren auf der Erkenntnis, dass es nicht nur drei, vier oder fünf

Erfolgsdimensionen gibt, sondern eine ganze Reihe. Die von vielen anderen Verfahren verwendeten „allgemeinen Persönlichkeitsbeschreibungen“ wurden von den Testkonstrukteuren als zu vage und nicht praktikabel genug angesehen:

- zu *vage*, weil bei allgemeinen Persönlichkeitsbeschreibungen der direkte Bezug zum beruflichen Erfolg nur schwer oder nicht nachweisbar ist;
- nicht *praktikabel*, weil bei allgemeinen Persönlichkeitsbeschreibungen die Möglichkeiten begrenzt sind, durch Training, Coaching oder Aus- und Weiterbildungsmaßnahmen Einfluss auf den Potenzialaufbau und damit auf den beruflichen Erfolg zu nehmen.

Aus diesem Grunde hat man gar nicht erst versucht, Menschen, also Mitarbeiter und Führungskräfte, in ihrer Gesamtheit zu beschreiben. Man legte Wert auf jene Kompetenzen, die für den Mitarbeiter und Vorgesetzten überwiegend nachvollziehbar und überprüfbar sind.

Kompetenzen und Berufserfolg

Die Grundlagen des DNLA-Testverfahrens wurden bereits in den 70er-Jahren am Max-Planck-Institut gelegt, wo Prof. Dr. Brengelmann Forschungen zum Thema „berufliche Erfolgsfaktoren“ betrieb. Es entstand ein wissenschaftlich abgesichertes Modell, das sich an außerfachlichen (sozialen) Kompetenzen orientierte, die den Berufserfolg nachweislich mitbestimmen. Dazu gehören u. a. Leistungsmotivation, Stabilität und Belastbarkeit. Es handelt sich dabei ausschließlich um berufsbezogene Eigenschaften, die Mitarbeitern und Vorgesetzten aus ihrer täglichen Arbeit bekannt sind.

Expertensystem

Das Testverfahren wurde dann Schritt für Schritt weiterentwickelt. Im Laufe der Jahre entstand dabei ein Expertensystem, also ein wissensbasiertes Computerprogramm, in dem das Sach- und Erfahrungswissen von Experten gespeichert wurde. Ein derartiges Programm ist aufgrund der hinterlegten Regeln imstande, aus dem gespeicherten (vorgegebenen) Wissen selbstständig Schlüsse zu ziehen und Problemlösungen anzubieten. Dieses Expertensystem unterstützte nicht nur Personalleiter, sondern jede Führungskraft bei Bewerbungsgesprächen sowie

Personalentwickler im Bereich der Aus- und Weiterbildung. Im Mittelpunkt des zugrunde liegenden Verfahrens stand dabei die vieldiskutierte Sozialkompetenz.

Leistung und Kompetenzen

Es wurde großen Wert darauf gelegt, dass die ermittelten Potenziale einen direkten Bezug zur Berufsleistung haben und mit dieser vergleichbar sind. Der DNLA-Philosophie liegt die Erkenntnis zugrunde, dass berufliche Leistung durch das direkte Zusammenwirken von Fachkompetenzen und sozialen Kompetenzen (Erfolgsfaktoren) entsteht.

Leistungssteigerung durch Weiterbildung

Der Einsatz des Verfahrens macht aber nur dann Sinn, wenn nicht nur Stärken und Schwächen ermittelt, sondern gleichzeitig auch Vorschläge für die Weiterbildung des Mitarbeiters gemacht werden. Letztlich geht es darum, gezielt Leistungen zu steigern und die Motivation zu verbessern. Darum müssen sich DNLA anwendende Unternehmen verpflichten, Mitarbeiter durch gezielte Maßnahmen zum Potenzialaufbau zu unterstützen. Das wird durch entsprechende Fördervereinbarungen, also einer Art „vertraglicher" Übereinkunft, festgehalten. So entsteht ein Regelkreislauf, der sowohl dem Teilnehmer als auch dem Betrieb einen Einblick in die fortschreitende Entwicklung bei Weiterbildungsmaßnahmen gibt.

1.1 DNLA – Sozialkompetenz

17 Verhaltensdimensionen

Die für den Berufserfolg relevanten Leistungsfaktoren des Sozialverhaltens kann man vier Gruppen zuordnen, denen 17 sogenannte Verhaltensdimensionen nachgeordnet sind.

Vier Gruppen

Die vier Gruppen sind:

1. *Fleiß*
   Eigenverantwortlichkeit, Leistungsdrang, Selbstvertrauen und Motivation
2. *Verhaltenim interpersonellen Umfeld*
   Kontaktfähigkeit, Auftreten, Einfühlungsvermögen
3. *Erfolgswille*
   Einsatzfreude, Statusmotivation, Systematik und Initiative

4. *Belastbarkeit*
   Kritikstabilität, Misserfolgstoleranz, emotionale Grundhaltung, Selbstsicherheit, Flexibilität und Arbeitszufriedenheit

300 Fragen

Die Ausprägung dieser Verhaltensdimensionen wird mit 300 Fragen ermittelt.

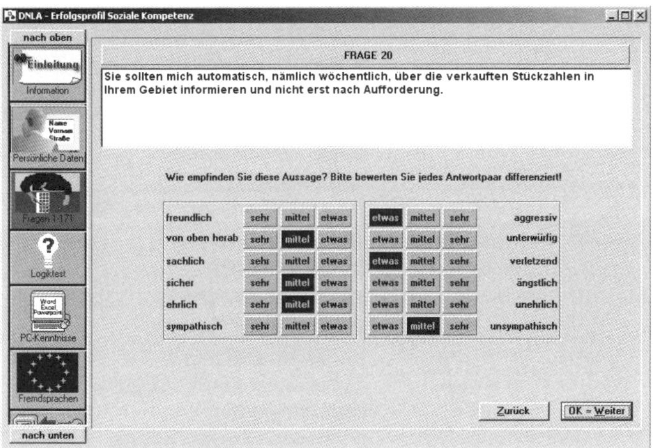

Beispiel für Fragen an einen Mitarbeiter im Vertrieb von Finanzdienstleistungen

Unterschiede werden berücksichtigt

Das Fragenprogramm stellt dabei einem IT-Mitarbeiter andere Fragen als einem Buchhalter, Vorstand oder Hausmeister. Dadurch wird u. a. mehr Akzeptanz beim Befragten erzielt, und die Ehrlichkeit (und damit die Validität der Ergebnisse) verbessert sich.

Die Abbildung auf der folgenden Seite zeigt sehr übersichtlich mein persönliches Testergebnis, hier definiert mit dem Anforderungsprofil einer Führungskraft, die einen Bereich in einem Forschungsinstitut leitet.

Mindestanforderung klar erkennbar

Auf den ersten Blick zu erkennen: Der Pfeil weist auf die Mindestanforderung hin, die vom Programm für diese Position ermittelt wurde. Erfolgreiche Führungskräfte in dieser beruflichen Ebene und Art der Tätigkeit haben bei allen Dimensionen zumindest ein OK-Ergebnis. Bei den Dimensionen „Einsatzfreude“, „Statusmotivation“ und „Emotionale Grundhaltung“ liegen bei der Testperson die Werte unterhalb der Anforderungen. Das Verfahren erläutert entsprechende Vorschläge zum Potenzialaufbau.

Beispiel für ein Testergebnis

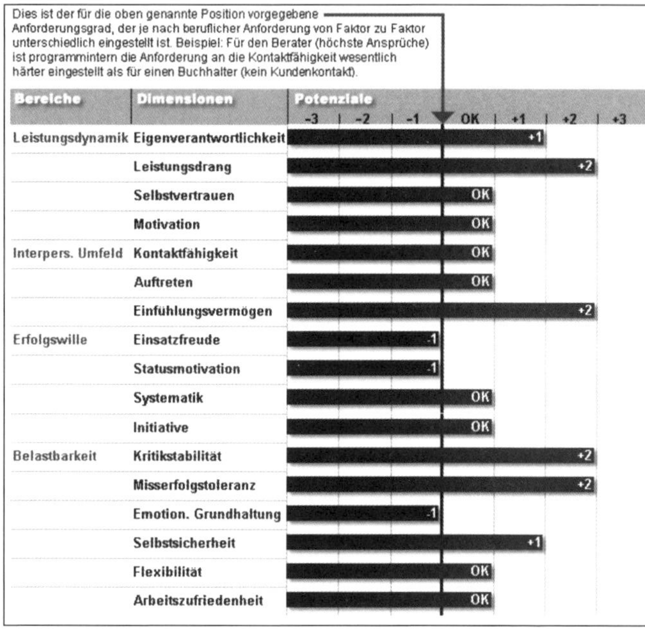

Gewichtung

Zu beachten ist hierbei, dass jede Verhaltensdimension je nach Art der Tätigkeit bzw. der beruflichen Position unterschiedlich gewichtet wird. Es ist klar, dass bei einem Geschäftsführer die Dimension „Eigenverantwortung“ ein anderes Gewicht hat als bei einem Lageristen.

Messbare Leistungen

Mehr Eigenverantwortung bedeutet mehr Zielorientierung. Und Mitarbeiter mit mehr Zielorientierung erbringen bessere Leistungen. Das ist unbestritten. Wenn man Eigenverantwortung erst einmal messen kann, kann man das Gemessene mit den Leistungen anderer, erfolgreicher Mitarbeiter vergleichen. Messbare Leistungen sind darum die Grundlage bei DNLA.

Man sollte bei DNLA weniger von einem Test, sondern eher von einem Verfahren sprechen. Bestandteile des Verfahrens sind:

Bestandteile von DNLA

1. 300 Fragen bzw. Situationsbeschreibungen (Items). Die Antworten werden elektronisch erfasst.
2. Kurzvorschau (Screening)
3. Gutachten Teilnehmer/in mit Grafiken (bis zu 20 S.)
4. Zertifikat für Teilnehmer: persönliche Stärken
5. Gutachten für Unternehmen mit Grafiken (bis zu 25 S.)
6. Gegenüberstellung von Außenkriterien (Vorgesetztenbeurteilung und Ergebnis)
7. Strukturiertes Interview mit individuellem Gesprächsleitfaden für den Anwender inkl. einer Stress-Kurzanalyse
8. Individuelle Fördervereinbarung
9. Individuelles Weiterentwicklungs- und Trainingsprogramm auf Audio-CD
10. Vorschläge für Seminare zum Potenzialaufbau mit Zielen und erforderlichen Inhalten
11. Individueller Plan zur Teamvergrößerung oder -verkleinerung (bis zu sieben S.)
12. Potenzialvergleich mehrerer Teilnehmer
13. Benchmarking mit acht wählbaren Kriterien
14. Ranking nach Positivpotenzial oder Führungsaufwand
15. Faktorengesamtübersicht für alle und Teile nach Potenzial oder Führungsaufwand
16. Automatische Ermittlung von Seminaren mit Zielen und Inhalten aufgrund ermittelter Potenziale
17. Komplette Seminarverwaltung und -organisation, einschließlich unternehmenseigener Seminare
18. Datenimport und -export in Fremdsysteme (z. B. SAP)
19. Umfassende Textkonserve, in der alle Texte vorübergehend oder dauerhaft an die speziellen Belange des Unternehmens angepasst werden können

Einsatzbereiche

Unternehmen setzen das DNLA-ESK-Verfahren u. a. ein:

- zur Unterstützung von Entscheidungen bei Neueinstellungen,
- zur Vorselektion von Massenbewerbungen (Screening),
- zur Steigerung von Teamleistungen,
- als Bestandteil von Assessment-Centern,
- zur Justierung des Weiterbildungsbedarfs,
- zur Lernzielkontrolle sowie
- als Bestandteil der Mitarbeiterbeurteilung.

1.2 DNLA – Management

Stärken und Entwicklungsbedarf

Dieses Teilinstrument wird oft als Ergänzung nach Feststellung der Sozialkompetenz eingesetzt. Es misst Potenziale von 25 Dimensionen der „Führungsmethodik", der „Kooperation" und des „Konsenses" sowie des „unternehmerischen Denkens und Handelns". Die Ergebnisse werden erfolgreichen Führungskräften der exakt gleichen Position gegenübergestellt. Bei gleichem Verhalten liegen entsprechende Stärken vor. Bei Abweichungen spricht man aber nicht von Schwächen, sondern von individuellem Entwicklungsbedarf, der sich in entsprechenden Weiterentwicklungs- und Coachingplänen niederschlägt. Der Vorgesetzte der nachgeordneten Führungskraft wird dabei zum Mentor.

Beispiel Delegation

Das soll am Beispiel der Delegation verdeutlicht werden:

- Zu wenig Delegation bedeutet, dass die Anforderungen deutlich unter dem eigentlichen Soll liegen (= Demotivation von Mitarbeitern).
- Werden die Anforderungen erfüllt, liegen die Leistungen genau in dem vom Unternehmen geforderten Bereich.
- Werden die Anforderungen übererfüllt, liegen sie über dem vom Unternehmen festgelegten Leistungsbereich (= Gefahr durch Fehlentscheidungen).

Individueller Plan

Anhand der Testergebnisse entwickelt DNLA – Management einen individuellen Weiterentwicklungsplan und für den Vorgesetzten oder Coach den entsprechenden Coachingplan.

Das Verhalten im Fokus

Die Items bei DNLA – Management befassen sich nicht mit persönlichen Einstellungen von Führungskräften, sondern im Wesentlichen mit ihrem Verhalten in bestimmten Managementsituationen. Es geht also nicht um Persönlichkeitsfragen. Der Grund dafür, Verhaltensfragen zu wählen, war, dass die Führungs*persönlichkeit* nur relativ schwer zu verändern ist, das Führungs*verhalten* dagegen sehr viel leichter den Erfordernissen einer definierten Position in einem bestimmten Unternehmen angepasst werden kann. Ein weiterer Grund: Die Anforderungen an das Führungsverhalten und die damit verbundenen Führungstechniken ändern sich relativ schnell.

Komponenten des Teilinstruments

Die Einbettung des Instruments in den Gesamtprozess sieht so aus:

1. 242 Fragen (Items) bzw. zu bewertende Situationen. Die Antworten werden elektronisch erfasst.
2. Gutachten für die Führungskraft mit Grafiken (bis zu 40 S.)
3. Zertifikat für die Führungskraft: persönliche Stärken im Bereich Führungstechniken
4. Gutachten für das Unternehmen mit Grafiken (bis zu 14 S. mit Hintergrunderläuterungen)
5. Gegenüberstellung von Außenkriterien (Vorgesetztenbeurteilung und Ergebnis)
6. Individueller Weiterentwicklungsplan (bis 28 S.)
7. Individueller Coachingplan für den Vorgesetzten der nachgeordneten Führungskraft (bis 28 S.)
8. Benchmarking mit acht wählbaren Kriterien
9. Automatische Ermittlung von Seminaren mit Zielen und Inhalten aufgrund ermittelter Potenziale
10. Komplette Seminarverwaltung und -organisation einschließlich unternehmenseigener Seminare
11. Datenimport und -export in Fremdsysteme (z. B. SAP)
12. Umfassende Textkonserve, in der alle Texte vorübergehend oder dauerhaft auf die speziellen Belange des Unternehmens angepasst werden können

Auswertungsbeispiel

Auf der nächsten Seite finden Sie ein Auswertungsbeispiel. In diesem Beispiel werden die Anforderungen nur bei zwei Dimensionen unzureichend erfüllt:

- Bei der Dimension „*Autorität*" ermittelte das Verfahren für Walter Simon, den Verfasser dieses Buches, einen Wert von 70 Prozent. Dieser Wert liegt unterhalb der betrieblichen Anforderungen. Bei den Erläuterungen ist dann nachzulesen, dass die Testperson versucht hatte, sich weniger autoritär darzustellen, als sie in Wirklichkeit ist. Die Manipulation wurde erkannt.
- Der zweite Faktor, „*Einbeziehung*": Walter Simon bezieht die ihm unterstellten Mitarbeiter zu sehr in Veränderungen, Vorhaben oder Projektplanungen ein. Vorteil: Seine Mitarbeiter identifizieren sich schnell mit den angestrebten Zielen. Doch das ist mit hohem Aufwand verbunden und hat bei seiner Po-

sition einen deutlichen Nachteil: Wenn viele Veränderungen anstehen, tritt Entscheidungsmüdigkeit ein. Auch unwichtige Dinge werden in epischer Breite diskutiert und Wichtiges zerredet.

Beispiel für ein Auswertungsergebnis von DNLA – Management

DNLA MANAGEMENT **FAKTOREN**

Teilnehmer:	Herr Walter Simon
Profilvorgabe:	Unternehmensberater 29.04.2006 13:46:50 Geschäftsführung / Vorstand, Dienstleistung
Eingereichte Antworten:	28.04.2006 17:19:02
Auswertung durch:	SMP

Wenn ein Faktor sich im überdurchschnittlichen Bereich (130% bis 150%) bewegt, dann kann dies durchaus situationsangemessen und besser zu bewerten sein, als der OPTIMAL-Bereich. Wenn die Ausprägung jedoch extrem niedrig wird, dann wird ein "Problembereich" erreicht, bei dem die in der Beschreibung der Faktoren dargestellten Probleme eine erhöhte Wahrscheinlichkeit aufweisen können.

Führungsqualität

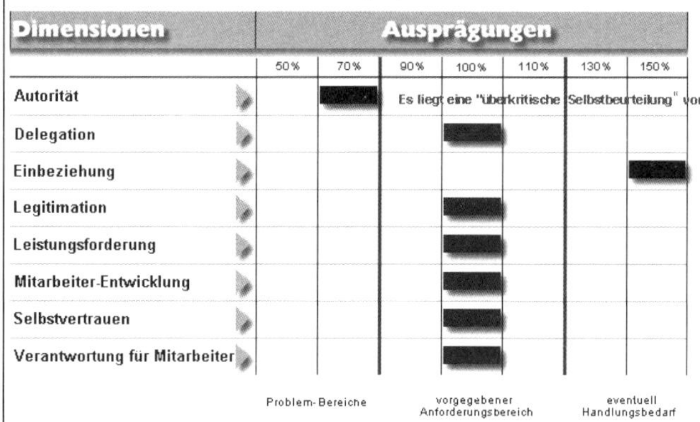

50% = Die Anforderungen werden, gemessen am vorgegebenen Profil, nur unzureichend erfüllt.	100% = Die Anforderungen werden, gemessen am vorgegebenen Profil, immer erfüllt und entsprechen exakt dem vom Unternehmen geforderten Leistungsbereich.
70% = Die Anforderungen werden, gemessen am vorgegebenen Profil, gerade befriedigend erfüllt.	110% = Die Anforderungen werden, gemessen am vorgegebenen Profil, etwas übererfüllt.
90% = Die Anforderungen werden, gemessen am vorgegebenen Profil, fast immer erfüllt und liegen damit innerhalb des vom Unternehmen geforderten Leistungsbereichs.	130% = Die Anforderungen werden, gemessen am vorgegebenen Profil, mehr als erfüllt und liegen über dem vom Unternehmen geforderten Leistungsbereich. 150% = Die Anforderungen werden, gemessen am vorgegebenen Profil, deutlich übererfüllt und liegen damit weit über dem vom Unternehmen geforderten Leistungsbereich.

Auswertung „Kooperation und Konsens"

Weitere Informationen liefert die Auswertung „*Kooperation und Konsens*". Von den zehn gemessenen Dimensionen befinden sich sieben Potenziale genau zwischen den beiden stärkeren Linien. In diesen Bereichen erfüllt der Autor dieses Buches exakt die

Anforderungen, die von der angegebenen Position gefordert werden.

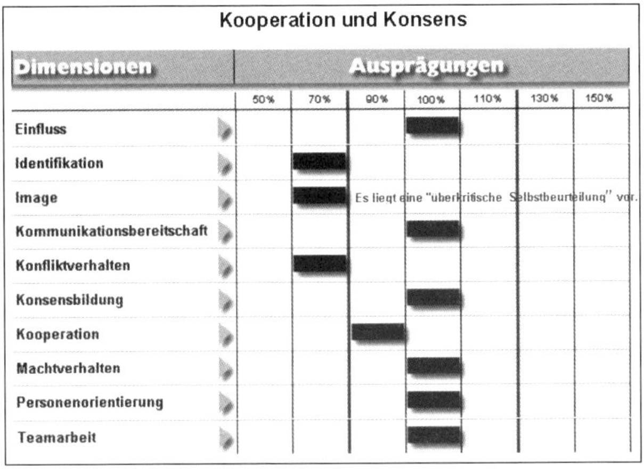

Beispiel für die Ausprägung von zehn Dimensionen

Die Ausprägungen der folgenden drei Bereiche liegen unter den betrieblichen Anforderungen:

Identifikation

- „*Identifikation*“: Er hat wegen seiner großen Eigenständigkeit Probleme, sich mit „von oben“ vorgegebenen Aufgaben zu identifizieren (die Profilvorgabe ging von einer fiktiven Position aus!). Positiv: Er ordnet sich nicht kritiklos unter, behält eigene Denkwege bei, ist Querdenker. Dies ist eine für andere Kollegen zwar unbequeme, aber wertvolle Einstellung, weil dadurch oft bessere Konzepte entstehen. Gefahr: Projekte werden von feinfühligen Mitarbeitern nicht mit dem notwendigen Einsatz vorangetrieben. Sie bemerken seine „innere Distanz“.

Image

- Bei der Dimension „*Image*“ ermittelte das Verfahren für die Testperson dieses Buches im ersten Auswertungsschritt einen Wert von 70 Prozent. Bei den Erläuterungen ist dann nachzulesen, dass die Testperson versucht hatte, ihr Image schlechter darzustellen, als es in Wirklichkeit ist.

Konfliktverhalten

- „*Konfliktverhalten*“: Konflikte werden von der Testperson möglichst vermieden. Ihr Hauptziel ist die Harmonie einer Gruppe. Eine solche Haltung ist für die Konsensfindung förderlich, hat aber den Nachteil, dass in der (fiktiven) Position berechtigte Forderungen zu schnell aufgegeben werden.

1.3 Allgemeines

Verzicht auf Typisierungen

DNLA ist ein Verfahren, das im Dialog mit Anwendern (Unternehmen, Vorgesetzten, Personalverantwortlichen) und Teilnehmern (Mitarbeitern und Führungskräften) sowie externen Beratern arbeitet. Es ist praxisorientiert und verzichtet bewusst auf Typisierungen wie „Macher“, „Direktoren“, „Entwickler“ usw. Es geht davon aus, dass der Mensch in seinen persönlichen Eigenschaften einfach zu komplex ist, als dass er sich in eine bestimmte Rolle stecken ließe.

„Typen“ greifen zu kurz

Eigentlich arbeiten Menschen gerne mit vereinfachenden Systemen wie: „Müller ist ein Typ der Kategorie *Macher*“, „Meier ist ein Typ der Kategorie *Entwickler*“. Also handelt es sich bei Müller und Meier um zwei sehr unterschiedliche „Typen“. Diese Zuordnung mag für viele durchaus informativ sein, doch sie führt im beruflichen Alltag nicht weiter. Das Problem könnte sein, dass bei beiden, trotz unterschiedlicher „Typisierungen“, Potenziale bei gleichen Faktoren bzw. Dimensionen fehlen. Beide könnten nämlich zu wenig Eigenverantwortung haben, zu wenig delegieren oder beide könnten zu viel Autorität walten lassen, obwohl sie völlig unterschiedliche „Typen“ sind. Denn das „Zuviel“ oder das „Zuwenig“ hängt nicht allein von ihren eigenen Potenzialen, sondern auch von den geführten Mitarbeitern ab, die ja unterschiedlichste Kompetenzen und Qualifikationen haben können. Es kommt also auch auf die Betrachtung berufsrelevanter Erfolgsfaktoren unter Einbeziehung des Umfelds an, wenn das Verfahren mit konkreten Handlungsanweisungen für Training, Schulung, Coaching, Mentoring, Aus- und Weiterbildung aufwarten soll.

Kommunikation und Einfühlungsvermögen

Ein anderes Beispiel: Ist es nicht so, dass alle Mitarbeiter und Führungskräfte ein Mindestmaß an Kommunikation benötigen? Müssen nicht alle Mitarbeiter Einfühlungsvermögen haben, um miteinander auszukommen? Das Problem dabei: In jeder beruflichen Ebene und bei jeder Art der Tätigkeit sind diese Anforderungen an die Führungskraft oder die Mitarbeiter unterschiedlich. So braucht der Buchhalter im Innenverhältnis durchaus ein gewisses Maß an Einfühlungsvermögen, wenn er zurechtkommen will. Der Mitarbeiter oder die Führungskraft im Außendienst braucht dagegen erheblich mehr, um erfolgreich zu sein! Darum bewertet das DNLA-Expertensystem die Potenziale der sozialen Kompetenzen aus verschiedenen Perspektiven wie etwa dem Arbeitsumfeld, bevor es zu einem Ergebnis kommt. Dazu sind natürlich präzise Eingaben in das Programm wichtig, die die genaue Position (berufliche Ebene und Art der Tätigkeit) festhalten, sonst werden später Äpfel mit Birnen verglichen.

Viele Konzepte bleiben unklar

In Fachzeitschriften wie auch im Internet wird mit immer neuen – und natürlich erfolgversprechenden – Konzepten und Begriffen geworben, wenn es um die Beurteilung oder Entwicklung von Menschen am Arbeitsplatz geht. Vieles dabei ist einfach nebulös oder liest sich wie ein Horoskop und gibt den Verantwortlichen weder konkrete Auskünfte über den Ist-Zustand noch klare Richtlinien oder Handlungsanweisungen an die Hand, aus welchem Grund und auf welche Weise bestimmte Weiterentwicklungsmaßnahmen durchzuführen sind, um Führungskräfte und Mitarbeiter beruflich erfolgreicher zu machen.

Entschlüsselung oft schwierig

Gleichermaßen fehlen fast immer die erforderlichen Instrumente, um später die Wirkung von durchgeführten Maßnahmen (Training, Schulung, Coaching, Aus- und Weiterbildung) messen zu können. Dabei wird häufig unterstellt, dass Verantwortliche die Beschreibung von bestimmten Persönlichkeitseigenschaften entschlüsseln können. Was aber kann ein Anwender damit anfangen, wenn er nach der Auswertung z. B. seine „intellektuelle Einstellung“ kennt? Was heißt es, wenn jemand in der Auswertung unter dem Stichwort „Kommunikation“ 82 von 100 Prozentpunkten erreicht?

Es kommt auf die konkrete Position an

In der Praxis müssen alle Mitarbeiter kommunikativ sein und Dinge umsetzen. Das Problem dabei: In jeder beruflichen Ebene sind die Anforderungen in Abhängigkeit von der Art der Tätigkeit des Mitarbeiters unterschiedlich. Insofern können 82 oder 76 Prozentpunkte sowohl hoch als auch nicht ausreichend sein, wenn nichts darüber gesagt wird, auf welche konkrete Position sich die 100 Prozentpunkte beziehen. Das Ergebnis ist vielleicht noch auswertungstechnisch korrekt, im beruflichen Alltag ist es schlichtweg unbrauchbar.

Wichtig: Bezug zur Positionsbeschreibung

Ähnlich verhält es sich bei Führungskräften, bei denen mit herkömmlichen Verfahren angeblich ihre Managementeignung gemessen werden soll. Wird die Position im Verfahren nicht sehr genau vorgegeben, kann einfach keine Aussage über zu viel oder zu wenig „Delegation" gemacht werden. Jedes Ergebnis könnte falsch oder richtig sein. Der Grund: Ob die Führungskraft genügend delegiert oder nicht, kann man aus den ausgewerteten Antworten allein nicht analysieren. Was „zu wenig" oder „zu viel" an Delegation ist, hängt im Wesentlichen von den Details der vorgegebenen Positionsbeschreibung ab.

Tätigkeit und Position stehen am Anfang

Aus diesem Grunde fordert DNLA vom Anwender erst einmal eine Beschreibung seiner Tätigkeit und beruflichen Position. Ohne diese Klärung könnte es sich sowohl um zu großzügiges, also gefährliches Delegieren als auch um zu zurückhaltendes und damit für die nachgeordnete Führungskraft oder den Mitarbeiter demotivierendes Delegieren handeln. Stellen Sie sich einen Offizier bei der Bundeswehr vor. Was er delegieren kann – und davon hängt im Fall des Falles das Leben der ihm unterstellten Soldaten ab –, ist doch eng verknüpft mit seiner Position, in der er arbeitet. Es ist ein gewaltiger Unterschied, ob er für den Nachschub zu sorgen hat oder für unmittelbare Verteidigungsaufgaben oder für die Pressearbeit zuständig ist.

Vergleich mit Erfolgreichen der gleichen Position

Ein ermitteltes Ergebnis mag also rechnerisch noch so korrekt sein, wie es will, im beruflichen Alltag ist es einfach falsch, wenn der Vergleich für die Analyse und Bewertung nicht mit der exakt gleichen Position bei Mitbewerbern erfolgt. Darum greift DNLA mittels eines Expertensystems auf die hinterlegten „Erfahrungen" zurück, und zwar auf Erfahrungen, die es von den Erfolgreichen der exakt gleichen Position vorher „gelernt" hat.

DNLA geht es ganz pragmatisch um bestimmte und für den Anwender verständliche soziale Kompetenzen und/oder Führungstechniken, die – immer im Zusammenwirken mit der entsprechenden Fachkompetenz – den Berufserfolg bestimmen. Die Verhaltensdimensionen bzw. -faktoren sind bewusst keine Typ- oder Persönlichkeitsbeschreibungen. Es sind ausschließlich berufsbezogene Eigenschaften, die jedem Vorgesetzten aus seiner täglichen Arbeit bekannt sind. Sie werden gemessen und analysiert, um so eine gezielte Aus- und Weiterbildung (Training/Coaching) einleiten zu können.

Beispiel: Kundenorientierung

Hierzu ein Beispiel: Im Zuge einer Fusion wird eine Bank komplett neu organisiert. Viele Mitarbeiter und Mitarbeiterinnen sollen stärker als zuvor in die Beratung der Privatkunden und gewerblichen Kunden einbezogen werden. Sie müssen sich in Zukunft stärker kundenorientiert verhalten. Aber wann handelt ein Mitarbeiter eigentlich kundenorientiert und von welchen Faktoren hängt das ab? Wann hat der Berater zu wenig oder ausreichendes Potenzial für die Position? Um diese Fragen zu beantworten, vergleicht das DNLA-Expertensystem darum die Potenziale der Mitarbeiter mit den Erfolgreichsten in exakt gleicher Position bei Mitbewerbern, um aufzuzeigen, wo jeder Einzelne Schulung oder Potenzialaufbau benötigt.

Entscheidende Merkmale

In ihrer neuen Rolle werden sie (gemessen an Konkurrenz) nur dann erfolgreich sein, wenn sie eine hohe *Kontaktfähigkeit* haben und viel *Leistungsdrang* (statt Leistungsangst) entwickeln. Bei der Kundenbedarfsanalyse müssen sie mit höchster *Systematik* arbeiten. Dem Kunden gegenüber muss ihr *Auftreten* angemessen und perfekt sein. Ohne hohes *Einfühlungsvermögen* des Beraters wird der Kunde nicht bereit sein, seine sehr intime finanzielle Situation offen zu schildern, und ggf. wichtige Fakten zurückhalten.

Kein Vergleich mit „allen"

Eine wichtige Rolle spielen die verwendeten Vergleichsdaten. Beim DNLA-Expertensystem werden die ermittelten Potenziale grundsätzlich nicht mit einer Gesamtmenge von z. B. „allen" Führungskräften verglichen, sondern grundsätzlich nur mit den Ergebnissen der Erfolgreichsten aus gleicher Branche, gleicher Position und gleichem Aufgabenbereich. Nur so lässt sich feststellen, was fehlt und wie die (eventuell) fehlende Fähigkeit aufgebaut werden kann.

Leistungen der Mitbewerber als Maßstab

Das System ermittelt dann aus mehr als 500 000 hinterlegten Teilnehmerdaten die tatsächliche Vergleichsgruppe. Erst mit dieser Basis ist es dem IT-Expertensystem möglich, valide und praxisbezogene Gutachten, Handlungsanleitungen mit konkreten, individuellen Weiterentwicklungsplänen, Coachingplänen und entsprechenden Kontrollmechanismen für eine bestimmte Position zu produzieren. Beim DNLA-Expertensystem sind darum die Leistungen von Top-Führungskräften und Mitarbeitern der Mitbewerber das Maß aller Dinge.

Unternehmenskultur wird berücksichtigt

Aber selbst Möglichkeiten der exakten Positionsbestimmung, wie zuvor bei Ebene und Art der Tätigkeit beschrieben, reichen nicht aus. Oft unterscheiden sich die Unternehmen durch ihre unterschiedliche Aufbau- und Ablauforganisation. Selbst wenn diese wirklich vergleichbar, also nahezu identisch sein sollten, gibt es häufig gravierende Unterschiede, die in der Unternehmenskultur begründet sind. Im Klartext bedeutet das, dass nicht nur die zuvor beschriebenen Zielvorgaben (Orientierungsmaßstab: vorbildliche Leistungen anderer Mitbewerber), sondern auch die Erwartungshaltung der Vorgesetzten, die ja auch in der Unternehmenskultur ihren Ausdruck findet, in die Anforderungsprofile einer Position einfließen müssen.

Voraussetzungen für Veränderung

Mitarbeiterinnen und Mitarbeiter können sich nur dann verändern und fehlende Potenziale aufbauen, wenn sie

- die Inhalte verstehen und akzeptieren;
- für den beruflichen Alltag nachvollziehbare Informationen über ihre Stärken und Schwächen erhalten;
- Anleitungen zum Potenzialaufbau bekommen, die verständlich und nachvollziehbar sind und ihnen ein aktives Mittun im Veränderungsprozess in Richtung Berufserfolg ermöglichen.

Prozessorientierte Integration

Darum geht es DNLA nicht um die Beschreibung eines bestimmten, „idealen“ Persönlichkeitsmodells bei Einstellungen oder Weiterbildungsmaßnahmen, sondern um die prozessorientierte Integration des Individuums in das organisatorische Gesamtsystem.

Regelmäßiges Benchmarking

Die erfolgsbestimmenden (harten und weichen) Faktoren werden nicht getrennt behandelt. Da die Potenziale sozialer Kompetenz unmittelbaren Einfluss auf die tatsächliche Leistung haben, werden beide innerhalb eines Benchmarks – jährlich mindestens einmal – zusammengeführt. Das folgende Beispiel zeigt, welche Potenziale im ersten Jahr bei einer Mitarbeiterin im Vertrieb gemessen wurden. Der Vorgesetzte hatte seine Leistungsbewertung, getrennt vom Ergebnis der Potenzialmessung, eingegeben. Danach erfolgte ein zielgerichteter Potenzialaufbau. Im nächsten Jahr wurden die Potenziale erneut gemessen. Abermals hat der Vorgesetzte seine Leistungsbewertung eingegeben. Das System zeigt die Veränderungen, die sich durch Aus- und Weiterbildungsmaßnahmen ergaben.

Veränderungen sind auf einen Blick erkennbar

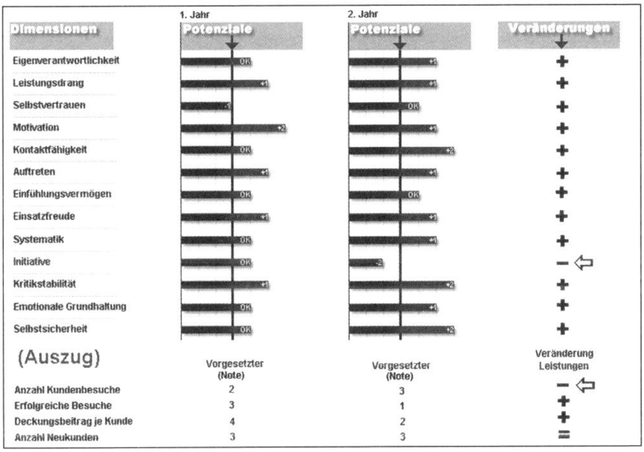

1.4 Vertrieb

Kostenloser Schnuppertest

Leser dieses Buches, die als Trainer, Berater, Unternehmer, Psychologen oder Coachs tätig sind, können alle DNLA-Testverfahren als Schnuppertest kostenlos anfordern. Zu diesem Zweck sollten sie sich auf der Homepage unter www.dnla.de informieren und sich dann in Verbindung setzen mit: Horst Veith, SMP, Rugenkamp 32, 59302 Oelde, smp@dnla.de, Tel. (0 52 45) 85 81 81.

Anmerkung: Dieses Kapitel beruht auf Informationen, die von der SMP GmbH zur Verfügung gestellt wurden.

2. Das INSIGHTS-MDI®-Verfahren

Was, wie und warum

INSIGHTS MDI® ist ein Analyseinstrument, das menschliche Verhaltens- und Wertepräferenzen sowie Kompetenzen umfassend analysiert und erklärt. Es untersucht, *was* wir tun, *wie* wir etwas tun und *warum* wir es tun.

Kompetenzmodell

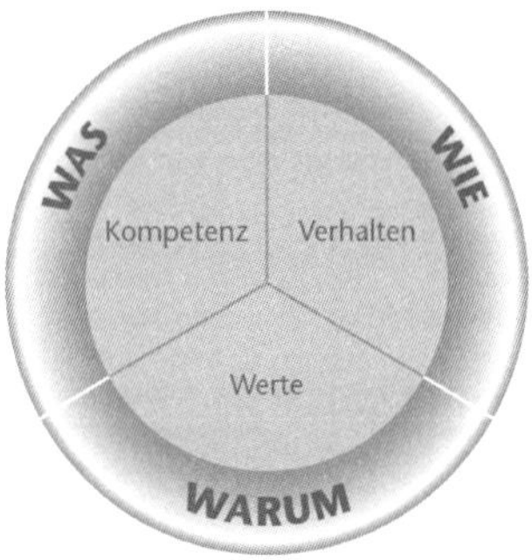

Checks und Analysen

Die verschiedenen Tools der INSIGHTS-Methode basieren auf diesen Bausteinen. Dazu gehören unter anderem:

- Arbeitsstellen-Analyse
- Potenzial-Analyse
- Karriere-Check
- Leadership-Check
- Verkaufsstrategien-Indikator

Einteilung in Typen schafft Klarheit

Die Methode beruht auf der Annahme, dass Menschen in bestimmte Persönlichkeitstypen eingeteilt werden können. Es lassen sich Gemeinsamkeiten im Verhalten von Menschen feststellen, die sich klar vom Verhalten anderer abheben. In einem gewissen Rahmen kann man daher menschliche Verhaltensweisen verallgemeinern und sie bestimmten Typen zuordnen. Der Sinn dieser Einteilung ist es, ein deutlicheres Bild von der Bandbreite menschlichen Verhaltens zu gewinnen. Je mehr man über die Ziele, Motive und Ängste von sich selbst und vom Gesprächspartner weiß, desto besser versteht man sich und kann aufeinander eingehen.

Eingegrenzter Verhaltensausschnitt

Dabei wird nicht die gesamte Persönlichkeit, sondern nur ein definierter Verhaltensausschnitt erfasst. Persönlichkeitstests, die vorgeben, eine Persönlichkeit ganzheitlich zu messen, sind als unseriös einzustufen. Ein aussagefähiges Diagnostikinstrument wie die INSIGHTS-Methode kann nur einen bestimmten Verhaltensausschnitt aus der Gesamtpersönlichkeit messen. Dabei wird im Vorfeld eingegrenzt, worüber eine Aussage getroffen werden soll. Es geht schwerpunktmäßig um Eigenschaften, die für berufliche Zwecke wichtig sind.

2.1 Zweck und Ziele

Selbsterkenntnis und besseres Miteinander

Die Ziele einer INSIGHTS-Analyse sind immer individuelle Selbsterkenntnis einerseits und verständnisvolleres Miteinander andererseits. Gegenseitiges Verstehen, Kooperation und Vertrauen sollen durch den Einsatz des Instruments nachhaltig gesteigert werden. Aber es geht auch um das individuelle Weiterkommen, um berufliche Entwicklung und das Erkennen und Verwirklichen der eigenen Potenziale.

Beziehungs-management

Im Vordergrund steht das Beziehungsmanagement als Schlüssel zum zwischenmenschlichen Erfolg. Denn Menschen sind unterschiedlich. Mit dem einen wird man sofort „warm", man spricht die gleiche Sprache. Mit anderen kommt man wiederum nicht zurecht, egal wie viel Mühe man sich macht. Stattdessen beißt man sich die Zähne aus und kommt einfach nicht an das Gegenüber heran. Ein solches Verhältnis zu einem Mitarbeiter, Kollegen oder Vorgesetzten kann schwerwiegende Folgen haben und im schlimmsten Fall sogar das gesamte Team belasten.

Sich selbst und andere besser verstehen

Um sich selbst einschätzen zu können, muss man sein eigenes Potenzial kennenlernen. Mit der Typologie der INSIGHTS-Methode erfährt man aber nicht nur, wie man auf andere wirkt, sondern auch, mit welchem Persönlichkeitstyp man es zu tun hat – ob Kunde, Kollege oder Vorgesetzter. Man lernt, wie man mit seinem Gegenüber umgehen muss, um eine Beziehung zu ihm aufzubauen. „Wer andere kennt, ist gelehrt, wer sich selbst kennt, ist weise“, sagte Laotse.

Dreifacher Nutzen

Es geht, kurz gesagt, darum:
- *den eigenen Persönlichkeitstyp zu erkennen:* Was sind meine Stärken, wo habe ich Schwächen, welche Potenziale schlummern in mir?
- *sein Gegenüber zu erkennen:* Wodurch kann ich die Persönlichkeit eines anderen Menschen identifizieren?
- *Erfolgsstrategien zu entwickeln:* Welches Verhalten bietet sich für mein eigenes berufliches und menschliches Fortkommen an?

Einsatzgebiete

Das Verfahren wird vielfältig eingesetzt, überwiegend zu diesen Zwecken:
- *Potenzialerkennung:* Selbsterkenntnis, Bewusstwerdung über eigene Verhaltensstrategien, Entwicklung neuer Verhaltensoptionen, Talentförderung
- *Führung/Leadership:* individuelles Beziehungsmanagement für Führungskräfte, Entwicklung eines situations- und personengerechten Führungsstils, Steigerung der Effektivität und Effizienz des Führungsverhaltens
- *Personalauswahl und -entwicklung:* Potenzialerkennung, Erstellung von Anforderungsprofilen, Situationsbestimmung, Entwicklung von maßgeschneiderten Trainings- und Coachingmaßnahmen, Bildungscontrolling
- *Teamentwicklung:* harmonisches, zielgerichtetes Miteinander, sinnvolle Aufgabenverteilung, optimale Teamzusammensetzung

2.2 Klassifikation von Verhalten

Zwei Dimensionen nach C. G. Jung

Die INSIGHTS-Methode basiert auf den Erkenntnissen des in diesem Buch schon mehrfach erwähnten Psychologen Carl Gustav Jung (1875–1961). Er ging davon aus, dass die menschliche Persönlichkeit im Wesentlichen durch zwei Dimensionen zu beschreiben ist:

1. Introversion versus Extraversion
2. Denken versus Fühlen

Vier Quadranten

Man kann sich diese Dimensionen am besten als Koordinatenkreuz vorstellen. Daraus ergeben sich vier Quadranten, die bei INSIGHTS mit jeweils einer bestimmten Farbe unterlegt werden:

Vier Grundtypen

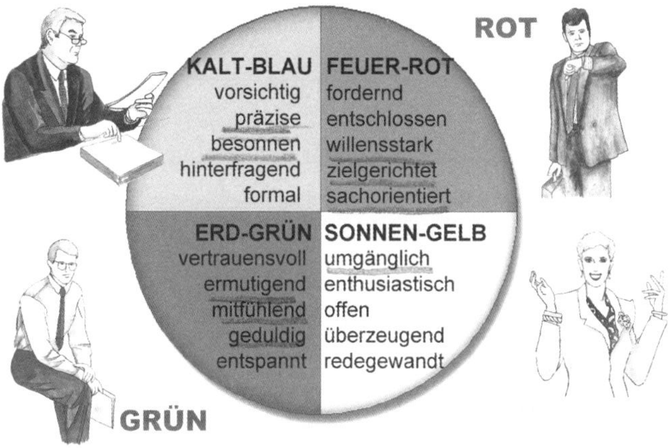

Jede Farbe entspricht einem Persönlichkeitstyp und beschreibt ein Verhaltensmuster, wie wir mit Herausforderungen, Menschen, Strukturen und Regeln umgehen.

Der Rote

Extravertierter Denker

Der extravertierte Denker ist ein dominanter Macher. Er besticht durch seine fordernde Entschlossenheit, arbeitet zielgerichtet und sachorientiert. Auf andere kann seine Willensstärke aggressiv und herrisch wirken. Seine antreibende und dominante Art wirkt möglicherweise anmaßend und intolerant.

Der Gelbe

Extravertierter Fühler

Der extravertierte Fühler ist ein Entertainer. Mit seiner Redegewandtheit begeistert er andere schnell für seine Vorhaben. Er ist umgänglich, überzeugend und offen. Andere empfinden

den Gelben unter Umständen als indiskreten „Schwätzer", der bisweilen voreilige und hektische Entscheidungen trifft.

Der Grüne

Introvertierter Fühler

Der introvertierte Fühler ist ein zuverlässiger Beziehungstyp. Durch Geduld und Mitgefühl bestärkt er andere und unterstützt sie in ihren Plänen. Seine vertrauensvolle Art kommt bei den meisten Menschen gut an. Doch er ist auch schnell beleidigt und bremst sich und andere durch seine Sturheit und Fügsamkeit manchmal aus.

Der Blaue

Introvertierter Denker

Der introvertierte Denker ist ein gewissenhafter Analytiker. Seine Stärke sind Vorsicht und Präzision. Er hinterfragt die Dinge bis ins Detail und hält sich an Bewährtes. Entscheidungen trifft er nur nach gründlichem Abwägen. Das Misstrauen Neuem gegenüber macht ihn unflexibel. Auf andere wirkt er möglicherweise steif und reserviert.

Die vier Grundtypen kommen in der Realität nur selten vor. Jeder Mensch hat Anteile aller vier Farben in sich. Doch bei den meisten Menschen sind zwei Farben besonders stark ausgeprägt.

Weiterentwicklung des Modells

Um dem besser gerecht zu werden und um das komplexe Verhalten des Menschen differenzierter abbilden zu können, wurde das Modell weiterentwickelt. Aufbauend auf den vier Jung'schen Funktionstypen ergeben sich daraus die acht INSIGHTS-Typen. Ihre Benennung leitet sich von den Berufsrollen ab, für die sie sich aufgrund ihrer hervorstechendsten Eigenschaften besonders gut eignen:

- *Direktor:* ergebnisorientiert, zielstrebig
- *Motivator:* marktorientiert, unabhängig
- *Inspirator:* kontaktorientiert, flexibel
- *Berater:* teamorientiert, kooperativ
- *Unterstützer:* beziehungsorientiert, geduldig
- *Koordinator:* produktorientiert, diszipliniert
- *Beobachter:* qualitätsorientiert, präzise
- *Reformer:* kontrollorientiert, perfektionistisch

Acht INSIGHTS-Typen

Diese acht Grundtypen werden dann auf dem INSIGHTS-Rad mit insgesamt 60 Typen verfeinert.

2.3 Die Rolle von Normen und Werten

Sechs handlungsleitende Werte

Handlungsmotive beschreiben, warum eine Person etwas tut. Denn unsere Werte bestimmen maßgeblich, für welche Aufgaben wir uns entscheiden. Sie sind die Ziele, die eine Person zum Handeln veranlassen. Unsere Werte treiben uns an. Jeder Mensch wird anders motiviert. INSIGHTS unterscheidet zwischen sechs handlungsleitenden Werten, die bestimmen, warum wir bestimmte Aktivitäten gern machen. Normalerweise sind zwei der Motive besonders stark ausgeprägt:

- *Theoretisches Motiv:* intellektuelle Prozesse und hohe Fachkompetenz
- *Ökonomisches Motiv:* Unternehmertum und Nutzenorientierung
- *Ästhetisches Motiv:* Selbsterfüllung und Harmonie
- *Soziales Motiv:* Selbstlosigkeit und anderen helfen wollen
- *Individualistisches Motiv:* Führung und Leadership
- *Traditionelles Motiv:* Sinn im Leben finden

Nur wenn man weiß, warum ein Mensch auf eine bestimmte Weise handelt, kann man dessen Verhalten verstehen. Die Motivstruktur eines Menschen erlaubt außerdem eine fundierte Prognose über sein zukünftiges Verhalten. Die INSIGHTS-Methode ist ein präzises Instrument, um die persönlichen Interessen, Einstellungen und Werte eines Menschen zu bestimmen.

2.4 Ablauf einer INSIGHTS-Analyse

Analyse und Auswertung

Der Erfolg eines Analyseverfahrens beruht auf der Akzeptanz der Anwender. Darum sind die INSIGHTS-Fragebögen leicht verständlich formuliert, enthalten keine psychologischen Fachbegriffe und keine Fragen, die in die Intimsphäre reichen. Das Ausfüllen dauert etwa 15 Minuten. Die Analysen sind auch direkt im Internet durchführbar. Die Auswertung erfolgt sofort und besteht aus einem textlichen und grafischen Report, der bis zu 30 Seiten umfasst. Neben der detaillierten Analyse enthält er eine Fülle von Hinweisen und Tipps für die Praxis. Die Auswertung kann auch direkt an einen Auftraggeber (Personalabteilung, Vorgesetzter, Trainer ...) erfolgen, zum Beispiel bei der Bewerberauswahl oder bei Maßnahmen der Teamentwicklung.

Es gibt keine „Verlierer"

Die INSIGHTS-Methode erzeugt keine „Verlierer", sondern zeigt konkrete, handlungsorientierte Wege zur Ausschöpfung des eigenen Potenzials auf. Persönliche Präferenzen und Kompetenzen werden immer in Bezug zum Umfeld gesetzt, um den Praxistransfer zu erleichtern.

Insgesamt verfügt INSIGHTS über 384 verschiedene Kombinationen von Verhaltenstendenzen, die auf 60 Positionen im Rad dargestellt werden. Die Reports greifen auf insgesamt 19.200 Textvarianten zurück.

Zwei Verhaltensstile

Bei der Messung der individuellen Verhaltenseigenschaften der einzelnen Typen unterscheidet die INSIGHTS-Methode zwei Verhaltensstile:

- *Basis-Stil:* unser natürliches Verhalten
- *Adaptierter Stil:* unser berufliches Rollenverhalten

Der Punkt stellt den natürlichen Basis-Stil dar, der Stern den adaptierten Stil. Im folgenden Beispiel sieht man, dass Persönlichkeit und ausgeübter Beruf gut zueinander passen:

Beispiel für den Basis-Stil und den adaptierten Stil einer Person

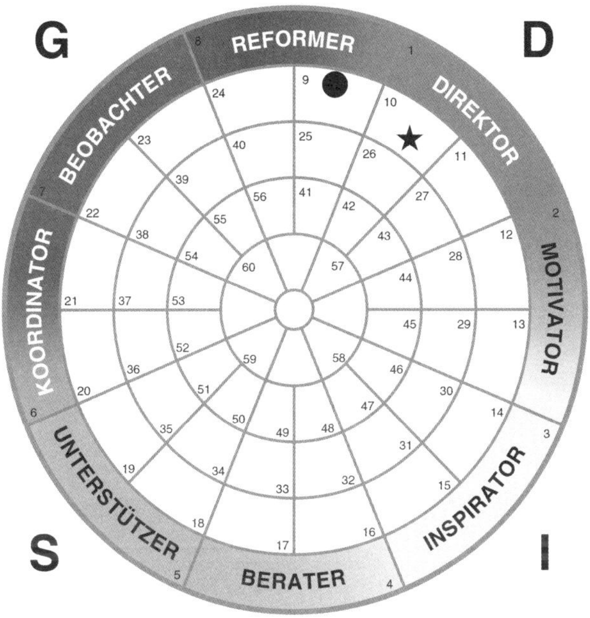

Stile sollten passen

Damit gibt INSIGHTS Auskunft über die natürlichen Ressourcen und Veranlagungen eines Menschen sowie über sein Verhalten in Arbeits- und Stress-Situationen. Ein Mitarbeiter, der über ein völlig anderes natürliches Verhalten verfügt, als es sein Job verlangt, bekommt über kurz oder lang Schwierigkeiten in seinem beruflichen Alltag. Und umgekehrt sind Mitarbeiter, deren Basis- und adaptierter Stil zueinander passen, meist überdurchschnittlich leistungsfähig.

Stärken der INSIGHTS-Methode

Hier liegen die Stärken der INSIGHTS-Methode. So zeigt sich beispielsweise bereits bei der Personalauswahl, ob jemand auf das gesuchte Profil passt oder nicht. Mit der Arbeitsstellen-Analyse von INSIGHTS können im Vorfeld die Anforderungen, die bestimmte Jobs oder Positionen an eine Person haben, erfasst werden. Menschliches Verhalten wird nämlich nicht nur von den natürlichen Anlagen, sondern auch von den Umgebungsvariablen beeinflusst. Dieselbe Person kann den einen Job hervorragend ausfüllen und in einer anderen Position scheitern. Zentrale Bedeutung bei der Vorhersage von menschlichem Verhalten kommt daher der Wechselwirkung von Person und Situation zu.

Überprüfung der aktuellen Situation

Aber auch zur Überprüfung des eigenen „Standortes" eignet sich das Tool. Auf einen Blick erkennt man, ob der Job, den man ausübt, zur eigenen Persönlichkeit passt. Chronische Unzufriedenheit und durchschnittliche bis schlechte Leistungen und Arbeitsergebnisse können mögliche Indizien für den falschen Job sein. Man muss sich bei der Arbeit tagtäglich „verbiegen", wenn Persönlichkeit und Aufgabe nicht zueinander passen. An den wenigsten Menschen geht solch ein dauerhafter Zustand spurlos vorüber.

Wichtige Impulse

INSIGHTS kann somit auch wichtige Impulse zur individuellen beruflichen Weiterentwicklung geben. Indem das eigene berufliche Rollenverhalten reflektiert wird, kann man zielgerichtete Maßnahmen planen, um sich und seine Leistung zu verbessern.

2.5 Vertrieb

INSIGHTS MDI® wird für den deutschsprachigen Raum exklusiv vertrieben von der SCHEELEN® AG und der Tochtergesellschaft INSIGHTS International® Deutschland GmbH, Klettgaustraße 21, 79761 Waldshut-Tiengen.
www.scheelen-institut.de; www.insights.de

Literatur

John Butler, Frank M. Scheelen: *Managementkompetenz – Der Weg zum erfolgreichen Unternehmer.* Landsberg/Lech: Verlag Moderne Industrie 2000.

Alexander Christiani, Frank M. Scheelen: *Stärken stärken: Talente entdecken, entwickeln und einsetzen.* München: Redline Wirtschaft bei Verlag Moderne Industrie 2002.

Frank M. Scheelen: *So gewinnen Sie jeden Kunden: Das 1x1 der Menschenkenntnis im Verkauf.* Frankfurt/M.: Redline Wirtschaft 2005.

Frank M. Scheelen, Brian Tracy: *Personal Leadership.* Frankfurt/M.: Redline Wirtschaft 2005.

Anmerkung: Dieser Beitrag beruht auf Informationen, die durch Herrn Frank M. Scheelen, Lizenzträger für INSIGHTS MDI® im deutschsprachigen Raum, zur Verfügung gestellt wurden.

3. Myers-Briggs-Typenindikator (MBTI)

Am häufigsten eingesetzt

Der MBTI ist nach eigenen Angaben das weltweit am häufigsten eingesetzte Instrument zur Persönlichkeitsanalyse. In den USA ermitteln jährlich über 3,5 Millionen Menschen ihr Persönlichkeitsprofil mit dem MBTI.

In Europa wird das Instrument jährlich über 250 000-mal in zwölf Sprachen eingesetzt. Durch kontinuierlich begleitende Forschung ist der MBTI wissenschaftlich abgesichert, validiert und in Fachkreisen anerkannt. Bis heute ist der MBTI in 27 Sprachen übersetzt worden.

Basis: Typologie von C. G. Jung

Der MBTI lehnt sich ganz eng an die Theorie der Persönlichkeitstypologien des schon mehrfach erwähnten schweizerischen Psychoanalytikers C. G. Jung (1875–1961) an. Dieser entwickelte eine Charakterologie, die von der psychologischen Grunddimension mit den Polen Intraversion – Extraversion ausgeht und in Beziehung mit diesen vier psychologischen Grundfunktionen gebracht wurde: Denken, Fühlen, Empfinden und Intuieren (vgl. Tabelle im Kapitel A.3.1 dieses Buches). Aus diesen Verknüpfungen ergeben sich viele unterschiedliche Persönlichkeitsbilder.

Jung stellte außerdem fest, dass Menschen auf unterschiedliche Art Informationen aus ihrer Umwelt wahrnehmen und sammeln. Sie ordnen diese und treffen auf dieser Grundlage Entscheidungen oder ziehen Schlüsse.

Theorie von Briggs und Myers

Von diesen Erkenntnissen ausgehend entwickelten Katharine Briggs (1875–1968) und ihre Tochter Isabel Myers (1897–1980) eine eigene Theorie, die von diesen drei Voraussetzungen ausgeht:

1. Menschliches Verhalten ist nicht zufällig. Es ist durch Grundmuster vorgeprägt. Diese Grundmuster ermöglichen es, menschliches Verhalten zu klassifizieren.

Kein Zufall

2. Menschliches Verhalten ist infolge dieser Prägungen bis zu einem gewissen Grad in groben Zügen vorhersehbar.
3. Unterschiede im menschlichen Verhalten resultieren aus bestimmten Neigungen bzw. Vorlieben. Diese Präferenzen, insbesondere beim Wahrnehmen und Urteilen, machen unser Persönlichkeitsbild aus. Andere Menschen haben andere Präferenzen und verhalten sich darum anders. Dieses „Anderssein" ist vielleicht der Grund für konfliktbehaftete Kommunikation oder die Sympathie und Antipathie.

Unterschiede sind erklärbar

Durch die Publikationen von David Keirsey (geb. 1921), Professor an der California State University in Fullerton, gewann die jungsche bzw. myers-briggsche Einschätzung große Bekanntheit. Die Temperamenteinschätzung wird gern im Personalwesen eingesetzt, da es charakteristische Korrelationen von MBTI-Typen und beruflichen Interessen gibt.

Einsatz im Personalwesen

3.1 Die vier Grundpräferenzen

Der Myers-Briggs-Typenindikator unterscheidet vier Grundpräferenzen, die sich auf einer Skala in unterschiedlicher Intensität gegenüberstehen. Aber diese Gegensätzlichkeit ist kein Werturteil, denn beide Pole bilden eine funktionale Einheit.

Gegensätzliche Pole

Bei diesen Präferenzen geht es um die folgenden vier Ausgangsfragen:

Vier Fragen

1. Woher beziehen Sie Ihre psychische Energie: eher von innen oder von außen? (Introversion vs. Extraversion)
2. Wie nehmen Sie Ihre Umwelt wahr: eher detailliert oder mit dem Blick fürs Ganze? (Sensitives Empfinden vs. Intuition)
3. Welches sind die Grundlagen für Ihr Entscheidungsverhalten: eher das Denken oder das Fühlen? (Denken vs. Fühlen)
4. Wie gestalten Sie Ihr Leben: eher geordnet und strukturiert oder flexibel und spontan? (Urteilen vs. Wahrnehmen)

Englische Begriffe

Diese Gegensatzpaare werden in der MBTI-Terminologie englisch ausgedrückt. Empfinden wird also durch *Sensing*, Denken durch *Thinking*, Urteilen durch *Judging* und Wahrnehmen durch *Perceiving* ersetzt.

1. Energiequelle

(außenorientiert vs. innenorientiert)

Extraversion

Typische Eigenschaften einer Person mit Extraversion-Präferenz

- Bevorzugt die direkte Interaktion
- Ist gerne unter Menschen
- Denkt laut
- Liebt Abwechslung und Aktion
- Lernt eher durch Tun oder Diskutieren
- Arbeitet gern im Team
- Kann andere begeistern

Introversion

Typische Eigenschaften einer Person mit Introversion-Präferenz

- Arbeitet reflektierend und konzentriert
- Liebt eigenständiges Arbeiten und Denken
- Arbeitet gerne allein
- Sucht stille Orte zum Nachdenken
- Bevorzugt Einzelgespräche
- Lernt eher durch Nachdenken
- Interessiert sich für Fakten

2. Wahnehmung

(sinnlich vs. intuitiv)

Sensing

Typische Eigenschaften einer Person mit Sensing-Präferenz

- Beobachtet genau und detailtreu
- Bevorzugt Fakten und Informationen
- Bevorzugt erprobte Vorgehensweisen
- Ist pragmatisch orientiert
- Geht planvoll und schrittweise vor
- Strukturiert Gespräche

iNtuition

Typische Eigenschaften einer Person mit Intuition-Präferenz

- Stellt sich neuen Probleme-men
- Mag keine Wiederholungen
- Zieht schnelle und intuitive Schlüsse
- Hat wenig Geduld für kleine Details
- Ist an den Zusammenhängen interessiert
- Ist zukunftsorientiert

3. Entscheidung

(analytisch vs. gefühlsmäßig)

Thinking

Typische Eigenschaften einer Person mit Thinking-Präferenz

- Aufgabenbezogen statt menschbezogen
- Sucht Anerkennung
- Ist intellektuell, sachlich und kritisch
- Hält Emotionen zurück
- Nutzt Logik und Fakten als Entscheidungsgrundlage
- Ergebnisorientiert
- Regelorientiert

Feeling

Typische Eigenschaften einer Person mit Feeling-Präferenz

- Menschbezogen statt aufgabenorientiert
- Achtet auf Harmonie
- Nimmt Rücksicht auf andere
- Ist an der Gefühlslage anderer interessiert
- Lässt sich von persönlichen Werten und Überzeugungen leiten
- Umsetzungsorientiert
- Sinnorientiert

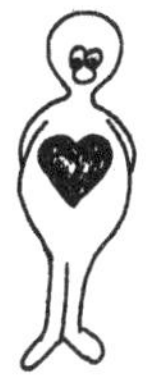

4. Vorgehen

(beurteilend vs. wahrnehmend)

Judging

Typische Eigenschaften einer Person mit Judging-Präferenz

- Arbeitet am besten mit gutem Plan
- Bevorzugt klare, schnelle Entscheidungen
- Zuerst die Arbeit, dann das Vergnügen
- Ist organisiert und effizient
- Vermeidet Zeitdruck

Perceiving

Typische Eigenschaften einer Person mit Perceiving-Präferenz

- Handelt spontan und situativ
- Reagiert situativ und flexibel
- Sucht die Abwechslung
- Ist offen und flexibel
- Braucht Zeit für Entscheidungen

Wo liegt Ihre Präferenz?

Sie sollten an dieser Stelle den Versuch einer ersten Positionierung Ihrer Persönlichkeit auf der Basis des MBTI vornehmen. Entscheiden Sie bei jedem der vier Gegensatzpaare, auf welcher Seite Ihre Präferenz liegt. Notieren Sie den jeweiligen Anfangsbuchstaben des englischen Begriffs. Heraus kommt eine aus vier Buchstaben bestehende Kombination, z. B. ISTJ, ISFP oder ENTP.

3.2 Die Kombinationen

Dynamisches Zusammenspiel

Die Kombination zeigt Ihnen das dynamische Zusammenspiel Ihrer vier Präferenzen. Sie erkennen, wie Sie in unterschiedlichen Lebens- und Berufssituationen reagieren und wie dies auf andere wirkt. Die entsprechenden Informationen entnehmen Sie der nachfolgenden Matrix.

Matrix der 16 Kombinationen

		Typen mit sinnlicher Wahrnehmung		Typen mit intuitiver Wahrnehmung	
		Analytisch	Gefühlsmäßig	Analytisch	Gefühlsmäßig
Innenorientierung	Urteilend	ISTJ	ISFJ	INFJ	INTJ
	Wahrnehmend	ISTP	ISFP	INFP	INTP
Außenorientierung	Urteilend	ESTP	ESFP	ENFP	ENTP
	Wahrnehmend	ESTJ	ESFJ	ENFJ	ENTJ

ISTJ Ernsthaft, ruhig, konzentriert, gründlich, praktisch, ordentlich, sachlich, logisch, realistisch und zuverlässig. Achten auf gute Organisation. Übernehmen Verantwortung. Entscheiden, was getan werden muss, und tun es. Lassen sich weder von Protesten noch Ablenkungen davon abbringen. Zeigen nach außen eher ihre analytisch bewertende Seite, verlassen sich innen eher auf ihre sinnliche Wahrnehmung.

ISTP Kühle Beobachter, ruhig, zurückhaltend, analysieren ihre Umgebung mit zurückhaltender Neugier und äußern sich spontan mit originellem Humor. Gewöhnlich Interesse für unpersönliche Vorgänge, für Ursache und Wirkung oder für die Frage, wie und warum Geräte funktionieren. Verausgaben sich nur so weit wie notwendig, weil Energieverschwendung uneffizient ist. Zeigen nach außen eher ihre sinnlich wahrnehmende Seite, verlassen sich innen eher auf ihr analytisches Urteil.

ESTP

Sachlich, „Eile mit Weile", sorglos, sind zufrieden mit dem, was gerade da ist. Mögen mechanische Geräte und Sport – und Freunde dabei. Manchmal zu direkt oder unsensibel. Beschäftigen sich mit Mathematik und Naturwissenschaft, wenn sie es für notwendig ansehen. Mögen keine langen Erklärungen. Am besten mit praktischen Dingen, die man anfassen, auseinandernehmen und wieder zusammensetzen kann. Zeigen nach außen eher ihre sinnlich wahrnehmende Seite, verlassen sich innen eher auf ihr analytisches Urteil.

ESTJ

Praktisch, realistisch, sachlich, natürliches Talent fürs Geschäft oder für Technik. Nicht interessiert an Dingen ohne unmittelbare Nutzanwendung, können sich aber hineinfinden, wenn nötig. Finden Gefallen an Organisation und managen gern Veranstaltungen. Sorgen für einen guten Ablauf, besonders dann, wenn sie nicht vergessen, auf die persönlichen Ansichten der anderen Rücksicht zu nehmen, wenn sie ihre Entscheidungen treffen. Zeigen nach außen eher ihre analytisch-bewertende Seite, verlassen sich innen auf ihre sinnliche Wahrnehmung.

ISFJ

Ruhig, freundlich, verantwortungsbewusst und gewissenhaft. Arbeiten engagiert, um ihren Verpflichtungen nachzukommen. Persönliche Beziehungen sind ihnen wichtig. Gründlich, sorgfältig, genau. Für technische Dinge brauchen sie mehr Zeit, da dies nicht zu ihren Stärken gehört. Geduldig, wenn es um Details und Routine geht. Loyal, rücksichtsvoll, kümmern sich um persönliche Anliegen der anderen. Zeigen nach außen eher ihre gefühlsmäßig bewertende Seite, verlassen sich innen eher auf sinnliche Wahrnehmung.

ISFP

Zurückhaltend, unauffällig, freundlich, sensibel, bescheiden im Urteil über eigene Fähigkeiten. Scheuen Auseinandersetzungen, drängen sich mit ihrer Meinung nicht auf. Führen meist nicht, sind aber loyale Mitarbeiter. Lassen sich nicht drängen, wenn es darum geht, Dinge zu erledigen, weil sie den Moment genießen und sich nichts durch unnötige Hast oder Anstrengung verderben lassen wollen. Zeigen nach außen eher ihre sinnlich wahrnehmende Seite, verlassen sich innen eher auf ihr gefühlsmäßiges Urteil.

ESFP Aufgeschlossen, umgänglich, entgegenkommend, freundlich, begeistern sich, wenn etwas los ist. Mögen Sport und basteln gern. Wissen, wann und wo etwas los ist, und sind sofort mit von der Partie. Haben eher ein Gedächtnis für Fakten als für Theorien. Am besten in Situationen, die praktische Fähigkeiten verlangen – mit Menschen oder Dingen. Zeigen nach außen eher ihre sinnlich wahrnehmende Seite, verlassen sich innen eher auf ihr gefühlsmäßiges Urteil.

ESFJ Warmherzig, redselig, beliebt, gewissenhaft, geborene Teamer, aktive Mitglieder im Ausschuss oder Verein. Tun stets etwas Nettes für andere. Arbeiten am besten, wenn man sie ermutigt und lobt. Kein Interesse an abstrakten Gedanken oder technischen Fächern. Hauptinteresse an solchen Dingen, die direkt und offensichtlich etwas mit anderen Menschen zu tun haben. Zeigen nach außen eher ihre gefühlmäßig bewertende Seite, verlassen sich innen eher auf sinnliche Wahrnehmung.

INFJ Erfolgreich durch Ausdauer, Originalität und den Wunsch, alles zu tun, was von ihnen verlangt wird. Für ihre Arbeit geben sie ihr Bestes. Unaufdringlich, aber bestimmt. Gewissenhaft. Kümmern sich um die Belange anderer. Geschätzt wegen ihrer Prinzipientreue und Mitarbeit. Ansehen erreichen sie aufgrund ihrer klaren Überzeugungen, wie man dem Gemeinwohl dient. Zeigen nach außen eher ihre gefühlsmäßig bewertende Seite, verlassen sich innen eher auf ihre intuitive Wahrnehmung.

INFP Enthusiastisch und loyal – sprechen davon aber erst, wenn sie einen gut kennen. Legen großen Wert auf Weiterbildung, Ideen, Sprache und ihre eigenen Projekte. Neigen dazu, sich zu viel vorzunehmen, beenden jedoch, was sie einmal angefangen haben. Freundlich, aber manchmal zu sehr in sich selbst versunken, verpassen deshalb Geselligkeiten und nehmen ihre Umgebung nicht wahr. Zeigen nach außen eher ihre intuitiv wahrnehmende Seite, verlassen sich innen eher auf ihr gefühlsmäßiges Urteil.

Begeisterungsfähig, hochgradig motiviert, geistreich, fantasievoll. Fähig, alles zu tun, was sie interessiert. Kommen in einer schwierigen Situation schnell mit einer Lösung und sind bereit, jedem bei einem Problem zu helfen. Verlassen sich oft auf ihr Improvisationstalent, statt sich rechtzeitig vorzubereiten. Können immer triftige Gründe für das finden, was sie wollen. Zeigen nach außen eher ihre intuitiv wahrnehmende Seite, verlassen sich innen eher auf ihr gefühlsmäßiges Urteil. **ENFP**

Zugänglich und verantwortungsbewusst. Legen Wert auf anderer Leute Meinung und Wünsche und versuchen, die persönlichen Gefühle der anderen zu berücksichtigen. Können einen Vorschlag einbringen oder eine Diskussion mit Umsicht und Takt leiten. Aufgeschlossen, beliebt, beteiligen sich an Aktivitäten außerhalb der regulären Arbeitszeit, finden aber genug Zeit, ihr Pflichtpensum zu erledigen. Zeigen nach außen eher ihre gefühlsmäßig bewertende Seite, verlassen sich innen eher auf ihre intuitive Wahrnehmung. **ENFJ**

Originelle Denker mit großem Antrieb, wenn es um ihre eigenen Ideen und Ziele geht. Auf Gebieten, die ihnen liegen, können sie gut organisieren und etwas durchführen – mit und ohne Unterstützung. Skeptisch, kritisch, unabhängig, entschlossen, oft stur. Müssen lernen, weniger wichtige Dinge um der größeren Sache willen aufzugeben. Zeigen nach außen eher ihre analytisch bewertende Seite, verlassen sich innen eher auf ihre intuitive Wahrnehmung. **INTJ**

Ruhig, zurückhaltend, schneiden in Examen gut ab, besonders in theoretischen Fächern. Logisch bis zum Punkt der Haarspalterei. Interessieren sich hauptsächlich für Ideen. Keine Freunde von Partys oder unverbindlichem Geplauder. Scharf abgegrenzte Interessen. Müssen eine berufliche Laufbahn wählen, in der sie einige ihrer starken Interessen pflegen können. Zeigen nach außen eher ihre intuitiv wahrnehmende Seite, verlassen sich innen eher auf ihr analytisches Urteil. **INTP**

ENTP Schnell, geistreich, gut auf vielen Gebieten. Wirken stimulierend auf andere, wach und offen, nehmen aus Spaß auch mal die Gegenposition eines Argumentes ein. Geschickt bei der Lösung von schwierigen Problemen, nachlässig jedoch, wenn es um Routinearbeit geht. Wenden sich immer wieder neuen Interessen zu. Können immer eine logische Begründung finden für das, was sie wollen. Zeigen nach außen eher ihre intuitiv wahrnehmende Seite, verlassen sich innen eher auf ihr analytisches Urteil.

ENTJ Kernig, offen, können gut lernen. Führertypen. Sehr gut im analytischen Denken und wenn es auf intelligente Argumentation oder kluge Rede ankommt. Sind gut informiert und pflegen ihren Wissensstand. Manchmal zu selbstsicher – auch in Bereichen, in denen sie nur wenig Einsicht besitzen. Zeigen nach außen eher ihre analytisch-bewertende Seite, verlassen sich eher auf ihre intuitive Wahrnehmung.

3.3 Die Dynamik des MBTI

Persönlichkeit entwickeln Mit dem MBTI steht ein Instrument zur Verfügung, das die Persönlichkeit dynamisch und entwicklungspsychologisch betrachtet. Schon Isabel Myers entwickelte das Instrument mit dem Ziel, Menschen zu helfen, sich bezüglich ihrer Persönlichkeit zu positionieren und Entwicklungsbereiche zu definieren. So lässt sich aus jedem MBTI-Profil eine Rangfolge erkennen, wie Menschen ihre Präferenzen nutzen und bevorzugt entwickelt haben.

Vier Ebenen Hierbei werden diese vier Ebenen unterschieden:

1. Die *dominante Funktion* setzen wir bevorzugt ein. Sie ist ein Quell eigener Motivation und wird in schwierigen Situationen genutzt.
2. Die *Hilfsfunktion* unterstützt die dominante Funktion quasi wie ein Copilot und kann bewusst die Vorherrschaft über unsere Persönlichkeit übernehmen.
3. Die *Coachingfunktion* zeigt uns Reifungs- und Entwicklungspotenzial auf.
4. Dagegen erleben wir die vierte oder auch *inferiore Funktion* als persönliche Achillesferse, die sich z. B. unter besonders starkem Stress in unreifer Form meldet.

Rangfolge/Hierarchie der Funktionen Bevorzugt ←→ Wenig bevorzugt			
Dominante Funktion	Hilfsfunktion	Coaching-funktion	Inferiore Funktion

Rangfolge der vier Funktionen

3.4 Vertrieb

Exklusiver Lizenznehmer für Deutschland ist die
A-M-T Management Performance AG
Südstr. 7, 42477 Radevormwald
Tel. (0 21 95) 92 69 00, Fax (0 21 95) 92 69 01
performance@a-m-t.de, www.a-m-t.de

Literatur

Thomas Lorenz, Stefan Oppitz: *30 Minuten für Profilierung durch Persönlichkeit.* Offenbach: GABAL Verlag 2004.

Isabel Briggs Myers: *MBTI Manual: A Guide to the Development and Use of the Myers-Briggs Type Indicator.* Palo Alto, California, USA: Consulting Psychologists Press 1999.

Walter Simon: *Persönlichkeitsmodelle und Persönlichkeitstests. 15 Persönlichkeitsmodelle für Personalauswahl, Persönlichkeitsentwiklung, Training und Coaching.* Offenbach: GABAL Verlag 2006.

Anmerkung: Dieser Beitrag beruht auf den Informationen, die von der deutschen MBTI-Repräsentanz zur Verfügung gestellt wurden.

4. Structogram

Die drei Systeme des Gehirns

Das Persönlichkeitsmodell des Structograms leitet sich aus der Dreiteilung des menschlichen Gehirns ab. Dieses besteht aus drei Hauptsystemen, die sich im Laufe der menschlichen Entwicklungsgeschichte herausgebildet haben:

- dem Stammhirn,
- dem Zwischenhirn (limbisches System) und
- dem Großhirn.

Oft dominiert ein System

Jede dieser drei „Hauptabteilungen“ hat unterschiedliche Aufgaben und verkörpert einen bestimmten Aspekt der menschlichen Persönlichkeit bzw. wirkt auf diese ein. Zwar wirken in jedem Menschen alle drei Hirnbereiche arbeitsteilig zusammen, aber oft dominiert eines dieser drei Hauptsysteme und prägt somit die Grundstruktur und damit auch das Verhalten eines Menschen.

4.1 Das drei-einige Gehirn

Die folgenden Absätze skizzieren die Merkmale bzw. Aufgaben des „drei-einigen Gehirns“, so die Charakterisierung durch Paul D. MacLean (geb. 1913), dem Schöpfer dieses Persönlichkeitsmodells.

Stammhirn

Reptiliengehirn

Das Stammhirn ist der älteste Gehirnbereich. Seine Entstehungsgeschichte reicht etwa 250 Millionen Jahre, bis zur Entstehung der Reptilien, zurück. Darum nennt man diesen Bereich des Gehirns auch das Reptiliengehirn.

Selbsterhaltung

Das Stammhirn steuert die Selbsterhaltungsprogramme, also jene, mit denen Hunger und Durst gestillt und die Fortpflanzung gesichert werden. Es überprüft andere Lebewesen auf ihre Zugehörigkeit zur eigenen Gattung. Die eigene Gattung bedeutet Sicherheit. Um die Zugehörigkeit auszudrücken, wird die Zugehörigkeit deutlich gemacht, bei Menschen z. B. durch Kopfschmuck, Kleidungsstücke oder andere Zugehörigkeitssymbole.

Territorium

Zum Überleben gehört ein eigenes Territorium, ein Nest, eine Höhle, ein eigenes kleines Revier. An deren Stelle ist das Haus, der Vorgarten oder auch die Strandburg getreten. Der Mensch erwirbt ein Bewusstsein für das Territorium.

Zwischenhirn

Limbisches System

Das Zwischenhirn (limbisches System) entwickelte sich etwa 100 Millionen Jahre nach dem Stammhirn zu einer Zeit, als die Herrschaft der Reptilien zu Enge ging und Säugetiere anfingen, die Erde zu erobern. Die Arbeitsweise des Zwischenhirns ist flexibler als die starren Programme des Stammhirns. In diesem Zusammenhang entwickelte sich eine neue Fähigkeit, nämlich die des Lernens, bei der Ratte ebenso wie später beim Menschen.

Sozialstrukturen

In der Aufwuchsphase braucht das Säugetier den Schutz und die Hilfe der älteren Artgenossen. Hieraus ergeben sich neue Sozialstrukturen und eine entsprechende Aufgabenteilung in den Herden und Meuten.

Auch der Zeitbezug ändert sich. Rasch wechselnde Situationen erfordern schnelles Reagieren. Das wird für Jäger und Gejagte überlebenswichtig. Erfahrungen des Stammhirns müssen durch neue erweitert und ergänzt werden.

Spielregeln, Status, Hierarchie

Damit geht die Herausbildung von Spielregeln, Status und Hierarchie einher. An die Stelle tödlicher Rangkämpfe treten Symbole der Unterwerfung und Dominanz. Aus ihnen entwickelten sich später Titel, Rangabzeichen, Orden, Luxuskleidung und Luxusautos.

Großhirn

Denken

Während Stamm- und Zwischenhirn das Verhalten vor allem durch ihre genetischen Programme steuern, durch Gefühle, Instinkte und Emotionen, hat das Großhirn die Fähigkeit zum

Denken. Während das Stammhirn der Selbsterhaltung dient, ermöglicht das Großhirn die Selbstbestimmung. Während das Zwischenhirn den Schutz der Gruppe sucht, hilft das Großhirn, die Individualität zu entdecken. Es verhilft über das Denken außerdem zur Sprache und damit zur Kommunikation. Das wiederum ermöglicht die Speicherung von Wissen, selbst über Generationen hinweg.

Die drei Hirnbereiche

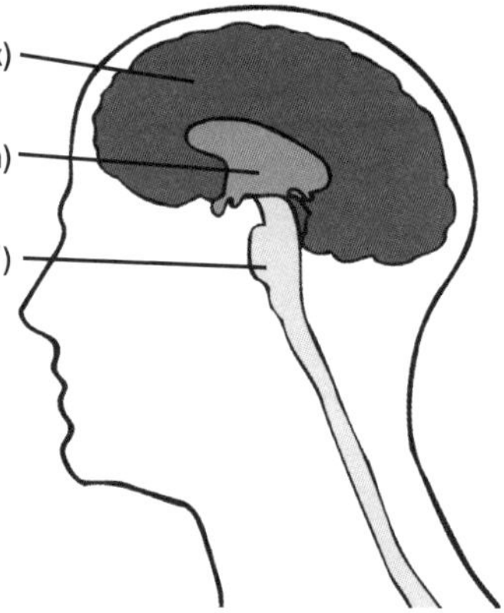

Eigenarten und Einheit

Diese drei Gehirne wirken zusammen, jedes hat aber seine Eigenart behalten. Der Begriff „drei-einiges Gehirn" drückt sowohl die Eigenständigkeit als auch die Einheit aus:

- Ohne Stammhirn gäbe es keine lebenserhaltenden Bio-Prozesse.
- Ohne Zwischenhirn ist Leben zwar möglich, aber der Antrieb fehlt.
- Ohne Großhirn würden wir plan- und gewissenlos, nur triebgetrieben leben.

Erst in der Einheit ist menschliches Leben möglich.

Hirnteil	Aufgabe	Zeitbezug	Sozialbeziehung	Anspruch
Stammhirn	Selbsterhaltung	Vergangenheit	Menge	Territorium
Zwischenhirn	Selbstbehauptung	Gegenwart	Gruppe	Status
Großhirn	Selbstbestimmung	Zukunft	Individuum	Wissen

Die Trinität des Gehirns erklärt zugleich Verhaltenswidersprüche im Menschen, großartige Denkleistungen einerseits und unvernünftiges Verhalten desselben Menschen andererseits. Das ist die Folge eines inneren Konflikts zwischen den drei Hauptabteilungen des Gehirns.

4.2 Die Biostruktur der Persönlichkeit

Genetische Bedingungen

Die Einflussstärke des jeweiligen Gehirnbereiches ist nach Meinung der dem Structogram zugrunde liegenden Theorie genetisch bedingt und bestimmt die Persönlichkeits- bzw. Biostruktur eines Menschen.

Prägung des Verhaltens

In vergleichbaren Umfeldsituationen setzt sich in der Regel eines von den drei Gehirnteilen stärker oder häufiger durch und prägt das Verhalten, entweder

- das gefühlsmäßig-instinktive Stammhirn (grüne Farbe),
- das emotional-impulsive Zwischenhirn (rote Farbe) oder
- das rational-kühle Großhirn (blaue Farbe).

Drei Komponenten

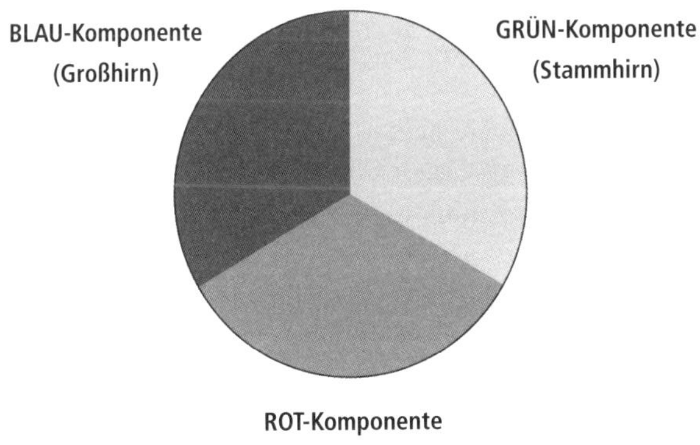

Kein Test

Mit der Biostruktur-Analyse wird die Persönlichkeitsbestimmung vorgenommen. Dabei handelt es sich aber nach Rolf W. Schirm, dem Begründer der Structogramtheorie, um keinen psychologischen Test, sondern um „eine wertfreie (Selbst-)Analyse genetisch veranlagter Grundstrukturen". Diese genetisch bedingten Strukturen sind eine tragende Säule im Theoriegebäude des Structograms.

Temperament und Charakter

Die Structogram-Theoretiker vergleichen den Menschen mit einem „Bio-Computer", der ausgehend vom Betriebssystem unterschiedlich programmiert werden kann. Diese Grundprogrammierung entscheidet darüber, wie er auf bestimmte Programmierbefehle reagiert. Dabei beruft man sich auf Studien, nach denen die eine Hälfte der Persönlichkeitsmerkmale bzw. Verhaltensweisen auf Erbanlagen zurückzuführen sei und die andere Hälfte auf Umwelteinflüsse. Genetisch veranlagte Persönlichkeitsmerkmale werden durch die Einflüsse der Umwelt bestenfalls „eingefärbt", nicht aber völlig „übertüncht". Der Mensch kann zwar an seinem Charakter arbeiten, nicht aber sein Temperament verändern. Eine Veränderung des Charakters ist auf der Grundlage und im Rahmen des jeweiligen Temperaments möglich. „Das Temperament stellt also gewissermaßen den unveränderbaren Kern der Persönlichkeit dar (Genotyp) und zeigt sich zugleich als ‚biologischer Rahmen' für den Charakter, der sich unter dem Einfluss der Umwelt entwickelt (Phänotyp)" (Schirm und Schoemen 2005, S. 87ff.).

Frauen und Männer

Als Folge dieser genetisch bedingten Grundstrukturen gibt es eine unterschiedliche statistische Verteilung der Biostrukturen von Männern und Frauen. Frauen bewegen sich stärker im Grün-Rot-Bereich, das heißt, das gefühlsmäßig-instinktive Stammhirn und das emotional-impulsive Zwischenhirn dominieren. Bei Männern überwiegt der Rot-Blau-Bereich, also das emotional-impulsive Zwischenhirn und das rational-kühle Großhirn.

Dominanzhierarchie

Die genetisch bedingten Structogram-Komponenten bewirken Verhaltensweisen, die in der nachfolgenden Übersicht zugeordnet sind. Hierbei ist zu bedenken, dass die Wirkung der drei Komponenten von ihrer Position in der individuellen Dominanzhierarchie, also der Biostruktur, abhängig ist. Dabei gilt:

- Die *stärkste* Komponente wirkt auf die Grundmuster des Verhaltens und der Motivation.
- Die *Zweit-Komponente* intensiviert oder hemmt die stärkste Komponente.

- Die *schwächste* Komponente kann den anderen Komponenten nur bedingt Reserven zur Verfügung stellen, da sie mit der Erfüllung notwendiger Grundfunktionen, z. B. Stoffwechsel, beschäftigt ist.

Verhaltensmatrix nach der Biostrukturanalyse

	GRÜN-Komponente Stammhirn Gefühl	ROT-Komponente Zwischenhirn Emotion	BLAU-Komponente Großhirn Ratio
Beziehung zu Menschen	Kontakt	Dominanz	Distanz
	Streben nach menschlicher Nähe	Streben nach Überlegenheit	Streben nach Sicherheitsabstand
	Gespür für Menschen	Natürliche Autorität	Zurückhaltung
	Allgemeine Beliebtheit	Neigung zum Wettbewerb	Tendenz zur Verschlossenheit
Orientierung in der Zeit	Vergangenheit	Gegenwart	Zukunft
	Bauen auf Vertrautes	Erfassen des Augenblicks	Bedenken der Konsequenzen
	Handeln aus Erfahrung	Impulsives Handeln	Planvolles Handeln
	Vermeiden radikaler Veränderungen	Aktivität und Dynamik	Streben nach Fortschritt
Denk- und Arbeitsweise	Erspüren	Begreifen	Ordnen
	Intuitives Denken, Fingerspitzengefühl	Konkretes, praktisches Denken	Systematisches, analytisches Denken
	Verlässliche erste Eindrücke	Schnelles Erkennen des Machbaren	Hohes Abstraktionsvermögen
	Fantasie	Neigung zum Improvisieren	Hang zur Perfektion
Erfolg durch	Sympathie	Mitreißen	Überzeugen

Fragebogen

Die jeweiligen Anteile der Structogram-Komponenten werden mittels eines Fragebogens ermittelt, der weder in diesem Buch noch im Internet – auch nicht als Kurzfassung – zur Verfügung gestellt werden kann.

4.3 Vertrieb

Exklusiver Lizenznehmer für Deutschland ist das Deutsche Structogram-Zentrum, Große Himmelsgasse 1, 67346 Speyer, Tel. (0 62 32) 62 29 00, Fax (0 62 32) 62 34 60
E-Mail: info@structogram.de, www.structogram.de

Literatur

Walter Simon: *Persönlichkeitsmodelle und Persönlichkeitstests. 15 Persönlichkeitsmodelle für Personalauswahl, Persönlichkeitsentwiklung, Training und Coaching.* Offenbach: GABAL Verlag 2006.

Rolf W. Schirm, Juergen Schoemen: *Evolution der Persönlichkeit. Die Grundlagen der Biostruktur-Analyse.* 11., überarb. u. erw. Aufl. Luzern: Institut für Biostruktur-Analysen (IBSA) 2005.

Anmerkung: Dieser Beitrag beruht auf den Informationen, die vom deutschen Structogram-Repräsentanten zur Verfügung gestellt wurden.

5. Herrmann Brain Dominance Instrument HBDI™

Entstehungsgeschichte

Der Amerikaner Ned Herrmann (1922–1999) ist Entwickler und Namensgeber dieses Modells. Der vielseitig interessierte und begabte Physiker war viele Jahre bei General Electric für die Führungskräfteentwicklung verantwortlich. Seine scheinbar entgegengesetzten Begabungen haben ihn dazu gebracht, immer wieder über unterschiedliche „Dominanzen" im Denken und Verhalten von Menschen nachzudenken und zu forschen. So entstand in den 70er-Jahren des letzten Jahrhunderts das Herrmann-Modell und das HBDI™. In Deutschland fand das Instrument Verbreitung unter dem Namen Herrmann-Dominanz-Instrument, inzwischen ist jedoch auch hierzulande der international einheitliche Name HBDI™ gebräuchlich.

Das Herrmann-Modell und das HBDI™ werden unter anderem in solchen Bereichen eingesetzt:

Einsatzbereiche

Für Individuen	Für Gruppen, Teams	Für Unternehmen
■ Persönlichkeits- und Personalentwicklung ■ Coaching ■ Placement, Karriereberatung	■ Teambuilding ■ Teamentwicklung ■ Synergie im Team ■ Kommunikation, Konfliktlösung, Kooperation ■ Teamkreativität	■ Führungskräfteentwicklung ■ Kreativität und Innovation ■ Verkaufs- und Marketing-Effektivität ■ Kulturanalyse, Wertemanagement ■ Post-Merger-Integration

Das Modell wird neben der Anwendung zusammen mit dem Instrument in Bereichen eingesetzt, in denen das HBDI™-Profil von Personen nicht vorliegt. Dies wird zum Beispiel beim Verkaufsgespräch der Fall sein, bei der Zielkundenanalyse oder einer

Unternehmenskulturanalyse in einer Post-Merger-Integration. Hier kann die Darstellung im Rahmen des Modells eine gemeinsame Sichtweise erzeugen und eine wertvolle Dialoggrundlage sowie Entscheidungshilfe bieten. Darüber hinaus kann bei solchen Themen an die individuellen Profile oder Gruppenprofile der Beteiligten angeknüpft werden, was ein ganzheitliches, integriertes Vorgehen ermöglicht.

5.1 Theoretische Basis und Hintergrund

Theoretische Basis

Das HBDI™ basiert auf Erkenntnissen der Gehirnforschung. Es nutzt die Physiologie des Gehirns als Grundlage. Die theoretische Basis lieferten die beiden Gehirnforscher Roger Sperry und Paul D. MacLean.

Zwei Hirnhälften

Auf Roger Sperry wurde bereits im Band 2 dieser Buchreihe hingewiesen (dort auf S. 147). Von ihm stammt die sogenannte Hemisphärentheorie. Sie besagt, dass das menschliche Gehirn arbeitsteilig denkt. Die „Zuständigkeiten" der jeweiligen Hirnhälften sind in der folgenden Tabelle dargestellt. Dieser Ansatz ist wichtig für das Verständnis des HBDI™-Modells.

Arbeitsteilung der beiden Hirnhälften

Linke Hirnhälfte	Rechte Hirnhälfte
sequenzielles Verarbeiten	simultanes Verarbeiten
digitales Denken	analoges Denken
Analyse	Synthese
Sprache, Lesen	Körpersprache
Details	Ganzheitlichkeit
logisches Denken	kreatives Denken
Gedächtnis für Wörter	Gedächtnis für Personen
Verstand	Gefühl
Mathematik, Physik	Musikalität, Kunst
begriffliches Denken	bildliches Denken

Beispiel: Jonglieren

Hierzu ein Beispiel, um die Arbeitsteilung zu verdeutlichen: Wenn Sie eine Anleitung zum Jonglieren lesen, ist das eine Angelegenheit der linken Hirnhälfte. Wenn Sie aber ein Gefühl für die Bewegung, den Schwung und die Flugbahn der Bälle bekommen, dann hat sich die rechte Hälfte eingeschaltet. Zeugnisse, Diplome und akademische Titel werden eher für linkshemisphärische Leistungen verliehen. Für Ihren Lebens- oder Ehepartner haben Sie sich aber meist mit der rechten Hemisphäre entschieden.

Ein Modell, das unterschiedliche Denk- und Verhaltensstile darstellt, kann auf die Erkenntnisse der unterschiedlichen Zuständigkeiten der beiden Hirnhälften nicht verzichten.

Nobelpreis

Roger Sperry hat für seine Forschungen über die unterschiedliche Arbeitsweise der beiden Großhirnhemisphären 1981 den Medizin-Nobelpreis bekommen.

→ Ergänzende und vertiefende Informationen zur Arbeitsweise des Gehirns finden Sie im Kapitel B 1 „Allgemeine Lern- und Gedächtnistechniken" im zweiten Band dieser Buchreihe (Methodenkoffer Arbeitsorganisation).

„Dreieinigkeit"

Eine weitere wesentliche Theorie über die Arbeitsweise unseres Gehirns stellte Paul D. MacLean mit seinem „triune brain" auf. Demnach bilden das Großhirn, das limbische System und das Stammhirn eine entwicklungsgeschichtlich gewachsene „Dreieinigkeit". Dabei spielt das limbische System zum Beispiel eine große Rolle bei der Verarbeitung von Emotionen. Paul D. MacLean ist auch der theoretische Impulsgeber für das im vorherigen Kapitel dargestellte Structogram.

Regionen unseres Gehirns

Im Zusammenhang mit dem HBDI™ ist hervorzuheben, dass unterschiedliche Denk-, Wahrnehmungs- und Kommunikationsstile in unterschiedlichen Regionen unseres Gehirns ihren „Stammsitz" haben. Die linke Hemisphäre ist zuständig für die Sprache, logisches Denken und kritische Vernunft. Hier arbeiten wir kontinuierlich und analysierend. Die rechte Seite ist zuständig für die bildhafte und emotionale Verarbeitung von Informationen. Auch das Unterbewusstsein bedient sich eher der rechten Gehirnhälfte.

Duett Die Verknüpfung beider Seiten, also der Informationsaustausch, erfolgt über einen „Verbindungsbalken", den sogenanten Corpus Callosum. Daraus folgt, dass das Zusammenspiel der unterschiedlichen Denk- und Verhaltenspräferenzen nicht in getrennten Prozessen stattfindet. Man sollte sich eher ein Duett vorstellen, das auf verschiedenen Instrumenten zusammenspielt.

Trio Aufgrund der Erkenntnisse über das limbische System wurde die duale Links-rechts-Sichtweise in Richtung eines Arbeitstrios erweitert, in dem der limbische Teil des Gehirns eine große Rolle spielt, insbesondere beim Verarbeiten von Emotionen.

Basisbildende Erkenntnisse Die Ergebnisse der Gehirnforschung der vergangenen Jahrzehnte haben viele Fachleute in anderen Arbeitsgebieten dazu angeregt, sich mit dem menschlichen Gehirn und seinen faszinierenden Möglichkeiten zu beschäftigen. Aus der Gehirnforschung stammen basisbildende Erkenntnisse z. B. für die menschliche Kommunikation, für kreative Problemlösungen und für die Zusammenarbeit.

5.2 Kernaussagen und Ergebnisse

Vier Kategorien Das Modell von Ned Herrmann berücksichtigt Erkenntnisse über den Aufbau und die Funktionsweise des Gehirns und nutzt sie als Metapher. Darum ordnet es Denk- und Verhaltensweisen der Steuerungszentrale des Menschen in folgende vier Kategorien ein:

- *linker und rechter Modus* analog zu den beiden Gehirnhemisphären,
- *oberer und unterer Modus* analog zum Cortex und dem limbischen System.

Vier Quadranten Die sich daraus ergebenden vier Quadranten werden mit A, B, C und D bezeichnet, wobei jedem Quadranten bestimmte Eigenschaften zugeordnet werden:

- *A:* logisch, rational, analytisch, quantitativ
- *B:* strukturiert, kontrolliert, organisiert, geplant
- *C:* mitfühlend, musikalisch, mitteilsam, emotional
- *D:* intuitiv, ganzheitlich, einfallsreich, konzeptionell

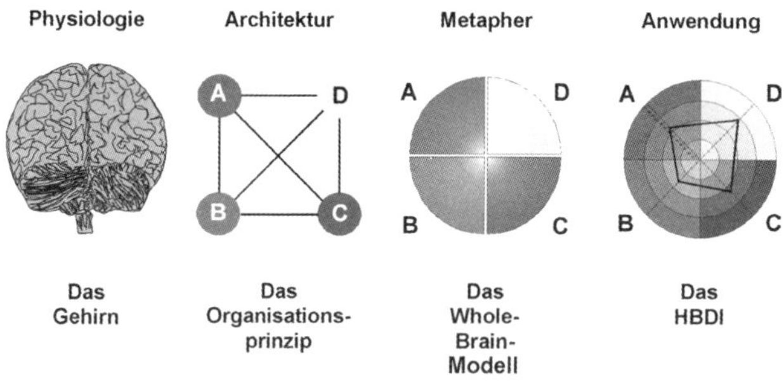

Modellhafte Abbildung

Die Abbildung gibt den komplexen Aufbau und die Arbeitsweise des Gehirns nicht direkt wieder. Es handelt sich um ein Modell über Denkstile, vergleichbar mit einer Landkarte, die ein Gebiet modellhaft abbildet. Ned Herrmann nennt daher sein Ganzhirnmodell „metaphorisch", um deutlich zu machen, dass er nicht den Anspruch erhebt, physiologische Gehirnstrukturen abzubilden. Vielmehr nutzt er die Analogie zum Aufbau des Gehirns, um die Art und Weise, wie wir denken und damit auch handeln, verständlich zu machen.

Unsere vier unterschiedlichen Ichs

Beispiel: A-Anteil

Es gibt keine großen oder kleinen Profile, gute oder schlechte. Jedes Profil ist wertfrei und vornehmlich im Kontext einer bestimmten Tätigkeit zu beurteilen. So wird ein Mensch mit wenig *A-Anteil* analytischen Aufgaben – bewusst oder unbewusst – eher aus dem Wege gehen. Umgekehrt wird ein A-geprägter Mensch solche Aufgaben vorziehen.

Beispiel: B-Anteil

Menschen mit einem hohen *B-Wert* bevorzugen Sicherheit, Struktur und Ordnung, sind zumeist zuverlässig und bringen Projekte voran. Kreative, sprunghafte oder intuitive Personen haben im Gegensatz dazu einen geringeren B-Anteil.

Summe ist gleich groß

Die Summe aller vier Quadrantenwerte ist gleich groß, denn es handelt sich um eine relative Verteilung. So steht einem hohen Wert in A, der sich durch starke Faktenorientierung, Begeisterung für Technik und Rationalität ausdrücken kann, oft ein geringerer C-Wert gegenüber. Ein hoher C-Wert kann sich z. B. in einer starken Menschorientierung und Emotionalität zeigen.

Unsere vier Ichs

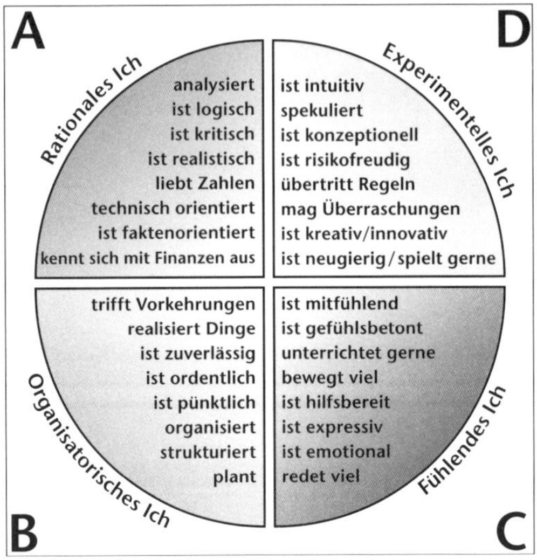

Denk- und Verhaltenspräferenzen

Wir alle haben Denk- und Verhaltenspräferenzen, die für uns typisch sind und die wir bevorzugen. Sie sind Ausdrucksweise unserer Einmaligkeit und bestimmen, wie wir kommunizieren, lernen und lehren, Entscheidungen treffen, mit anderen Menschen zusammenarbeiten und uns im Rahmen unserer Möglichkeiten entwickeln. Diese Präferenzen haben sich auf der Grundlage angeborener Eigenheiten, durch das Elternhaus, Ausbildungen, die soziale Umgebung und auch die berufliche Tätigkeit entwickelt.

Denkstile

Die Art, Probleme zu lösen, Ideen zu produzieren oder mit anderen Menschen zu kommunizieren, hängt von den *Denkstilen* ab, die wir bevorzugen: Während der eine z. B. einen Sachverhalt sorgfältig durchdenkt und dann eine fundierte Entscheidung trifft, hat ein anderer die gleiche Situation als Gesamtbild vor Augen und trifft seine Entscheidung aus dem Bauch heraus. Beide legen ihre spezifischen Erfahrungen zugrunde, von denen sie glauben, dass sie ihnen den Erfolg garantieren.

Mehrwert aus Vielfalt

Wenn wir es schaffen, diese unterschiedlichen Ansätze wertfrei sichtbar zu machen, wird es möglich, aus der Ergänzung der verschiedenen Stile einen Mehrwert zu schöpfen. Werden die verschiedenen Stile also zusammengeführt und die Synergien ausgenutzt, entsteht das, was Ned Herrmann „Whole-Brain-Thinking" nennt – das Nutzen der Kraft des ganzen Gehirns.

5.3 Durchführung einer Analyse

Ausfüllen und Auswerten des Fragebogens

Der HBDI™-Fragebogen besteht aus 120 Fragen. Zum Ausfüllen – was auch über eine webbasierte Anwendung möglich ist – werden etwa 20 bis 30 Minuten benötigt. Die Auswertung erfolgt durch Herrmann International mithilfe eines Computerprogramms und zeigt grafisch und tabellarisch die Ausprägung bevorzugter Denkstile. Mit dem Fragebogen wird ermittelt, welche Denkweisen die Person bevorzugt, nutzt oder vermeidet. Der Begriff „Test" wird ebenso wie bei den anderen Instrumenten in diesem Buch vermieden, um so zu verdeutlichen, dass es keine „guten" oder „schlechten" Ergebnisse gibt. Das Verfahren ist also nicht mit einem Führerscheintest vergleichbar, bei dem man nur bestehen oder durchfallen kann.

Keine Kompetenzen oder Fähigkeiten

Die Ergebnisse werden tabellarisch, vorzugsweise aber in Form eines grafischen Profils dargestellt, das die relative Verteilung der Präferenzen zeigt. Hervorzuheben ist, dass es sich um Denkweisen handelt, die man auch als Potenzial, Talent oder persönliche Präferenz bezeichnen kann. Es werden keine Kompetenzen bzw. Fähigkeiten abgebildet. Diese entstehen aber typischerweise auf der Grundlage von Präferenzen durch Schule, Ausbildung, Studium, Lernen, Erfahrung usw. Das sind die Vorgänge, die den persönlichen Einsatz verlangen und die das persönliche Wachstum verursachen.

Formel

Das Verhältnis von Kompetenz und Präferenz lässt sich mit folgender Formel darstellen:

Kompetenz = Präferenz x (Ausbildung, Training, Erfahrung)

Präferenz reicht nicht

Hierbei ist das Multiplikationszeichen entscheidend: Präferenz alleine genügt nicht. Das macht deutlich, dass ein noch so hoher Aufwand nicht ausreicht, eine hohe Kompetenz zu erlangen, wenn das Talent dafür fehlt. Wenn kein Talent vorhanden ist, hilft auch intensives Üben nicht.

Das HBDI™ unterscheidet je nach Anwendungsbereich verschiedene Darstellungen. Zwei sollen an dieser Stelle vorgestellt werden, und zwar das Durchschnittsprofil und das ProForma-Profil.

HBDI™-Durchschnittsprofil

Beispiel für das Durchschnittsprofil eines Verhaltenstrainers

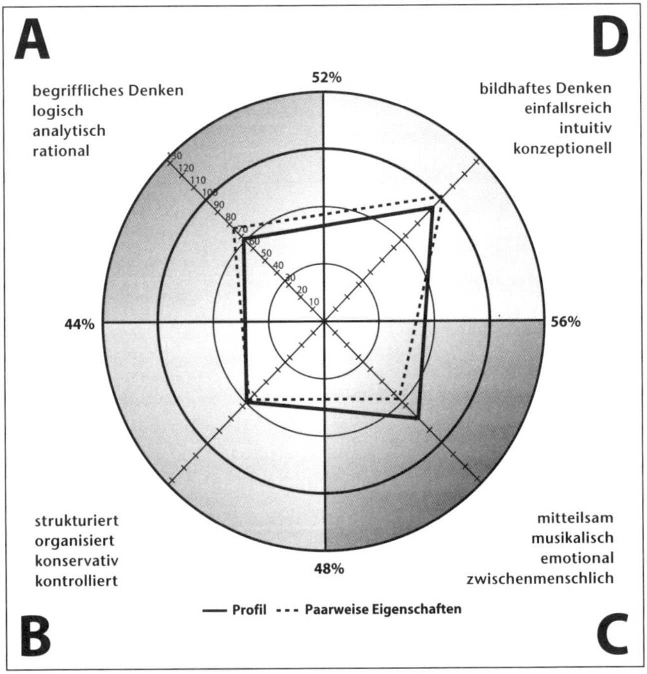

Typische Profile

Man kann die Werte einer Gruppe von Menschen arithmetisch mitteln und erhält so ein Durchschnittsprofil. Das macht Sinn, wenn diese Menschen ein Merkmal gemeinsam haben, z. B. den Beruf. Umfasst die Anzahl der Beispiele eine ausreichende Menge, erhält man das typische Profil für diesen Beruf. Will nun jemand diesen Beruf ergreifen, kann er sein individuelles Profil mit diesem Berufsprofil vergleichen, um seine Eignung zu hinterfragen.

Für die Anwendung im Umgang mit Gruppen bietet das HBDI™ verschiedene grafische Darstellungsformen. Dadurch wird leicht erkennbar, wie homogen oder heterogen eine Gruppe zusammengestellt ist. Eine heterogene Gruppe birgt ein höheres Synergiepotenzial. Gleichzeitig können aber aufgrund der größeren Spannungsfelder mit zunehmender Heterogenität der Gruppe mehr Konflikte auftreten.

Anwendung in Gruppen

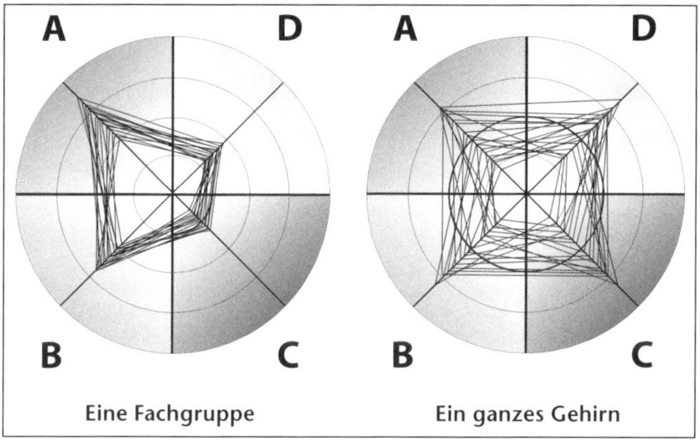

Beispiel für einseitige Ausprägungen in einer Fachgruppe

ProForma-Profile

Im Fall von ProForma-Profilen erstellt ein HBDI™-Experte das Soll-Profil für eine bestimmte Tätigkeit oder das Profil einer bestimmten Zielgruppe, z. B. für Konsumenten eines Produkts. So lassen sich auch größere Einheiten und ganze Organisationssysteme oder Märkte im Modell darstellen. Mit einer solchen Visualisierung erhält man eine konkrete Dialoggrundlage, die auf die verschiedensten Unternehmensthemen anwendbar ist. Mit dem Herrmann-Modell als gemeinsamen Bezugsrahmen können nun wiederum die einzelnen Elemente auf ihre Stimmigkeit geprüft werden. So können alle relevanten Elemente in einem ganzheitlichen Ansatz integriert werden.

Soll-Profil

5.4 Vertrieb

Herrmann International Deutschland GmbH & Co. KG
Oderdinger Straße 12, 82362 Weilheim
Tel. (08 81) 92 49 56-0, Fax (08 81) 92 49 56-56
E-Mail: info@hid.de, Internet: www.hid.de

Literatur

Ned Herrmann: *Kreativität und Kompetenz. Das einmalige Gehirn.* Fulda: Paidia-Verlag 1991.

Ned Herrmann: *Das Ganzhirn-Konzept für Führungskräfte: Welcher Quadrant dominiert Sie und Ihre Organisation?* Wien: Ueberreuter 1997.

Frank D. Peschanel und Roland Spinola: *Das Hirn-Dominanz-Instrument (H.D.I.).* 3. Aufl. Speyer: GABAL Verlag 1992.

Walter Simon: *Persönlichkeitsmodelle und Persönlichkeitstests. 15 Persönlichkeitsmodelle für Personalauswahl, Persönlichkeitsentwiklung, Training und Coaching.* Offenbach: GABAL Verlag 2006.

Anmerkung: Dieser Beitrag beruht auf Informationen, die vom deutschen HBDI-Repräsentanten zur Verfügung gestellt wurden.

6. Team Management Profil (TMP)

Feedback zu Arbeitspräferenzen

Das Team Management Profil (TMP) ist ein Typenindikator für den Arbeitsbereich. Es ist das bekannteste Profil des Team Management Systems (TMS) von Margerison-McCann. Es gibt Führungskräften und Teammitgliedern Feedback zu ihren Arbeitspräferenzen in den Verhaltensbereichen Kommunikation, Information, Entscheidungsfindung und Organisation.

Nutzen

In diesem Zusammenhang trägt das TMP dazu bei,

- die Leistungsfähigkeit zu verbessern,
- Stärken zu erkennen und zu nutzen,
- das gegenseitige Verständnis zu fördern,
- die Führung zu verbessern,
- der Mitarbeiterentwicklung Richtung zu geben und
- die Kommunikation zu verbessern.

Arbeits- und Teamverhalten

Die Beschränkung auf den Arbeitsbereich erfolgte, weil das Verhalten von Menschen im Arbeits- und Privatbereich unterschiedlich sein kann. Darum ist dieser Typenindikator weniger geeignet, die Gesamtpersönlichkeit zu erfassen. Er beschreibt jedoch zu 85 bis 95 Prozent das Arbeits- und Teamverhalten. Das Instrument macht jedoch keine Aussagen zu *Kompetenzen,* sondern beschränkt sich auf *Präferenzen.* Wer seine Arbeitspräferenzen kennt und sie nutzen kann, ist für Tätigkeiten im Präferenzbereich eher motivierbar als für Aufgaben, die außerhalb dieses Bereiches liegen. Jemand, der gern analysiert, wird Untersuchungsaufgaben lieber erledigen als jemand, der den Kontakt zu anderen Menschen benötigt.

Benachbarte Modelle

Mit dem Schwerpunkt auf dem Thema Präferenz stellt sich dieses Modell in eine Reihe mit dem Myers-Briggs-Typenindikator und dem Herrmann-Dominanz-Instrument, wobei sich jedoch der Fokus des TMP auf die Teamebene richtet. Die Wissenschaftler Charles Margerison (geb. 1940) und Dick McCann (geb. 1943) haben sich, wie andere vor ihnen auch, mit der Frage beschäftigt, wie ein Team ideal zusammengesetzt wird. Sie kreierten das Team Management Rad, das helfen soll, die richtigen Talente und Charaktere zusammenzubringen.

Das Team Management Rad von Margerison/McCann

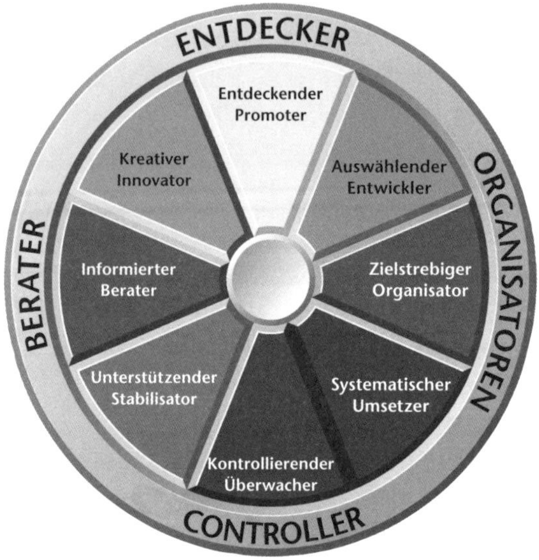

Präferenz und Kompetenz

Alle im Team Management Rad abgebildeten Arbeitspräferenzen sind nach Meinung von Margerison und McCann für erfolgreiches Teamwork bzw. Projektmanagement nötig. Weiß nun ein Vorgesetzter, wie sich die Rollen in seinem Team verteilen, dann kann er die Mitarbeiter nicht nur nach ihrer Kompetenz (Wissen und Können), sondern auch nach ihrer Präferenz einsetzen. Das schafft Motivation. Gelingt es dann noch, alle Kräfte auf das Ziel hin zu bündeln und „Linking Skills“ zu aktivieren, dann ist der Weg frei für ein starkes Team. Wenn auch die Teammitglieder ihre Profile kennen und die Unterschiede ihrer Arbeitsstile akzeptieren, ist das ein wichtiger Schritt für die Wertschätzung von Verschiedenheit, eine sinnvolle Arbeitsverteilung und das Einander-Zuarbeiten im Team.

→ Ergänzende und vertiefende Informationen zum Thema Team finden Sie im Abschnitt D „Zusammenarbeit, Kooperation“ des vierten Bandes dieser Buchreihe (Methodenkoffer Führung).

Langjährig erprobt

Das TMP wurde in den Jahren 1985 bis 1988 von Prof. Charles Margerison (England) und Dick McCann (Australien) im Rahmen ihrer langjährigen empirischen Teamforschung und Führungskräfteentwicklung bei australischen Regierungsbehörden und international tätigen Großunternehmen ausgearbeitet und erprobt.

6.1 Die Arbeitspräferenzen nach dem TMP

Zentrale Situationen

Das TMP misst die präferierten Verhaltensweisen in diesen zentralen Arbeitssituationen:

- die bevorzugte Art, mit anderen *Personen* umzugehen: introvertiert oder extrovertiert;
- die bevorzugte Art, *Informationen* zu beschaffen: praktisch oder kreativ;
- die bevorzugte Art, *Entscheidungen* zu treffen: analytisch oder begründet auf Überzeugungen;
- die bevorzugte Art, die *Arbeit* zu organisieren: strukturiert oder flexibel.

Diese Unterscheidung zeigt, dass auch dieses Modell eine starke Affinität zum Persönlichkeitsmodell des schweizerischen Psychologen C. G. Jung hat.

→ Ergänzende und vertiefende Informationen über C. G. Jung finden Sie in den Kapiteln A 3 „Persönlichkeitstheoretische Grundmodelle“ sowie B 3 „Myers-Briggs-Typenindikator“ dieses Buches.

60 Aussagenpaare

Jede der vier zentralen Arbeitssituationen wird mit 15 Fragenpaaren abgefragt. Für jedes der 60 Aussagenpaare werden zwei Alternativen gegeben, die zustimmend oder ablehnend beantwortet werden können. Wie stark die Präferenz in die gewählte Richtung ist, kann durch die Gewichtungsmöglichkeiten 2-0, 2-1, 1-2, 0-2 bestimmt werden.

Beispiel für Aussagenpaare

	A	B	
Ich arbeite lieber an komplexen Aufgaben	1	2	Ich arbeite lieber an klaren und überschaubaren Aufgaben
Mir kommen die besten Ideen, wenn ich in der Gruppe arbeite	2	0	Ich habe meine besten Ideen, wenn ich alleine arbeite

Nach den Forschungen von Margerison/McCann bestimmen diese Arbeitspräferenzen wesentlich die Art, wie Menschen ihre Arbeit verrichten. Die Dimensionen werden wie folgt erfasst:

Zwischenmenschliche Beziehungen

Extrovertiert oder introvertiert?

Der Austausch mit anderen Menschen gehört zur Arbeit. Manche Menschen verhalten sich dabei *extrovertiert.* Sie treffen sich oft mit anderen, besprechen mit ihnen Ideen oder tauschen sich sonstwie aus. Andere Menschen sind jedoch eher *introvertiert.* Sie denken anstehende Fragen und Arbeiten zunächst selber durch, bevor sie in den Austausch gehen, um genau und fundiert Stellung nehmen zu können.

Informationsbeschaffung

Praktisch oder kreativ?

Informationen sind für das Funktionieren einer Organisation unabdingbar. Es gibt mehrere Wege, Informationen zu beschaffen. Manche Menschen besorgen sich ihre Informationen auf *praktische* Art und Weise. Sie sammeln systematisch Informationen für eine konkrete Aufgabe, bevorzugen bewährte Ideen und Fakten. Sie widmen den Details große Aufmerksamkeit. Menschen mit der Präferenz für *kreative* Informationssammlung sind zukunftsorientiert und halten permanent nach neuen Möglichkeiten und Ideen Ausschau.

Entscheidungsfindung

Analytisch oder überzeugungsbasiert?

Wenn genügend Informationen vorliegen, kann entschieden werden. Manche Menschen bevorzugen hierbei ein *analytisches* Vorgehen. Sie suchen nach Lösungen, die sich eignen, die angestrebten Ergebnisse zu optimieren. Andere tendieren dazu, Entscheidungen aufgrund ihrer *Überzeugungen* zu treffen, wobei ihre persönlichen Grundhaltungen und Werte den Ausschlag geben.

Organisationsverhalten

Entscheidungen müssen gut organisiert umgesetzt werden. Manche Menschen bevorzugen einen *strukturierten Rahmen*, um sich selbst und andere zu organisieren. Sie bevorzugen klare und sauber gegliederte Organisationsstrukturen, um schnell zu handeln und Probleme zu lösen. Andere schätzen eher einen *flexiblen Ansatz*. Sie erkunden sorgfältig Probleme und Situationen und entscheiden erst dann, wenn sie alle Informationen besitzen, um fundiert zu handeln. Sie sind offen und ändern ihre Meinung schnell, wenn neue Informationen auftauchen. Auch widmen sie ihre Zeit lieber der Diagnose einer Situation und warten mit dem Umsetzen, bis sie genügend Informationen gesammelt haben.

Strukturiert oder flexibel?

6.2 Die Teamrollen

Aus den Arbeitspräferenzen ergeben sich die folgenden acht Teamrollen:

Berater

1. Der *informierte Berater* ist jemand, der mit viel Geduld Informationen beschafft und diese allgemein verständlich aufbereitet. Er nimmt sich viel Zeit, um Entscheidungen gut vorzubereiten, die andere zu treffen haben, er aber anderen auch gern überlässt.

Innovator

2. Der *kreative Innovator* stellt Bestehendes infrage. Dazu denkt er intensiv über neue Wege und Methoden nach, ist flexibel bzw. experimentierfreudig und arbeitet gern selbstständig. Er kann als Querdenker in hierarchiebetonten, konservativen Firmen leicht anecken, könnte jedoch gerade dort von hohem Nutzen sein, weil er Zukunftschancen erkennt und benennt.

Promoter

3. Der *entdeckende Promoter* ist ein kontaktfreudiger – also extrovertierter – Typ, der gern Ideen aufnimmt und dafür Verbündete sucht. Er mag vielfältige, aufregende und stimulierende Aufgaben. Andere interessieren, überzeugen und Ideen gut verkaufen – das ist sein Areal. Er ist weniger detailorientiert und interessiert sich eher für das große Ganze. Er kennt viele Menschen und ist ein guter Kommunikator.

Entwickler

4. Der *auswählende Entwickler* ist derjenige im Team, der sich bemüht, Ideen zu verwirklichen. Er prüft, ob Vorschläge rea-

lisierbar sind. Als objektiv denkender Realist würdigt er zwar das Kreative an Ideen, fragt aber eher danach, ob der Markt sie aufnimmt. Richtig aktiv wird er, wenn der Prototyp oder eine marktreife Dienstleistung vorliegt. Wurde das neue Produkt vom Markt aufgenommen, befriedigt ihn dieses. Dann aber wendet er sich schon dem nächsten Produkt oder Projekt zu, das es zu beurteilen oder zu entwickeln gilt.

Organisator

5. Es ist nicht leicht, den *zielstrebigen Organisator* für das Neue zu begeistern. Hat sein Teamkollege, der entdeckende Promoter, das aber geschafft, macht er Druck auf die noch nicht Überzeugten. Der zielstrebige Organisator gestaltet gern die Dinge und organisiert Abläufe. Für ihn gilt: „No problems, only opportunities.“ Als Troubleshooter ist er für das Team unentbehrlich. Er ist entscheidungsfreudig, bringt Prozesse in Gang, kann drängen und hat immer das Ziel im Blick. Dabei kann er die Gefühle von anderen leicht übersehen. Er verkörpert den Normaltyp des Managers, das heißt, er schätzt Autorität, pflegt Ressortdenken, achtet auf Hierarchie und bewertet Menschen nach ihrem Beitrag zum Betriebsergebnis.

Umsetzer

6. Die Rolle des *systematischen Umsetzers* besteht darin, das auszuführen, was das Team konzipiert und beschlossen hat. Er liebt Pläne und schätzt Effizienz und ist darum derjenige, der ständig mahnt, Pläne und Budgets einzuhalten. Resultate zählen. Dabei hilft ihm seine Liebe zu Ordnung und Regelmäßigkeit – er lässt Aufgaben nicht gern „in der Luft hängen“. Er ist auch dort, wo es um Routinearbeit geht, zuverlässig und standfest. Er schätzt und nutzt gern bewährte Systeme und Checklisten. Sein Wert für das Team besteht darin, dass er die Rolle der Lokomotive wahrnimmt. Sein Motto: Erfolg buchstabiert man T-U-N.

Überwacher

7. Der *kontrollierende Überwacher* will die Qualität in allen Bereichen gesichert sehen. Er vertieft sich gern ins Detail und sorgt dafür, dass alles seine Ordnung hat. Er fürchtet die Unordnung, sobald Belege fehlen oder Papiere herumflattern. Seine Arbeit verrichtet er überwiegend im Stillen. Er konzentriert sich gern intensiv auf eine Sache. Da er keine Ungenauigkeiten mag, können Konflikte mit denen entstehen, die es damit nicht so genau nehmen. Andere staunen über seine rasche Auffassungsgabe und seinen Sinn für Vollständigkeit.

Stabilisator

8. Der *unterstützende Stabilisator* ist ein Werte-Kultivator. Er engagiert sich für das, woran er glaubt. Zu seiner Aufgabe gehört es, die Gruppe vor Kritik von außen zu schützen, ob berechtigt oder nicht. Er sorgt für das nötige „Wir-Gefühl“ und kann Abweichler ausgrenzen, wenn sie sich illoyal verhalten. Andererseits greift er schwächeren Teammitgliedern gern unter die Arme und sorgt für Stabilität im Team. Überhaupt betätigt er sich gern als „Dienstleister“ – Service und Support haben bei ihm einen hohen Stellenwert. Veränderungen steht der Bewahrer eher skeptisch gegenüber. Insgesamt wird er sich eher nicht für eine ausführende Vorgesetztenposition bewerben, da er lieber im Hintergrund wirkt.

Linking Skills

Neben diesen acht Arbeitsstilen gibt es noch eine wichtige Funktion, die von einer oder mehreren Personen wahrgenommen werden kann. Es handelt sich um die Funktion „Verbinden“ (Linking) und damit um ein Bündel von Soft Skills, die von Team- oder Projektkoordinatoren verlangt werden. Mit ihren Linking Skills wirken sie als Beziehungsgestalter nach innen und als Repräsentanten des Teams in der Öffentlichkeit. Diese Fähigkeiten, mit denen Menschen und Aufgaben zielorientiert verbunden werden, um hohe Leistungen zu erbringen, sind erlernbar und werden in reifen Teams von allen praktiziert. Sie werden als inhaltliche Füllung des weißen Kreises im Zentrum des Team Management Rads in einem eigenen Modell dargestellt, dem „Modell der Linking Skills“.

Modell der Linking Skills von Margerison/McCann

Dynamische Entwicklung

Die Teamrollen selbst sind relativ stabil, aber können sich dennoch im Laufe der Zeit verändern. Margerison und McCann beschreiben diese dynamische Entwicklung als „career journey". Neue Zielsetzungen, berufliche Herausforderungen oder allgemein die persönliche Entwicklung sind hierfür ursächlich. TMS-Langzeituntersuchungen zeigen, dass dies nach Ablauf von zwei bis vier Jahren geschehen kann.

6.3 Selbsttest: Welcher Teamtyp sind Sie?

Ihr Teamtyp

Welche Verhaltensweisen bevorzugen Sie? Bitte entscheiden Sie sich in den folgenden vier Bereichen der Arbeitspräferenzen für diejenigen, die Ihrem Typ am ehesten entsprechen, unabhängig davon, welche Verhaltensweise in Ihrer Stellung verlangt wird.

E oder I

Im Umgang mit anderen Menschen bin ich eher:

Extrovertiert = E	**Introvertiert = I**
Extrovertierte Menschen ■ entwickeln ihre Gedanken oft, während sie mit anderen sprechen; ■ treffen gerne mit anderen Menschen zusammen und lieben gesellschaftliche Veranstaltungen; ■ arbeiten gerne an verschiedenen Aufgaben gleichzeitig und ■ melden sich bei Sitzungen oft zu Wort.	Introvertierte Menschen ■ denken lieber gründlich nach, bevor sie sprechen; ■ haben kein großes Bedürfnis, sich regelmäßig mit anderen zu treffen; ■ konzentrieren sich auf eine Aufgabe und ■ halten sich bei Sitzungen eher im Hintergrund.

P oder K

In der Beschaffung und Verwertung von Informationen bin ich eher:

Praktisch = P	**Kreativ = K**
Praktische Menschen ■ bevorzugen klar definierte Probleme; ■ arbeiten gerne mit ausgereiften Ideen; ■ halten sich an Pläne und Vorgaben; ■ ertragen geduldig Routinearbeit und ■ achten auf Fakten und Details.	Kreative Menschen ■ lieben vielschichtige Probleme; ■ bringen regelmäßig neue Ideen hervor; ■ suchen nach neuen Ansätzen; ■ langweilen sich bei Routinearbeit und ■ sehen das große Ganze.

In meiner Entscheidungsfindung bin ich eher:

Analytisch = A	**Begründet auf Überzeugungen = B**
Analytische Menschen ■ versuchen, objektive Entscheidungskriterien zu schaffen; ■ entscheiden unabhängig und kühl; ■ lieben Analysen und Klarheit; ■ setzen Ziele und lassen sie zu ihrer Überzeugung werden und ■ sind eher aufgabenbezogen.	Menschen, die ihre Entscheidungen aus Überzeugung treffen, ■ besitzen subjektive, persönliche Entscheidungskriterien; ■ erscheinen engagiert; ■ lieben Harmonie; ■ entwickeln Ziele auf der Grundlage ihrer Überzeugungen und ■ sind eher menschenbezogen.

A oder B

In der Organisation von mir selbst und meinen Mitarbeitern bin ich eher:

Strukturiert = S	**Flexibel = F**
Strukturierte Menschen ■ lieben klare Verhältnisse und Ordnung; ■ entwickeln einen Plan und halten sich daran; ■ teilen die Zeit bewusst ein und halten Termine; ■ mögen keine unklaren Verhältnisse und ■ haben eine feste Meinung.	Flexible Menschen ■ fühlen sich auch in der Unordnung wohl; ■ können, wenn nötig, Pläne schnell ändern; ■ können festgesetzte Termine überschreiten; ■ tolerieren unklare Verhältnisse und ■ ändern ihre Meinung, wenn neue Informationen es sinnvoll erscheinen lassen.

S oder F

Auswertung

Vier Buchstaben

Sie haben sich nun für vier Verhaltensweisen entschieden. Bitte übertragen Sie die vier Anfangsbuchstaben der gewählten Präferenzpole (z. B. E-P-A-S) in den Kreis auf der nächsten Seite. Dieser hat einen inneren und einen äußeren Kreis:

- Liegt Ihre Buchstabenkombination im *äußeren Kreis*, so bedeutet dieses, dass Sie diese Rollenpräferenz in ausgeprägter Form leben.
- Liegt sie im *inneren Kreis*, so ist Ihre Rollenpräferenz wohl typisch, aber nicht so stark ausgeprägt.

Kreise für das Verorten Ihres Ergebnisses

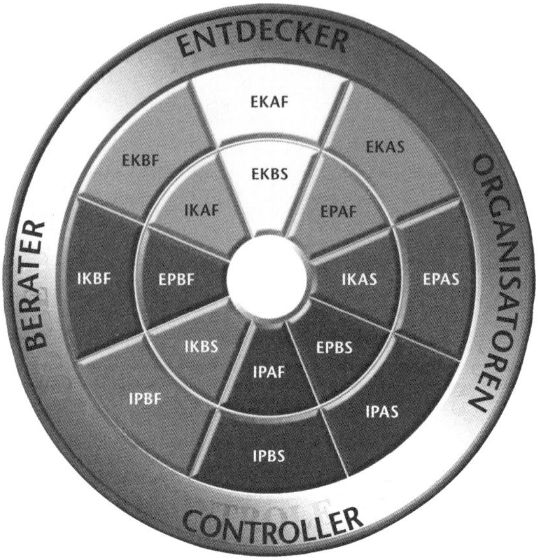

6.4 Vertrieb

Das TMP wird in Deutschland vertreten durch:
Forum für Teamentwicklung, Hartmut Wagner
Lise-Meitner-Str. 12, 79100 Freiburg/Breisgau
Tel. (07 61) 45 98 59 75, Fax (07 61) 45 98 59 79
E-Mail: info@tms-zentrum.de, www.tms-zentrum.de

Literatur

Charles Margerison, Dick McCann: *Team Management: Practical New Approaches.* London: Mercury 1990.

Dick McCann: *Das Team Management System in dynamischer Entwicklung. Übers. H. Wagner. Eine kurze Geschichte des TMS von den Anfängen bis heute. 11 S. Deutsch und englisch.* Lüdenscheid 1999. Beziehbar über: info@tms-zentrum.de

Dick McCann, Jan Stewart: *Aesops Managementfabeln. Von fehlerhaftem zu fabelhaftem Management.* Wien: Signum-Verlag 1997.

Terry Mills: *Leistungsorientierung in Teams. Deutsch von H. Wagner. Ein Unigate-Erfahrungsbericht.* Neckarbischofsheim 1998. Beziehbar über info@tms-zentrum.de

Walter Simon: *Persönlichkeitsmodelle und Persönlichkeitstests. 15 Persönlichkeitsmodelle für Personalauswahl, Persönlichkeitsentwiklung, Training und Coaching.* Offenbach: GABAL Verlag 2006.

Hartmut Wagner: *Was macht Teamarbeit erfolgreich? Eine Einführung in das Team Management System nach Margerison-McCann.* Lüdenscheid 2000.

Anmerkung: Dieser Beitrag beruht auf Informationen, die vom deutschen TMP-Repräsentanten zur Verfügung gestellt wurden. Ich danke Herrn Hartmut Wagner für seine Unterstützung.

7. Enneagramm

Eines der ältesten Modelle

Beim Enneagramm handelt es sich um ein Persönlichkeitsmodell, dem die Fundierung moderner Wissenschaft fehlt. Das erklärt sich aus seiner langen, etwa 2000 Jahre währenden Geschichte, die ihren Ursprung in den Hochkulturen Vorderasiens hat. Darin liegt aber auch ein besonderer Reiz, denn die Menschheitserfahrung vergangener Jahrhunderte ist in alle Wissenschaften eingeflossen, auch in die Psychologie. So gesehen ist das Enneagramm eines der ältesten der bekannten Persönlichkeitsmodelle, wenn man einmal von den astrologischen Deutungen mit Sternzeichen absieht. Wegen dieser alle Persönlichkeitsmodelle überragenden Langlebigkeit und des Interesses bestimmter Bevölkerungsschichten, aber auch aus Gründen der Vollständigkeit, wird es hier beschrieben.

Frei nutzbar

Das Enneagramm hat eine leicht spirituelle Einfärbung, die sich aus seiner Geschichte und Verbreitung vor allen in kirchlichen Kreisen erklärt. Da es urheberrechtlich nicht geschützt ist, kann es von jedermann frei genutzt werden. Auch das mag zu seiner starken Verbreitung beigetragen haben.

Zwischen Intuition und Empirie

Dieses Modell bewegt sich erkenntnistheoretisch im Spannungsfeld zwischen Intuition und Empirie. Natürlich gebührt der analytischen Empirie das Primat bzw. sie bildet das Fundament aller Wissenschaften. Will man aber von der Einzelerhebung menschlicher Eigenschaften zur Totalität der Persönlichkeit aufsteigen, so generiert man im Test bestenfalls klassifikatorische Oberbegriffe, aber nie solche, die „den“ Menschen abbilden. Darum kombinieren die verschiedenen Enneagrammvarianten den einfühlenden Ansatz mit der analytischen Vertiefung bzw. Kontrolle mittels Fragebogen. Dieses Vorgehen steht natürlich auch Anwendern von INSIGHTS und anderen frei.

Keine Wertungen

Wie andere Persönlichkeitsmodelle verzichtet das Enneagramm auf Wertungen im Sinne guter oder schlechter Persönlichkeit. Vielmehr hat jeder Mensch, jedes Verhalten seine guten und schlechten Seiten. Das Enneagramm versteht sich vielmehr als ein Instrument, das Antworten auf diese und ähnliche Fragen geben soll:

- Was sind die bestimmenden Merkmale meiner Persönlichkeit?
- Was kann ich tun, um meine Persönlichkeit zu entwickeln?
- Wie wirke ich auf mein Lebensumfeld positiv ein?
- Wie wirke ich auf andere?
- Was ist mein Gegenüber für ein Mensch?

7.1 Historie

Ursprünglich eine Art Geheimlehre

Die Geschichte des Enneagramms besteht noch aus vielen Fragezeichen. Es schöpft aus jüdischen, christlichen und islamischen Quellen. Den Ziffern eins bis neun wurde von einigen Gelehrten des Altertums eine magische Bedeutung zugeschrieben. Als Folge hiervon entstanden entsprechende Figuren oder Zeichen, die man Enneagramm (griechisch: ennea = neun; gramma = Zeichen oder Figur) nennt. Von islamischen Mystikern, den Sufis, soll es als eine Art Geheimlehre bewahrt und fortgeschrieben worden sein.

1916 wurde das Enneagramm von dem kaukasischen Weisheitslehrer Georg Iwanowitsch Gurdjieff (1872–1949) im Abendland eingeführt. Andere Quellen schreiben das Enneagramm in seiner heutigen Gestalt dem bolivianischen Psychologen Oscar Ichazo (geb. 1931) zu. Dieser behauptet, das Modell von einer geheimen Sufi-Mysterienschule übernommen zu haben. Der amerikanische Jesuitenorden tat ein Übriges, indem er das Enneagramm als „Psychoplacebo“ in die Seelsorge einbrachte.

Zwei Grundrichtungen

Von 1971 ab fand das Ennegramm Eingang in die persönlichkeitspsychologische Diskussion und wurde Gegenstand der psychologischen Forschung, vor allem in den USA. Im Laufe der Zeit haben sich zwei Grundrichtungen herausgebildet:

- eine Gruppe, die es im christlich-spirituellen Kontext nutzt,
- eine zweite Gruppe, die es mit dem empirischen Wissen der modernen Psychologie zu verknüpfen versucht.

7.2 Beschreibung des Verfahrens

Neun Punkte An der Peripherie des Kreises befinden sich im Abstand von jeweils 40 Grad neun Punkte, die im Uhrzeigersinn von eins bis neun durchnummeriert sind, wobei neun der „obere" Ausgangspunkt ist. Die Punkte drei, sechs und neun sind durch ein Dreieck miteinander verbunden, die Punkte zwei, vier, eins, sieben, fünf und acht durch einen unregelmäßigen sechseckigen Stern. Das Kreissymbol soll die Ganzheit des Menschen symbolisieren.

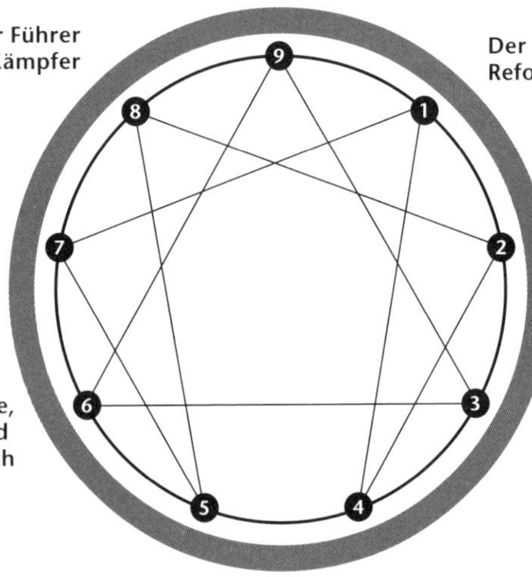

Neun Persönlichkeiten Die neun Spitzen stehen symbolisch für die neun Persönlichkeiten, die in jedem Menschen schlummern. Es handelt sich hierbei um abgrenzbare Verhaltensmuster, die sich – und das zeigen die Verbindungslinien – gegenseitig beeinflussen. Manche fördern andere, während andere eher negativ wirken. Obwohl alle neun Typen anteilig im Menschen vertreten sind, gibt es aber einen Haupttyp, der die Persönlichkeit prägt.

Die Bezeichnung der neun Typen ist höchst uneinheitlich. Der Leser möge sich nicht wundern, wenn er in anderen Büchern auf andere Begriffe stößt, die aber inhaltlich in die gleiche Richtung gehen.

Folgende Typen werden unterschieden:

- *Typ 1: Reformer oder Perfektionisten* **Reformer**
  Positiv sind ihre Orientierung an Idealen und Prinzipien, ihre Fähigkeit zum Urteilen und ihre Lust an Verbesserungen. Negativ fallen ihre Intoleranz und ihr Perfektionismus auf.
- *Typ 2: Helfer oder Fürsorgliche* **Helfer**
  Das sind Menschen, die Anteil am Leid anderer nehmen, treu und hilfsbereit sind. Andererseits vernachlässigen sie sich oft selbst und lassen sich zu Märtyrern machen.
- *Typ 3: Macher oder Statusmenschen* **Macher**
  Dieser Typ steht gerne im Mittelpunkt, ist ehrgeizig und zielgerichtet. Er hat einen gewissen Hang zur Eitelkeit und zur Orientierung am Äußeren.
- *Typ 4: Künstler oder Romantiker* **Künstler**
  Hier verbinden sich Fantasie, Kreativität und Emotionen einerseits, leider aber auch Depressionen mit Realitätsflucht andererseits.
- *Typ 5: Denker oder Beobachter* **Denker**
  Dieser Persönlichkeitstyp hat einen großen Wissensdurst, analytische Fähigkeiten und ein gutes Zuhörvermögen. Sein Hang zur Introvertiertheit und Detailversessenheit schlägt aber negativ zu Buche.
- *Typ 6: Loyale oder Fragende* **Loyaler**
  Dieser Persönlichkeitstyp ist vertrauenswürdig und kooperativ, ein geborener Teamworker. Diese Stärke wird durch seinen Hang zu Ängsten und seine Autoritätsgläubigkeit geschwächt.
- *Typ 7: Vielseitige oder Abenteurer* **Vielseitiger**
  Das sind Menschen voller Energie, sehr vielseitig und charismatisch; Hang zu Extremen und zu impulsiven Handlungen.
- *Typ 8: Führer oder Bosse* **Führer**
  Der typische Führer hat ein großes Selbstbewusstsein, liebt Herausforderungen und führt gern andere Menschen. Diese Eigenschaften gehen aber oft mit Dominanz und Aggressivität einher.

Friedliebende

- *Typ 9: Friedliebende oder Harmonische*
  Das sind beliebte Menschen mit ruhiger Ausstrahlung, die für Harmonie sorgen. Andererseits neigen sie dazu, sich zurückzuziehen und andere zu idealisieren.

Drei Hauptgruppen

Die neun Enneagramm-Typen werden zu drei Hauptgruppen – den sogenannten Triaden – zusammengefasst. Demnach gibt es eine Gruppe

- der *Herz*typen (Helfer, Macher, Künstler),
- der *Kopf*typen (Denker, Loyale, Abenteurer) und
- der *Bauch*typen (Führer, Friedliebende, Perfektionisten).

Bauch-, Kopf- und Herztypen

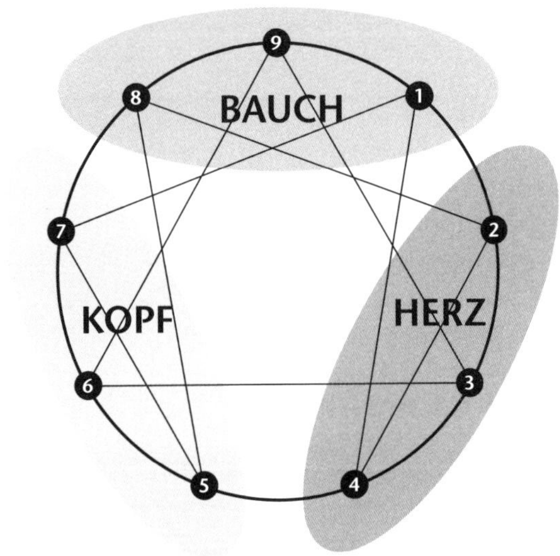

Drei Grundtriebe

Geht man nun in die Tiefe, wird den drei Zentren ergänzend ein Grundtrieb zugeordnet: sexuell, sozial, selbsterhaltend. Sie stellen sozusagen den unveränderbaren Grundbegriff unseres Wesens dar.

Je nach Lebenslage setzt jeder einzelne Typ diese Unterfunktionen ein. Im Berufsleben wird man hauptsächlich den sozialen, in der Partnerschaft den sexuellen und in den Augenblicken des Alleinseins den selbsterhaltenden Part ausleben.

7.3 Persönlichkeitsentwicklung

Einfluss benachbarter Typen

Das Enneagramm hat eine gewisse Dynamik, die sich aus der Verknüpfung der Eckpunkte ergibt. Für jeden der neun Idealtypen ist eine Entwicklung in zwei Richtungen möglich, und zwar entlang der Linien des Enneagramm-Symbols. Das heißt also, dass bestimmte Haltungsmerkmale dieser benachbarten Typen Einfluss auf die dazwischenliegende Zahl nehmen, z. B. die 1 und 3 auf die 2, sich also in ihr widerspiegeln.

Integrationslinien

Bei der ersten Entwicklungsrichtung, der „Integrationsrichtung", bewegt sich ein Persönlichkeitstyp hin zu den „positiven" Eigenschaften jenes Typs, der als nächster Punkt auf der „Integrationslinie" liegt. Dieser Enneagramm-Typ wird dann auch Integrationspunkt genannt. Beispiel: Die eher introvertierte Fünf orientiert sich an der Durchsetzungsfähigkeit der Acht.

Bewegung in die Integrationsrichtung

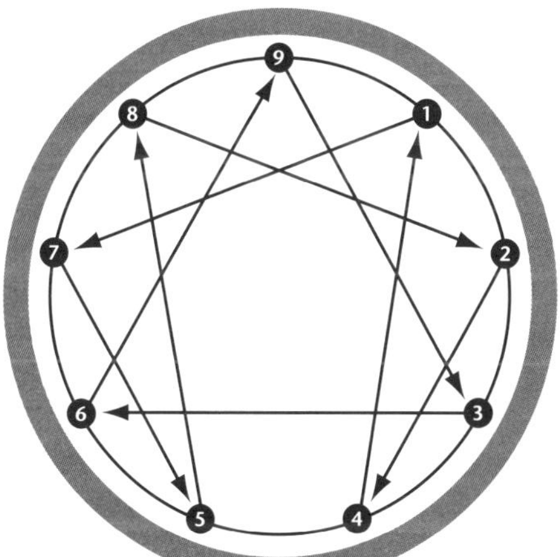

Desintegrationslinien

Die zweite Entwicklungsrichtung wird als „Desintegrationsrichtung" bezeichnet. Dies bedeutet, dass ein Enneagramm-Typ zu den „negativen" Eigenschaften des Typs hin tendiert, der als Nächstes auf der „Desintegrationslinie" liegt. Dieser Enneagramm-Typ wird dann auch Desintegrationspunkt genannt. Beispiel: Die wissbegierige Fünf orientiert sich an der Dominanz der Acht.

Flügeltypen

Tendenztypen Ähnliches gilt für die sogenannten „Flügeltypen", die auch als Tendenztypen bezeichnet werden. Hierbei handelt es sich jeweils um die beiden benachbarten Typen eines Persönlichkeitstyps im Enneagramm. Jeder Enneagramm-Typ besitzt somit genau zwei Flügeltypen. So sind zum Beispiel die Flügeltypen zum Typ 2 die 1 und die 3.

Unter Stress verwandelt sich jeder Typ in den Typus, der auf der Verbindungslinie in Pfeilrichtung am nächsten liegt: 3 in 9, 9 in 6, 6 in 3, 1 in 4, 4 in 2 usw.

Bewegung bei Stress

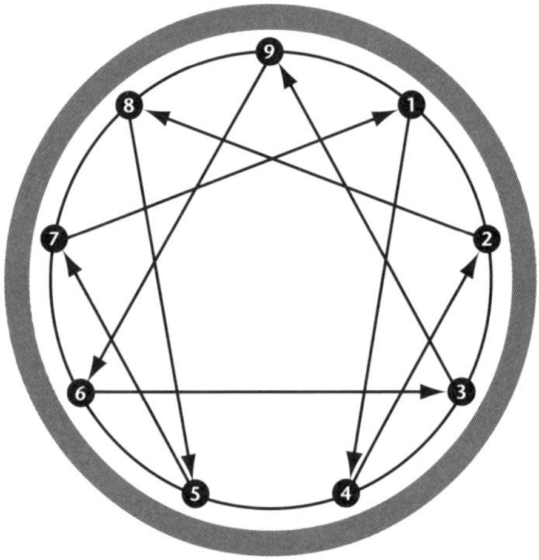

Gegenläufige Bewegung Unter sicheren Rahmenbedingungen bewegen wir uns gegenläufig: 7 in 5, 5 in 8 usw. Je nachdem, welcher Flügeltyp stärker ausgeprägt ist, ergeben sich verschiedene Varianten des Haupttyps.

Mischtypen Bei der Beschreibung der neun Persönlichkeitstypen handelt es sich um Idealtypen. In der Realität wird jeder der neun Enneagramm-Typen durch seine Flügeltypen mitgeprägt. Häufig ist einer der beiden Flügeltypen stärker ausgeprägt, sodass sich ein Mischtyp aus dem Haupttyp und seinem stärkeren Flügel ergibt. Das erklärt sicherlich auch, warum man bei der Analyse den Eindruck hat, dass man selbst von allem etwas ist und sich nicht voll und ganz mit einem Typ vergleichen kann.

Eigenschaften bzw. Verhaltensweisen der neun Grundtypen

Charakter

Jeder der neun Typen verkörpert weitere Eigenschaften, positiver und negativer Art. Aus der Summe dieser Eigenschaften und aus ihren Verbindungen untereinander kann jeder Mensch sein Persönlichkeitsprofil erkennen, das man umgangssprachlich Charakter nennt. Der Begriff Charakter ist somit allgemeiner bzw. weitläufiger gefasst als die enneagrammspezifischen Bezeichnungen.

Eigenschaften

Das System des Enneagramms hat für diese Eigenschaften seine eigenen Begriffe, die in der nachfolgenden Tabelle in der ersten Spalte aufgeführt sind. Im Einzelnen verbergen sich hinter ihnen die folgenden Eigenschaften bzw. Verhaltensweisen.

	Typ 1 Perfektionist	**Typ 2 Helfer**	**Typ 3 Macher**	**Typ 4 Künstler**	**Typ 5 Denker**	**Typ 6 Loyaler**	**Typ 7 Abenteurer**	**Typ 8 Führer**	**Typ 9 Harmonischer**
Selbstbild	Ich habe Recht	Ich helfe	Ich habe Erfolg	Ich bin anders	Ich blicke durch	Ich tue meine Pflicht	Ich bin glücklich	Ich bin stark	Ich bin zufrieden
Vermeidung	Ärger	Bedürftigkeit	Versagen	Gewöhnlichkeit	Leere	Fehlverhalten	Schmerz	Schwachheit	Konflikt
Versuchung	Vollkommenheit	Helfen	Tüchtigkeit (Effizienz)	Echtheit, (Authentizität)	Wissen	Sicherheit	Idealismus	Gerechtigkeit	Sichherabsetzen
Abwehrmechanismus	Reaktionskontrolle	Unterdrückung	Identifikation	künstlerische Sublimierung	Rückzug (Segmentierung)	Projektion	Rationalisierung	Leugnung	Betäubung
Wurzelsünde	Zorn	Stolz	Lüge (Betrug)	Neid	Habsucht	Furcht (Angst)	Unmäßigkeit (Völlerei)	Schamlosigkt. (Unkeuschheit)	Faulheit
Falle (Sackgasse)	Empfindlichkeit	Schmeichelei (Gefälligkeit)	Eitelkeit (Äußerlichkeit)	Schwermut (Melancholie)	Geiz	Feigheit Waghalsigkeit	Planung	Vergeltung	Trägheit (Bequemlichkeit)
Einladung (Berufung)	Wachstum	Freiheit (Gnade)	Hoffnung	Ursprünglichkeit	Weisheit	Glaube (Vertrauen)	Realismus	Erbarmen (Wahrheit)	Liebe
Geistesfrucht	heitere Gelassenheit (Geduld)	Demut	Wahrhaftigkt. (Ehrlichkeit)	Ausgeglichenheit (Balance)	Objektivität	Mut	Nüchternht. (nüchterne Freude)	Unschuld	Tat

	Typ 1 Perfektionist	Typ 2 Helfer	Typ 3 Macher	Typ 4 Künstler	Typ 5 Denker	Typ 6 Loyaler	Typ 7 Abenteurer	Typ 8 Führer	Typ 9 Harmonischer
Idealisierung (Ich bin gut, wenn ich ... bin)	ehrlich, fleißig, ordentlich	liebevoll, selbstlos, hilfsbereit	erfolgreich, kompetent, effektiv	orginell, sensibel, kultiviert	weise, klug, rezeptiv	treu, gehorsam, loyal	optimistisch, fröhlich, nett	gerecht, stark, überlegen	gelassen, harmonisch, ausgeglichen
Redestil	belehrend, moralisierend	schmeichelnd, beratend	werbend, begeisternd	lyrisch, lamentierend	erklärend, systematisierend	warnend, begrenzend	schwatzhaft, Geschichten erzählend	herausfordernd, demaskierend	monoton, abschweifend

Selbstbild

Überschrift

Jedem Charaktertyp wird im Enneagramm ein sogenanntes Selbstbild zugeteilt, eine Art Überschrift, mit welcher der jeweilige Typ umschrieben wird.

Vermeidung

Das sind Gegebenheiten, die zu meiden, zu umgehen, abzuwehren sich die neun Ennegramm-Typen nachhaltig bemühen. Es sind zugleich die Kehrseiten der als „attraktive Versuchungen" gemeinten Fallen.

Versuchung

Innere Veranlagung

Hierbei handelt es sich um eine Art innerer Veranlagung, die dazu beiträgt, uns für ein bestimmtes Verhalten zu entscheiden.

Abwehrmechanismus

Dies ist ein Begriff aus der Psychoanalyse, der die menschlichen Reaktionen bezeichnet, die es dem Ich ermöglichen, Wünsche und Forderungen des Es vom Bewussten in das Unterbewusste gelangen zu lassen, z. B. die sogenannte Sublimierung, die Rationalisierung, die Identifikation, die Reaktionsbildung und die Verdrängung.

Wurzelsünde

Negative Leidenschaften

Wurzelsünden sind im Enneagramm die christlich beeinflussten Umschreibungen für die negativen Leidenschaften. Es handelt sich um emotionale Fixierungen.

Falle (Sackgasse)
Hierbei handelt es sich um Versuchungen, die letztlich der Persönlichkeitsentwicklung nicht nutzen.

Einladungen (Berufungen)
Sie stehen den Fallen gegenüber. Einladungen helfen, einen Ausgleich zu finden.

Hilfe zum Ausgleich

Geistesfrucht
Dies ist ein archaisch wirkender Ausdruck, der beschreibt, welche Eigenschaften sich durch die gelungene spirituelle Arbeit mit dem Enneagramm ergeben (z. B. Geduld, Demut, Wahrhaftigkeit, Ausgeglichenheit, Mut).

Idealisierung
Das ist eine verinnerlichte Geschichte, die alles gut und richtig erscheinen lässt und somit über das, was wirklich vor sich geht, hinwegtäuscht.

Täuschung

Redestil
Damit ist das durch die Persönlichkeit geprägte kommunikative Grundmuster gemeint.

Es gibt weitere solche Verhaltensmerkmale der Enneagramm-Typen, auf die hier aber nicht vertiefend eingegangen werden soll.

7.4 Einsatzbereiche

Auseinandersetzung mit sich selbst

Wie alle potenzialanalytischen Verfahren dient das Enneagramm vor allem der Auseinandersetzung mit der eigenen Persönlichkeit, mit Stärken und Schwächen sowie der Zuordnung von typbedingten Eigenschaften. Das kann einzeln oder in Gruppen geschehen.

Gern und häufig wird es von Selbsterfahrungsgruppen oder im Zusammenhang mit Feedback-Übungen in persönlichkeitsentwickelnden Seminaren genutzt. Dies geschieht oft in Verbindung mit Elementen aus der Gestalttherapie, der Transaktionsanalyse oder auch der Neurolinguistischen Programmierung.

Einsatz im Beruf

Im Kontext von Beruf und Karriere kann es Coachingmaßnahmen und die Mediation von Konflikten unterstützten. Die typologische Zuordnung von Menschen oder Mitarbeitern lässt den Einsatz im Rahmen von teamfördernden Maßnahmen sinnvoll erscheinen.

Am häufigsten aber wird das Enneagramm zur Klärung und Harmonisierung zwischenmenschlicher Beziehungen genutzt, zur Partnerschaftspflege oder als ein Baustein zur Lösung von Konflikten.

7.5 Durchführung

Der guten Ordnung halber sei nochmals darauf hingewiesen, dass es sich hierbei um kein Verfahren handelt, das die Kriterien der DIN 33430 erfüllt oder diesbezüglich mit den anderen Verfahren in diesem Buch vergleichbar ist.

Typbestimmung per Internet

Da das Enneagramm im Gegensatz zu allen anderen Persönlichkeitsmodellen frei verfügbar ist, beansprucht es keine Urheberrechte und wird von keiner Stelle offiziell vertrieben. Das hat für den Interessenten den Vorteil, dass er eine Typbestimmung schnell und einfach vornehmen kann, etwa im Internet. Enneagrammanalysen einschließlich automatischer Auswertung finden Sie auf verschiedenen Webseiten, so zum Beispiel:

- http://neher.piranho.de/EnneagrammTypTest.html
- http://www.newmind.de/enneag.htm
- Einen weiteren Link finden Sie weiter unten im Abschnitt 7.7.

Typbestimmung per Software

Als praktikabel hat sich die Enneagrammsoftware E.P.I 4.0 erwiesen. Sie kann gegen eine Schutzgebühr von 49 Euro unter der folgenden Anschrift bezogen werden: Enneagramm-Software, Brüder-Grimm-Straße 37, 60385 Frankfurt am Main. Die nachfolgenden Aussagen stammen aus diesem Programm, ebenso die Abbildungen der Auswertung.

1. Ich habe fast immer mehrere interessante und mich begeisternde Dinge vor.
2. Vor zu viel emotionalem Engagement gehe ich auf Distanz oder ziehe mich am liebsten in meine Privatsphäre zurück.
3. Ich bin häufig argwöhnisch, was mir begegnende Menschen wohl im Schilde führen.
4. Berufliches Ansehen und Erfolg sind mir in meinem Leben besonders wichtig. Zorn und Wut drücke ich meist offen und spontan aus.
5. Es gibt mir ein gutes Gefühl, wenn ich anderen Menschen hilfreich zur Seite stehen kann.
6. Oft rechne ich bei zukünftigen Ereignissen mit dem Schlimmsten.
7. Ich fühle mich geehrt, wenn meine Freunde und Bekannten meinen Rat und meine Hilfe brauchen.
8. Ich möchte das Leben leidenschaftlich, mit größtmöglicher Intensität in all seinen Höhen und Tiefen erleben.
9. Ich lege in Bezug auf meine Kleidung und meine jeweilige Umgebung großen Wert auf stilvollen, erlesenen Geschmack.

Neun Aussagenbeispiele von 125 Fragen aus der CD-Version E.P.I 4.0

7.6 Auswertung

Beispiel für eine Auswertung

Die Software E.P.I. 4.0 ermöglicht einige Auswertungen, von denen die typmäßige Bestimmung die wichtigste ist. Die Abbildung sowie die nachfolgenden beispielhaften Ausführungen beziehen sich auf den Verfasser dieses Buches.

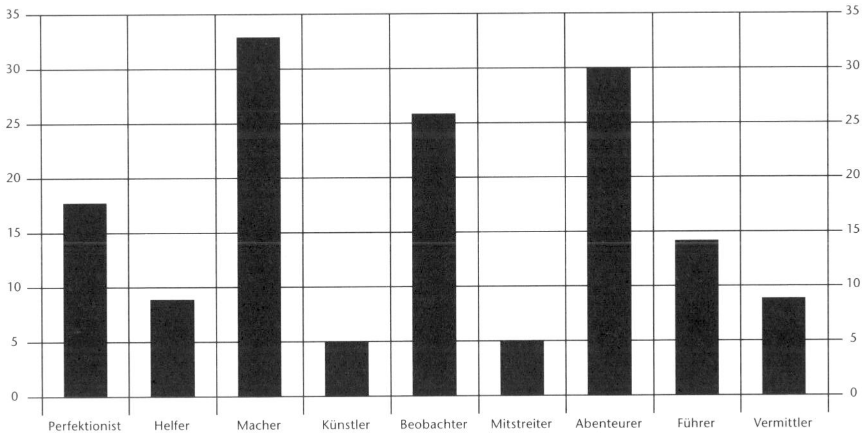

Obwohl es sich beim Enneagramm um kein streng normiertes Verfahren handelt, kommt es beim Verfasser als Testperson zu ähnlichen Ergebnissen wie z. B. INSIGHTS oder andere Persönlichkeitsprofile.

Typ Macher

- *Positive Eigenschaften:*
  Positiv
  Nonkonformistisch, kompetent, authentisch, selbstsicher, voll Energie, anpassungsfähig, zuverlässig, wahrhaftig, populär, attraktiv, Ehrgeiz, auch innerlich an sich zu arbeiten und etwas Besonderes zu werden, leistungsfähig, dynamisch, erfolgreich, optimistisch, führend, stark motivierend, effektiv, organisierend, begeisterungsfähig, unterhaltsam, vielseitig interessiert, guter Gesellschafter, frei, unabhängig, setzt sich ein, großzügig, schöpferisch, fantasievoll.
- *Normale Eigenschaften:*
  Normal
  Ehrgeizig, rollenorientiert, nach Prestige und Status strebend, Karriere und Erfolg sind wichtig, lebt in der Öffentlichkeit, pragmatisch, zielorientiert, tüchtig, effizient, hält Fassade aufrecht, ist dahinter berechnend und ungerührt, schneidet auf, setzt sich selbst ins beste Licht, „verkauft sich gut", arrogant, narzisstisch, andere verachtend, Emotionen werden ausgeblendet, passt sich intuitiv an Situationen an.
- *Grundmerkmale:*
  Leistungsorientierung, Führungstalent, Anziehungskraft, Tatkraft, Dynamik, Vielseitigkeit, Anpassungsfähigkeit, Professionalität, Pragmatismus, Produktivität, strategische Begabung, Zielbewusstsein, Optimismus, Risikofreude, Charisma, Stressresistenz, Selbstsicherheit, Kreativität, Überzeugungskraft, Durchsetzungsvermögen.
- *Beruf und Führungsqualität:*
  Beruf und Führung
  Ist ein erfolgsorientierter Führer, zu führen bedeutet Erfolg, leistet viel mit Gruppen und schafft ein Einheitsgefühl, übersieht dabei leicht die Beiträge und Begabungen anderer, ist begabt für Ideen und Kommunikation, kann Ideen ausarbeiten und in Erfolg umsetzen, ist risikofreudig, übernimmt sich leicht finanziell und persönlich, ist ausgesprochen schöpferisch und hat viele Interessen. Ineffektivität kann durch Verzetteln in vielen Aktivitäten entstehen. Kann andere für eine

Sache oder ein Produkt begeistern. Ist wegen seiner Fähigkeit zur Begeisterung und Selbstdarstellung für die Werbung und den Verkauf besonders geeignet. Vertritt die Haltung: „Alles ist machbar!“ Tut sich schwer mit Routinearbeit. Ist in großen Freiräumen am leistungsfähigsten. Arbeitet kreativ am liebsten allein. Reagiert auf Arbeitsunterbrechung ungeduldig und gereizt. Stellt an sich und andere hohe Ansprüche. Ist gegenüber Ineffektivität, Nachlässigkeit oder Faulheit intolerant. Bewundert selbstständige, kreative und produktive Menschen, bringt dies aber selten zum Ausdruck. Übt in Führungspositionen beständigen, intensiven Produktivitätsdruck aus. Fördert im günstigen Fall Selbstdarstellung, Freiheit, Produktivität und Wachstum; im ungünstigen Fall ist er fordernd, kalt, unpersönlich und extravagant.

Typ Vielseitiger

- *Positive Eigenschaften:*
  Empfänglich, achtungsvoll, dankbar, ehrfürchtig dem Leben gegenüber, kann überschwengliche Freude (er)leben, reagiert stark, belastungsfähig, lebhaft, munter, praktisch, produktiv, tüchtig, vielseitig, „Alleskönner“, kreativer Problemlöser, nüchtern, visionär, idealistisch, bemüht sich, entschieden, sieht und fördert das Gute in jedem, loyal, vertrauenswürdig, locker und entspannt, unkompliziert, Freude ausstrahlend. **Positiv**
- *Normale Eigenschaften:*
  Weltgewandt, begeisterungsfähig für neue Dinge und Erfahrungen, extravertiert, unbekümmert, überaktiv, immer beschäftigt, spielerisch, Tatmensch, kreativ, planend im Denken, hält sich immer Alternativen offen, oberflächlich, wenig zielstrebig, denkt in Möglichkeiten, materialistisch, liebt das Aufwendige, unersättlich, fordernd, egozentriert, neigt zur Übertreibung, genießerisch. **Normal**
- *Grundmerkmale:*
  Fantasie, spielerischer Umgang mit der Wirklichkeit, Experimentierfreude, Mut, Optimismus, Kontaktfähigkeit, Gewandtheit, Kommunikationstalent, Kreativität, Sinnlichkeit, Charme, schnelle Auffassungsgabe, Aufgeschlossenheit, Begeisterungsfähigkeit, Vitalität, Intuition, Stressresistenz, Idealismus, Witz.

Beruf und Führung

- *Beruf und Führungsqualität:*
Überlässt die Führung in Organisationen gern anderen. Scheut die damit verbundenen Probleme und Verantwortlichkeiten, wirkt jedoch unterstützend auf die Führung ein. Liebt Führungsgremien. Verlässt sich gerne auf ein Team, das bei Problemen und der Realisierung langfristiger Ziele hilft. Schätzt es, dass ein Team hilft, realistisch zu sein. Stimmt unter Druck oft undurchführbaren Dingen zu, um Konflikte und Spannungen zu vermeiden. Schätzt es, dass ein Team bremsend auf seinen Hang zu schnellen Veränderungen und ständigen Innovationen wirkt. Schätzt das Team wegen der Mithilfe bei der Realisierung seiner Pläne. Ist häufig selbst Unternehmer; braucht dabei andere, die die Verpflichtungen ausführen. Ist innovativ, vorausdenkend, sehr kommunikativ. Trifft Entscheidungen gerne im Dialog bzw. in Sachdiskussionen. Untersucht gerne alle Seiten eines Problems. Kann selbstständig und sicher entscheiden, ist jedoch immer offen für neue, von anderen angebotene Einflüsse auf Entscheidungen. Kompromisse und Verhandlungen sind möglich. Debattiert nur über die Sache, bei persönlichen oder verletzenden Angelegenheiten wird die Diskussion abgebrochen oder unmittelbar entschieden. Geht Probleme indirekt an. Will möglichst alle zufriedenstellen, lässt dabei vieles offen, legt sich nicht fest. Bevorzugt kurzfristige Entscheidungen, die die eigene Flexibilität erhalten.

7.7 Qualitätskriterien

Ob das Enneagramm irgendwann einmal einer empirischen Analyse hinsichtlich Validität, Objektivität und Reliabilität (vgl. hierzu die Ausführungen im einführenden Kapitel dieses Buches) unterzogen wurde, konnte nicht festgestellt werden. Wahrscheinlich kann es die Anforderungen an ein modernes persönlichkeitspsychologisches Testinstrument nicht erfüllen.

Wissenschaftlich seriöser Test

Bei dem Enneagramm-Typen-Test (ETT) des Psychologen Markus Becker aus dem Jahre 1991 soll es sich um ein wissenschaftlich seriöses und empirisch fundiertes Verfahren handeln. Sein aus 115 Fragen bestehender Test erreicht einen ausreichend hohen „Stabilitätsindex" (Reliabilität) von über 0,8. Er erfasst also nicht nur kurzfristige Stimmungen, sondern die dauerhaften „typischen" Eigenschaften eines Menschen. „Im Vergleich mit dem weit verbreiteten und allgemein anerkannten ‚Freiburger Persönlichkeitsinventar' (FPI-R) zeigt sich, dass der ETT sehr genau die Eigenschaften erfasst, mit denen die neun Muster beschrieben werden (positive Validitätsprüfung)" (Schimmel-Schloo 2005, S. 120).

Test im Internet

Dieses Verfahren kann im Internet kostenlos durchgeführt werden unter:
www.markus-berthold.de/kommunikation/persoenlichkeitstest/ennea/index.htm
Allerdings beschränkt sich die Auswertung auf die Darstellung des Neuner-Netzes mit seinen jeweiligen Ausprägungen.

7.8 Vertrieb

- Ökumenischer Arbeitskreis Enneagramm e.V., Eveline Schmidt, Ententeich 8, 29225 Celle, Fax: (0 51 41) 4 68 37 (ca. 600 Mitglieder)
- Enneagramm-Software, Brüder-Grimm-Straße 37, 60385 Frankfurt am Main, www.enneagrammsoftware.de
- Institut für personenzentrierte Enneagramm-Arbeit, Dipl.-Psych. Hans Neidhardt, Moltkestr. 18, 69469 Weinheim, www.hans-neidhardt.de
- Enneagramm Forum Schweiz, Dr. Samuel Jakob, Haldenstraße 132, CH-5728 Gautschi, samuel.jakob@bluewin.ch (ein Zusammenschluss von Enneagramm-Trainern)
- The Enneagramm Company, Neueggstr. 8, CH 9212 Arnegg (ein Seminaranbieter)

Große Preisspanne

Die Preise schwanken je nach Seminaranbieter erheblich. Es gibt eintägige Kurse schon für 100 Euro, aber auch Jahreskurse, die um die 1.500 Euro kosten. Auch hier ist das Nutzen einer Internet-Suchmaschine sinnvoll.

Literatur

Renee Baron, Elizabeth Wagele: *Das Enneagramm leichtgemacht. Entdecken Sie das System der neun Archetypen. Mit Typentest.* Darmstadt: Schirner 2005.

Markus Becker: *Enneagramm-Typen-Test.* München: Claudius-Verlag 2004.

Andreas Ebert, Richard Rohr: *Das Enneagramm: Die 9 Gesichter der Seele.* München: Claudius-Verlag 2002.

Monika Gruhl: *Das Enneagramm – Strategien für die eigene Entwicklung.* Freiburg: Herder-Verlag 2005.

Kathleen v. Hurley und Theodore E. Dobson: *Wer bin ich? Persönlichkeitsfindung mit dem Enneagramm.* Augsburg: Pattloch 1993.

Walter Simon: *Persönlichkeitsmodelle und Persönlichkeitstests. 15 Persönlichkeitsmodelle für Personalauswahl, Persönlichkeitsentwiklung, Training und Coaching.* Offenbach: GABAL Verlag 2006.

Walter Simon: *Persönlichkeitsmodelle und Persönlichkeitstests.* Offenbach: GABAL Verlag 2006.

Anmerkung: Die Abbildungen in diesem Beitrag entstammen der Enneagramm Software E.P.I 4.0. Ich danke Herrn Dr. Jörg Raimann (Enneagramm Software, Brüder-Grimm-Str. 37, 60385 Frankfurt am Main) für die Erlaubnis, sie zu verwenden.

8. Die LIFO®-Methode

Die LIFO®-Methode (LIFO® = Lebensorientierung) beruht auf den Theorien von Erich Fromm, Carl Rogers und Peter Drucker.

Erich Fromm

Von *Erich Fromm* stammt der Gedanke, dass menschliches Verhalten vier Verhaltenausprägungen hat, ergänzt um die Idee der Stärken-Schwächen-Paradoxie, wonach Schwächen oft nur ein übertriebener Einsatz unserer Stärken sind. Er entwickelte seine Gedanken dahin gehend weiter, dass jede Person alle vier Stile mehr oder weniger ausgeprägt in Form von Stilmischungen verwendet.

Carl Rogers

Von *Carl Rogers* wurde das Konzept der Gleichförmigkeit (Kongruenz) von Absicht, Verhalten und Wirkung in der Kommunikation herangezogen. Ebenfalls Niederschlag fand Carl Rogers' Ansatz der gegenseitigen Wertschätzung: Man kann jemandem nur dann helfen, wenn man ihn mag; um ihn zu mögen, muss man ihn akzeptieren; als Voraussetzung hierfür muss man ihn verstehen.

Peter Drucker

Peter Drucker liefert mit Stärkenmanagement und Stärkenentwicklung zwei weitere Elemente für die LIFO®-Methode. Diese besagen einerseits, dass erfolgreiche Führungskräfte ihre Mitarbeiter für ihre Aufgabe inspirieren und begeistern, indem sie ihre Stärken betonen, sowie andererseits, dass sie zielorientiert Stärken und Ressourcen einsetzen, den Fortschritt in Richtung Zielerreichung messen und den Ressourceneinsatz entsprechend steuern. Als Führungskraft muss man, so Drucker, die Stärken der Mitarbeiter managen und entwickeln.

Dr. Stuart Atkins und *Dr. Allan Katcher* haben 1963 die LIFO®-Methode im Rahmen von Leistungsmanagement und Leistungsbeurteilung als Selbsteinschätzungsverfahren entwickelt. 1977 wurde sie internationalisiert. Sie ist heute in mehr als 30 Ländern vertreten und mehr als acht Millionen Menschen haben die LIFO®-Methode mithilfe von qualifizierten LIFO®-Analysten für sich eingesetzt.

8.1 Nutzen der LIFO®-Methode

Vier Grundstile

Die LIFO®-Methode hilft, Verhalten objektiv zu beschreiben, persönliche Verhaltensmuster zu verdeutlichen und gegenseitiges Verständnis zu fördern. Dabei werden vier Grundstile mit unterschiedlichen Bedürfnissen, Stärken und Schwächen unterschieden:

- Unterstützend/Hergebend (U/H) mit Zielsetzung auf Leistung und Werte
- Bestimmend/Übernehmend (B/Ü) mit Zielsetzung auf Aktivität und Ergebnisse
- Bewahrend/Festhaltend (B/F) mit Zielsetzung auf Vernunft und Ordnung
- Anpassend/Harmonisierend (A/H) mit Zielsetzung auf Kooperation und Harmonie

Während bei dem Begriffspaar der erste Begriff stets den produktiven Einsatz widerspiegelt, steht der zweite Begriff für die Übertreibung.

Effektive Kommunikationsstrategien

Mit der LIFO®-Methode und den LIFO®-Fragebögen kann man die eigenen Ziele, Annahmen, Empfindungen, bevorzugten Verhaltensstile bzw. Stilkombinationen in unterschiedlichen Situationen ebenso erkennen wie die der Kommunikationspartner, um effektive Kommunikationsstrategien zum Beispiel mit Mitarbeitern, Kunden, Coachees, Seminarteilnehmern etc. zu entwickeln.

Unterstützend/Hergebend

- **Bedürfnisse**
  Zugänglicher und wertvoller Mensch sein; geschätzt, verstanden, akzeptiert werden; wissen, dass Ideale nicht verloren gehen
- **Stärken**
  Bewundert, unterstützt die Leistung anderer; stellt hohe Ansprüche an sich und andere; vertraut und glaubt anderen; hilft anderen und nimmt sie in Schutz
- **Schwächen**
  Gibt unnötige Hilfe und Ratschläge, ist enttäuscht und kritisch; wenn er keinen Wert sieht, packt er nicht an; lässt sich zu stark auf andere ein

Anpassend/Harmonisierend

- **Bedürfnisse**
  Liebenswerter, beliebter Mensch sein; jeder soll mit dem Ergebnis zufrieden sein; Gelegenheiten nutzen, anderen zu gefallen
- **Stärken**
  Feines Gespür für Gefühle und Bedürfnisse; gestaltet Beziehungen noch positiver; reagiert flexibel, keine festgefahrenen Muster; vermittelt bei gegensätzlichen Meinungen
- **Schwächen**
  Scherzt gerne, auch wenn es unangebracht ist; hält eigene Ansichten zurück, passt sich an; verbringt Zeit gerne in Sitzungen und gemütlichen Zusammenkünften

Bewahrend/Festhaltend

- **Bedürfnisse**
  Objektiv und vernünftig sein; Risiken vermeiden und beseitigen; jeder Schaden ist wieder gutzumachen
- **Stärken**
  Analysiert, interpretiert und schafft Fakten; begründet seine Meinung, zeigt Alternativen; methodisch, sauber, umsichtig, abwägend; maximiert, was bereits vorhanden ist
- **Schwächen**
  Verliebt in Fakten, verliert Interesse anderer; verwirrt durch zu viele Wahlmöglichkeiten; Kontrolle durch Systeme, Strukturen; akzeptiert ungern Neues

Bestimmend/Übernehmend

- **Bedürfnisse**
  Aktiver und fähiger Mensch sein; Hindernisse überwinden; noch andere Möglichkeiten sehen
- **Stärken**
  Übernimmt Führung, bestimmender Einfluss; gibt Gefühl dringender Wichtigkeit; freut sich an Herausforderungen; sucht verborgene Widerstände
- **Schwächen**
  Dominiert und unterbricht andere, verhört; schafft Unsicherheits-Atmosphäre; nimmt riskante, unnötige Herausforderungen an; verfolgt Neues auf Kosten des Laufenden

8.2 Beschreibung der LIFO®-Methode und ihrer sieben Besonderheiten

Unterschiede zu anderen Ansätzen

Nur auf den ersten Blick ist die LIFO®-Methode eine Typologie wie alle anderen. Sie zeichnet sich jedoch durch einige wesentliche Unterschiede zu anderen Typologien aus, auf die nachfolgend näher eingegangen wird.

Es gibt keine richtigen oder falschen Verhaltensmuster

Kein Zwang zur Veränderung

Eine Besonderheit der LIFO®-Methode ist, dass sie nicht unterstellt, es gebe den einen richtigen und einzig Erfolg bringenden Verhaltensstil im Privat- und/oder Berufsleben. Jeder der LIFO®-Stile, die Stärke seiner Ausprägung und die Kombinationen der Stile untereinander können gleich erfolgreich und positiv sein, je nach Anforderungen in der Situation und den Erwartungen der Kommunikationspartner. Die LIFO®-Methode weist damit auch keinen Zwang auf, sich zu verändern. Die LIFO®-Methode zeigt dagegen Strategien für den erfolgreichen Einsatz der individuellen Verhaltensmuster auf.

Stärken erkennen und vermehren

Um unsere Stärken weiterzuentwickeln, ist es zunächst wichtig, sich die eigenen Stärken bewusst zu machen und sie zu akzeptieren. Dies ist am einfachsten zu erreichen. Die Reihenfolge der mit einer Veränderung im persönlichen Verhalten verbundenen nächsten, schwierigeren Schritte ist, die vorhandenen Stärken zu vermehren (d. h. die Stärken und Stile anderer herauszufinden und die Stärken der anderen einzusetzen, um bessere Entscheidungen zu treffen und eigene Vorurteile zu vermeiden), den eigenen vernachlässigten LIFO®-Stil zu üben (in Situationen mit geringem Risiko auszuprobieren, auszubauen und die Stärken dieses LIFO®-Stils zu verwenden) sowie Stärken zu verbinden (d. h. heraus finden, wie das Gegenüber am liebsten angesprochen werden will, und dies auch so zu tun). Am schwierigsten ist es, die eigenen Stilübertreibungen zu kontrollieren (d. h. sich darüber klar zu werden, welche Situationen und welches Verhalten anderer den übertriebenen Einsatz der eigenen Stärken hervorruft und wie die Ursachen behoben werden können). Diese Reihenfolge entspricht dem Schwierigkeitsgrad, der mit einer Veränderung im persönlichen Verhalten verbunden ist.

Betonung liegt auf Stilvielfalt und nicht auf Stilreduzierung

Kein Normprofil

Zur Verhaltensbeschreibung zieht die LIFO®-Methode nicht die Einzelstile heran, sondern die gesamten Kombinationen aus allen vier Stilen und die Intensität ihrer Ausprägung. Damit gibt es nicht nur 4, 16 oder 32 verschiedene Verhaltensmuster, sondern ein Vielfaches davon. Auch gibt es kein Normprofil. Die Stile und somit die Anwender erfahren keine Bewertung. Die

Anwender werden sich ihrer Stärken bewusst. Auf diese Weise verfügen sie über hohe Motivation, um sich mit den Situationen auseinanderzusetzen, in denen sie ihre schwächer ausgeprägten Verhaltensstile aktivieren und stärker einsetzen können.

Verhaltensweisen erweitern

Die individuellen Stilkombinationen sind hauptsächlich das Ergebnis bisherigen Lernens und bisheriger Erfahrungen. Sie sind verhältnismäßig stabil, da sie ein „bevorzugtes Verhalten" darstellen. Mit ausreichender Motivation, Selbstdisziplin und Übung können diese Verhaltensweisen jedoch erweitert werden.

Stärken-Schwächen-Paradoxon: Entwickeln und zielen Sie auf die Stärken

Stärken können zu Schwächen werden

Langjährige Forschung – aber auch die Alltagserfahrung – beweist die enge Verbindung zwischen den Stärken und Schwächen einer Person. Stärken können, wenn sie übertrieben eingesetzt werden, zum Beispiel in Konfliktsituationen, zu Schwächen werden: Jemand, dessen Stärke auf dem Verhaltenstil *Kooperation und Harmonie* liegt, richtet sich dann unter Umständen zu schnell nach der Meinung anderer. *Selbstvertrauen* kann zu Arroganz ausarten und *klare Führung zeigen* zu dominierendem Verhalten werden. Übertriebenes Verhalten erleben andere als Schwäche dieser Person. Dies wirkt sich besonders in stress- und konfliktreichen Situationen nachteilig aus.

Stärken gezielt einsetzen

Die LIFO®-Methode hat nicht den Anspruch, dass der Einzelne sein Verhalten ändern soll. Im Gegenteil – man sollte seine Stärken gezielt einsetzen und damit sich und anderen den größtmöglichen Nutzen bieten. Reduzieren sollte man jedoch die Tendenz, seine Stärken übertrieben anzuwenden. Man kann sich mithilfe der LIFO®-Methode von Verhaltensstilen lösen, die dem Ziel nach persönlicher Selbstentwicklung im Weg stehen.

Auf Stärken abheben

Das hat auch Konsequenzen für Anwendungsbereiche wie Führung, Verkauf, Training: Wenn man z. B. jemanden für eine Idee begeistern will, muss man auf dessen Stärken abheben anstatt auf die Schwächen oder auf die vernachlässigten Stile. Dies gilt vor allem im Management, wenn man seine eigenen und auch die Stärken seiner Mitarbeiter managt und entwickelt.

Unterscheidung von Günstigen und Ungünstigen Bedingungen

Verhalten bei Konflikten

Es wäre naiv anzunehmen, dass alle Menschen in Normal- bzw. entspannten Situationen (Günstige Bedingungen) genauso reagieren wie in angespannten Situationen, d. h. bei Stress bzw. Konflikt (Ungünstigen Bedingungen). Denken Sie zum Beispiel an Teambesprechungen oder an Gespräche mit dem Partner. In beiden Fällen kann es angebracht sein, sich in Stress- und Konfliktsituationen anders zu verhalten als unter günstigen Kommunikationsbedingungen.

Die LIFO®-Methode trägt diesem Umstand Rechnung und unterscheidet zwischen Günstigen und Ungünstigen Bedingungen und spiegelt das entsprechende Verhaltensmuster wider. An dem LIFO®-Grundstil Unterstützend/Hergebend (produktiver sowie übertriebener Einsatz) wird dies nachfolgend beschrieben.

Günstige Bedingungen

Bereitwilliges Eingehen auf Bedürfnisse

Kennzeichnend für diesen LIFO®-Stil ist das bereitwillige Eingehen auf die Forderungen und Bedürfnisse von anderen. Wenn Hilfe und Beistand gefragt sind, werden Menschen mit einem Unterstützenden/Hergebenden LIFO®-Stil sehr schnell beschützend eingreifen. Dabei geben sie oft ihr Letztes, bieten Hilfe und Betreuung an. Sie unterstützen gewöhnlich die Ziele, Werte und Ideale ihrer Organisation und ihres Umfeldes.

Verhalten als Vorgesetzte

Politisch werden sie immer eine „gute Sache" unterstützen. Als Mitglied einer Standesorganisation werden sie hohe Leistungsmaßstäbe fordern. Als Vorgesetzte setzen sie sich für die Entwicklung ihrer Mitarbeiter ein und interessieren sich für Training, Ausbildung und Führung. Meistens kann man mit ihnen gut zusammenarbeiten. Sie glauben an das Gute im Menschen. Ihre Lebensphilosophie beruht auf dem Vertrauen, dass sie etwas bekommen, wenn sie geben, und dass andere Anerkennung zollen und belohnen, wenn sie gemäß ihren Idealen leben.

Übertreibung

Menschen mit Unterstützendem/Hergebendem LIFO®-Stil können ihren LIFO®-Stil auch übertreiben. Dann sind sie diejenigen, die uns zu viel Gutes tun, ungefragt Ratschläge anbieten, Hilfe geben, wenn sie gar nicht gewünscht wird, oder sie versuchen, die Bedeutung einer längst getroffenen Entscheidung zu beweisen. Auch setzen sie äußerst hohe Standards und verlangen von jedem, ihnen nachzukommen und sich noch mehr anzustrengen.

Negative Folgen

Dieser übertriebene Einsatz des Unterstützenden/Hergebenden LIFO®-Stils kann bei anderen und bei der Person selbst zu Frustration, zu Enttäuschung führen. Die Wahrnehmung der Realität ist verzerrt, um den selbst gestellten Anforderungen nachkommen zu können. Sie meinen häufig, dass noch größere Anstrengungen, noch höhere Ziele und Ideale erforderlich sind und sie sich noch mehr einsetzen müssen, um einer Situation gerecht zu werden. Diese übertriebene Anwendung unter Günstigen Bedingungen kann Ungünstige Bedingungen heraufbeschwören, z. B. Konflikte.

Ungünstige Bedingungen

Suche nach gerechter Lösung

Bei Stress oder Konflikten nehmen Menschen mit Unterstützendem/Hergebendem LIFO®-Stil bereitwillig Dinge in die Hand und streben nach einer fairen und gerechten Lösung. Sie versuchen, Konflikte zu reduzieren und Zusammenarbeit zu fördern. Sie bemühen sich, andere von der Richtigkeit ihrer Meinung zu überzeugen.

Übertreibung

Bei übertriebener Anwendung dieses LIFO®-Stils in Konfliktsituationen wird den Wünschen und Forderungen anderer nachgegeben, die eigenen Werte und Vorstellungen werden unterdrückt, denn man will anderen gegenüber zugänglich sein. Es wird größter Wert darauf gelegt, als „guter Mensch" dazustehen, man will nicht unkooperativ sein oder Unruhe stiften. Sie nehmen oft aufgrund ihrer hohen Ideale die Rolle eines „Märtyrers" ein und weisen sich allein alle Schuld für Konflikte und Schwierigkeiten zu.

Extremer Stress

Am Ende erkennen sie das Ausmaß ihrer Nachgiebigkeit und Selbstkritik, werden darüber äußerst ärgerlich und bekommen Wutausbrüche. Oder aber, statt Wut zu zeigen, sind sie weiterhin nachgiebig, torpedieren aber gleichzeitig heimlich eine Sache oder Beziehung. Unter extremem Stress können Menschen mit

Unterstützendem/Hergebendem LIFO®-Stil als Folge übertriebenen Stileinsatzes Abhängigkeit, das Gefühl der Hilflosigkeit und sogar Depressionen erleben.

Unterscheidung zwischen Absicht, Verhalten und Wirkung

Kongruenz-Konzept

Mit der Fragebogenunterteilung in *Absicht* (Welche Absichten verfolgen Sie in den Situationen?), *Verhalten* (Aus welchem Verhaltensstil heraus agieren Sie?) und *Wirkung* (Welche Wirkung hat Ihrer Meinung nach Ihr Verhalten auf andere?) wurde Carl Rogers' Kongruenz-Konzept Rechnung getragen. Dieses Konzept bringt zum Ausdruck, dass Kommunikation dann als ehrlich, ernsthaft und integer wahrgenommen wird, wenn sie kongruent ist. Nach Rogers haben wir eine kongruente Kommunikation, wenn unsere Worte, unser Tonfall, unsere Betonungen, unsere Mimik mit unseren Werten, Gefühlen, Wünschen, Sehnsüchten, Verlangen und Absichten übereinstimmen.

Drei Abschnitte

Ein Beispiel für die LIFO®-Werte einer Person wird nachfolgend gegeben. Zu beachten ist, dass sowohl die Werte im oberen (Günstige Bedingungen) als auch im unteren Bereich (Ungünstige Bedingungen) in drei Abschnitte gegliedert sind. Der erste bezieht sich auf die Absicht: Wie die Person sich selbst sieht und einschätzt im Sinne von „Wie ich mich verhalten will". Der zweite Abschnitt erfasst, wie die Person sich tatsächlich im Verhalten erlebt, der dritte beschreibt die Wirkung oder das Verhaltensergebnis aus Sicht der Person.

Öfters gibt es innerhalb eines Stils zwischen Absicht, Verhalten und Wirkung Widersprüche. Der Unterschied zwischen zwei Abschnitten zeigt die Höhe dieses Widerspruchs auf.

Absicht-Verhalten-Wirkung unter Günstigen Bedingungen

Person 1	U/H	B/Ü	B/F	A/H
Absicht	10	9	7	3
Verhalten	5	10	9	7
Wirkung	6	8	8	8
Summen +	21	27	24	18

Person 2	U/H	B/Ü	B/F	A/H
Absicht	8	9	11	5
Verhalten	6	9	7	6
Wirkung	7	9	6	7
Summen +	21	27	24	18

In der Abbildung weisen zwei verschiedene Personen unter Günstigen Bedingungen die gleiche Stilkombination auf (Summen +), unterscheiden sich aber stark bei Absicht, Verhalten und Wirkung.

Werte von Person 1 und Person 2

Person 1 ist bei den Stilen B/Ü und B/F weitgehend kongruent, das heißt, die Person setzt gemäß ihrer Absicht das Verhalten in dem jeweiligen Stil um und gibt an, dass es auch die entsprechende Wirkung erzielt. Während sie im Stil U/H beabsichtigt, an den für sie wichtigen Themen innerhalb eines Umfeldes persönlichen Vertrauens zu arbeiten, zeigt sich dies in ihrem Verhalten und der Wirkung nur eingeschränkt; andererseits ist bei Verhalten und Wirkung eine stärkere Ausprägung für soziales Gespür, Unterhaltung, Witz und beliebt zu sein gegeben, nicht so in ihrer Absicht (siehe Person 1, Stil A/H). Bei Person 2 ist die Absicht, logisch, strukturiert und faktenbezogen an Dinge heranzugehen (Stil B/F), ausgeprägt, was sich aber weder im Verhalten noch aus Sicht der Person in der Wirkung so stark zeigt.

Die Zahlenreihe unter Ungünstigen Bedingungen wäre dann genau so auszuwerten wie die Werte unter Günstigen Bedingungen.

Die LIFO®-Fragebögen sind ausgerichtet auf Rollen/Situationen

Verschiedene Situationen, gleiche Muster

Im Allgemeinen kann man davon ausgehen, dass sich die gleichen Verhaltensstile bzw. Verhaltensmuster in den unterschiedlichsten Lebenssituationen zeigen, da auch die Motive sich nicht ändern. So kann man z. B. aus dem Planungsverhalten einer Person schließen, wie sie sich in Entscheidungssituationen verhält, wie sie sich überzeugen lässt usw. Diese Konstanz ist aber nicht immer gegeben. So kann ein Verkäufer gelernt haben, sich in der Rolle des Verkäufers anders zu verhalten, als er es sonst tut. Ähnliches gilt in Lernsituationen, als Führungskraft etc.

Verschiedene Fragebögen

Darüber hinaus ist es für den Ausfüllenden einfacher, wenn er sich nicht nur eine Rolle/Situation vorzustellen hat, sondern ihm auch entsprechende Fragebögen zur Verfügung stehen, die die spezifische Situation bzw. Aufgabenstellung inhaltlich in den

Frageformulierungen wiedergeben, in der sich ein Verkäufer, ein Lernender, ein Trainer, eine Führungskraft gerade befindet. Aus diesem Grund wurden bei der LIFO®-Methode zusätzliche Fragebögen entwickelt. Der grundlegende Fragebogen – der Lebensorientierungs-Fragebogen – bezieht sich auf den allgemeinen privaten und beruflichen Kontext. Alle weiteren Fragebögen zielen auf spezifische berufliche und private Rollen und/oder Situationen: Verkaufsstile, Führungsstile, Lehrstile, Lernstile und Stress-Management-Stile.

Umgangssprache

Verständlich und wertfrei

Die LIFO®-Methode verwendet sofort verständliche, umgangssprachliche und einprägsame Begriffe und Beschreibungen. Diese sind ebenso rein deskriptiv und wertfrei wie die Ergebnisse und bringen jedem Verhaltensstil die gleich hohe Wertschätzung entgegen. Durch die umgangssprachlichen Beschreibungen lassen sich die LIFO®-Verhaltensstile und die dahinterliegenden Beweggründe leicht erkennen.

8.3 Einsatz, Auswertung und Interpretation

Ausfüllen

Der Kern der LIFO®-Methode besteht aus dem Einsatz von einem oder mehreren Fragebögen. Das Ausfüllen selbst kann vor dem Seminar bzw. dem Gespräch oder auch während der Sitzung sowohl in Papierform als auch in elektronischer Form erfolgen.

Auswertung

Die Auswertung erfolgt ohne Hilfsmittel in Form von Addition der Bewertungszahlen per Hand und dauert zwei bis drei Minuten. In der Onlineversion geschieht sie automatisch unmittelbar nach Absenden des Fragebogens in Form einer Auswertungsseite und einer kurzen, allgemeinen Stilebeschreibung.

Interpretation

Die Interpretation kann sofort nach dem Ausfüllen des Fragebogens im Einzelgespräch oder innerhalb der Gruppe zusammen mit einem lizenzierten Trainer, Berater oder Coach erfolgen. Werden LIFO®-Fragebögen in Seminaren ausgefüllt, genügt es zumeist, mit den Teilnehmern über ihre Summenwerte oder ihr grafisches Stile-Profil zu sprechen, wie sie sich unter Günstigen und unter Ungünstigen Bedingungen sehen. In den meisten Fällen werden die Ergebnisse transparent gemacht und im weiteren Verlauf des Seminars, bei Übungen etc. kommt man immer wieder auf die Ergebnisse zurück.

Bevorzugter Stil

Der höchste Wert kennzeichnet den bevorzugten LIFO®-Stil. Bevorzugung heißt, dass die Person diesen Stil gerne und häufig anwendet, er hat ihr bisher Erfolg gebracht. Je höher der Wert bei dem bevorzugten LIFO®-Stil und je größer die Differenz zwischen diesem und dem zweithöchsten Wert ist, umso mehr verlässt sie sich auf diesen Stil.

Stellvertretender Stil

Der zweithöchste Wert kennzeichnet den stellvertretenden LIFO®-Stil. Diese ersten zwei Stile sind in Kombination miteinander zu interpretieren, da sonst die Gefahr des einseitigen „Schubladen-Interpretierens" gegeben ist. Die Betrachtung der Stilmischung dieser zwei Stile sagt viel mehr über die Person aus, als die des rein bevorzugten Verhaltensstils. Der Stil mit der niedrigsten Punktzahl ist der vernachlässigte LIFO®-Stil, was aber keineswegs heißt, dass diese Verhaltensweisen nicht verwendet werden. Es zeigt vielmehr, dass diese Person in diesen Verhaltensweisen nicht geübt ist oder sie diese eher als unangenehm empfindet. Es müssen alle vier Stile in der Kombination zueinander gesehen werden, erst dann erhält man das Gesamtbild eines Profils.

Weitere Ebene

Hinzu kommt die Interpretationsebene bezüglich Günstigen und Ungünstigen Bedingungen sowie die Unterscheidung zwischen Absicht, Verhalten und Wirkung.

Bericht und Gespräch

Obwohl auch bei der LIFO®-Methode ein knapp 30-seitiger Auswertungsbericht zur Verfügung steht, ist der Dialog mit einem erfahrenen, lizenzierten LIFO®-Analysten wichtig, um die individuellen Besonderheiten wie z. B. die Entwicklungs- bzw. Lerngeschichte oder die beruflichen und privaten Kontexte, Ziele, Herausforderungen/Probleme etc. gemeinsam herauszuarbeiten und zu interpretieren. Dieses Interpretationsgespräch dauert in der Regel zwischen 15 und 90 Minuten.

Grafische Darstellung der Summenwerte unter Günstigen und Ungünstigen Bedingungen

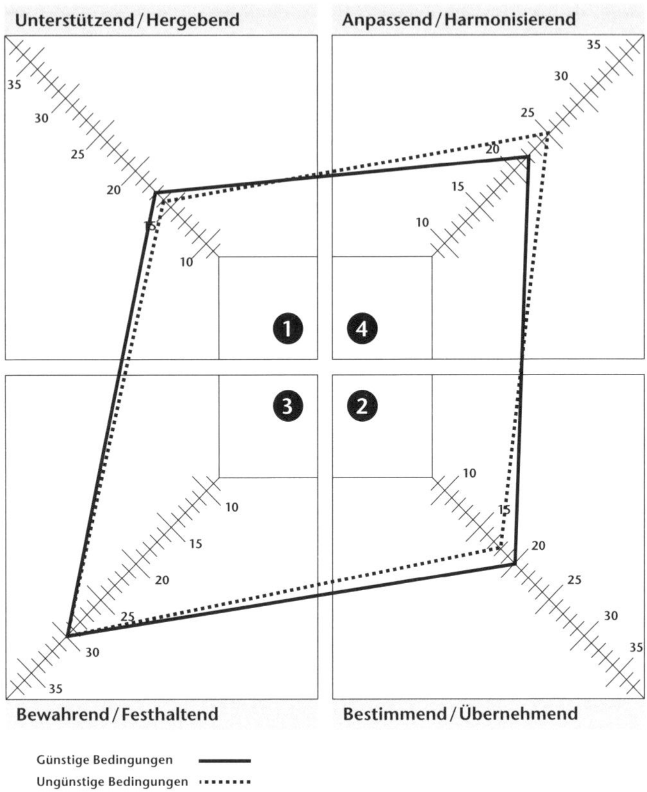

Einsatz im Seminar

In Seminaren können Teilnehmer nach einer zwei- bis dreistündigen Hinführung die Stile und die Stilmischungen beschreiben und sie bei sich und anderen Personen erkennen. In Führungs- und Verkaufsseminaren zum Beispiel braucht man nicht bei der Selbsterkenntnis der individuellen LIFO®-Stilkombinationen stehen zu bleiben. Die Teilnehmer werden die LIFO®-Kenntnisse in die Praxis umsetzen wollen. Der Trainer kann dann seine Teilnehmer darin trainieren, ihre eigenen Mitarbeiter oder Kunden durch die „LIFO®-Brille" zu beschreiben und effektive, erfolgreiche Kommunikationsstrategien zu entwickeln.

Es ist wichtig, die Interpretation zu begleiten und dem Anwender bei der Interpretation der Ergebnisse und bei den Überlegungen, ob er sich und was er verändern möchte, zu helfen.

8.4 LIFO®-Materialien, Services und Vertriebsweg

Website

Die LIFO®-Homepage www.lifoproducts.de bietet die Beschreibung der LIFO®-Methode, aktuelle Informationen und Neuerungen sowie einen geschützten Kundenbereich. Den lizenzierten Trainern, Beratern und Coachs wird Unterstützung bei Anwendungsfragen gegeben und Anwender bekommen Empfehlungen, welcher lizenzierte Trainer, Berater oder Coach sie unterstützen könnte.

Konferenzen und Preise

In Deutschland gibt es jährlich eine Benutzerkonferenz, den LIFO®-at-its-best-Award für die besten Anwendungen und Ideen und den LIFO®-Publication Award. Darüber hinaus findet jährlich eine weltweite Konferenz statt.

Repräsentant für Deutschland und Österreich:
Dr. René Bergermaier
LIFO® Products & Consulting
Nymphenburger Straße 148, 80634 München
Tel. (0 89) 16 06 50, Fax (0 89) 16 17 11
E-Mail: Rene.Bergermaier@lifoproducts.de

Literatur

René Bergermaier, Reiner Czichos: *Typologien und LIFO®-Methode.* München: Arbeitspapier zum LIFO®-Lizenz-Seminar 1994.

Reiner Czichos: *Profis managen sich selbst. Die LIFO®-Methode für Ihr persönliches Stärkenmanagement.* München/Basel: Ernst Reinhardt Verlag 2001.

Werner Sarges, Heinrich Wottawa (Hrsg.): *Handbuch wirtschaftspsychologischer Testverfahren.* 2. Aufl. Lengerich: Pabst 2005.

Anmerkung: Ich danke den Herren Dr. René Bergermaier und Dr. Reiner Czichos, die diesen Beitrag zur Verfügung gestellt haben, für ihre Unterstützung.

Teil C

Psychologisch basierte Persönlichkeits-entwicklungskonzepte

1. Emotionale Intelligenz

Starker Einfluss auf die Karriere

Der Erfolg eines Menschen wird zu einem Großteil durch seine emotionalen Fähigkeiten bestimmt. Das 1990 durch den amerikanischen Neurologen Joseph Ledoux entwickelte und durch den Psychologen Daniel Goleman popularisierte Konzept der „emotionalen Intelligenz" widmet sich dieser Thematik. Es verdeutlicht, dass der Karriereweg mindestens so stark von den sozialen Kompetenzen eines Menschen beeinflusst wird wie von seinem Sachverstand und Wissen.

Umgang mit Emotionen

Emotionale Intelligenz kann dabei als Wissen über den intelligenten Umgang mit Emotionen bezeichnet werden. Es geht damit um jene Fähigkeiten, die für eine soziale Integration und eine geschickte Beziehungspflege zu anderen Menschen von enormer Bedeutung sind. Emotional intelligente Menschen kennen sich und ihre Gefühle gut und zeigen im Umgang mit anderen Personen große Begabung.

1.1 Die fünf Elemente der emotionalen Intelligenz

Für den klugen Umgang mit Gefühlen sind nach Goleman fünf Kompetenzen entscheidend.

Realistisches Selbstbild

1. *Selbstwahrnehmung, Selbstreflexion*
   Selbstreflektierte Menschen erkennen ihre eigenen Gefühle sowie deren Auswirkungen auf andere. Dies versetzt sie in die Lage, sich selbst besser zu verstehen und den inneren Stimmungen somit nicht machtlos ausgeliefert zu sein. Des Weiteren verfügen sie in aller Regel über ein realistisches Bild ihrer eigenen Stärken und Schwächen, wodurch sie sehr gut einschätzen können, welche Aufgaben ihren Fähigkeiten entsprechen und in welchen Situationen sie sich überfordert fühlen.

2. *Selbstkontrolle*
Die Fähigkeit zur Selbstkontrolle baut auf der Selbstwahrnehmung auf. Selbstkontrollierte Menschen unterdrücken ihre Gefühle nicht, sondern versuchen, sie über einen inneren Dialog zu beeinflussen und zu steuern. Sie lassen sich von negativen Gefühlen wie z. B. Angst oder Schwermut nicht beherrschen, sondern bemühen sich, einen klaren Kopf zu behalten und diese negativen Gefühle abzuschütteln oder sie sogar in nützliche Bahnen zu lenken. Sie sind somit stets um innere Ausgeglichenheit bemüht.

Innere Ausgeglichenheit

3. *Selbstmotivation*
Sich selbst motivieren zu können bedeutet, in der Lage zu sein, aus sich selbst heraus Leistungsbereitschaft und Begeisterungsfähigkeit zu entwickeln. Selbstmotivierte Menschen suchen stets die Herausforderung und stehen allem Neuen offen und mit Interesse gegenüber. Besonders in schwierigen Situationen hilft ihnen ihre optimistische und ehrgeizige Einstellung, trotz aufkeimenden Frustes nicht aufzugeben und das Ziel weiterzuverfolgen.

Leistungsbereitschaft

4. *Empathie*
Ein Mensch, der über Empathie verfügt, ist imstande, sich in die Gefühle eines anderen hineinzuversetzen. Er ist achtsam und empfänglich für Signale, die ihm vermitteln, was sein Gegenüber empfindet oder braucht. Er tritt den Menschen mit Respekt entgegen und zeigt Verständnis für deren Denken und deren Handlungsweisen. Empathie ist somit eine wichtige Eigenschaft für den Aufbau vertrauensvoller Beziehungen.

Achtsamkeit

5. *Soziale Kompetenz*
Sozial kompetente Menschen verstehen es, Beziehungen zu anderen Menschen aufzubauen und diese intelligent zu steuern. Durch ein sinnvoll geknüpftes Netzwerk stehen ihnen in den unterschiedlichsten Situationen meist Personen zur Verfügung, auf deren Hilfe sie bei Bedarf zurückgreifen können. Soziale Kompetenz vereint die vorangegangenen vier Komponenten der emotionalen Intelligenz in sich und wird

Gutes Netzwerk

daher von Goleman als „Krönung der emotionalen Intelligenz“ (Goleman 1999) bezeichnet. Sie stellt eine der wesentlichen Eigenschaften erfolgreicher Führungskräfte dar, da sie es ihnen ermöglicht, Mitarbeiter so zu lenken, dass die Organisationsziele erreicht werden.

→ Ergänzende und vertiefende Informationen zum Thema „Soziale Kompetenz“ finden Sie in der Einleitung und im Kapitel „INSIGHTS-MDI®-Modell“ dieses Buches sowie in den Einleitungen des ersten, zweiten und dritten Bandes dieser Buchreihe.

Wichtig für private und berufliche Erfolge

All diese Fähigkeiten leisten sowohl zum privaten als auch zum beruflichen Erfolg einen erheblichen Beitrag. Emotionale Intelligenz hilft Menschen, mit ihrem Partner und ihren Familienangehörigen besser zurechtzukommen und Konflikte in den Beziehungen konstruktiv zu lösen. Im Beruf zeichnen sich emotional intelligente Menschen in der Regel durch gute Führungsqualitäten und durch einen geschickten Umgang mit ihren Kollegen aus. Sie können aktiv zuhören und zeigen gegenüber ihren Mitmenschen Akzeptanz. Diesen Eigenschaften haben sie häufig eine besondere Beliebtheit zu verdanken.

1.2 EQ + IQ – die den Erfolg generierende Synthese

Gute Noten allein reichen nicht

Intellektuelle Fähigkeiten genießen in unserer Gesellschaft einen hohen Stellenwert. Daher verwundert es nicht, dass Schule und Universitäten diese besonders gewichten, während emotionale Kompetenzen häufig ignoriert werden. Doch gute Noten allein sagen noch nichts darüber aus, wie ein Mensch das Auf und Ab seines Lebens zu meistern versteht, oder darüber, ob er über einen hohen Ideenreichtum und einen ausgeprägten Innovationsehrgeiz verfügt.

Sicher spielt der Intelligenzquotient eine unbestritten große Rolle im Leben eines Menschen. Gerade im Rahmen des Berufseinstiegs kann ein hoher IQ als bedeutende Eintrittskarte dienen. Doch für den weiteren Verlauf der Karriere sind nach Goleman die emotionalen Fähigkeiten wesentlicher.

Intelligenz als Barriere

Eine besonders ausgeprägte Intelligenz kann hier manchmal eher als Barriere wirken. So haben intelligente Menschen gelernt, bei Entscheidungen zunächst alle Fakten zu analysieren und erst nach deren ausreichender Prüfung zu agieren. Ein Handeln erfolgt hier ausschließlich nach rationalen Gesichtspunkten. Doch das permanente Abwägen des Für und Widers, ausgelöst durch die Angst, einen Fehler zu begehen, kostet teure Zeit. Im Geschäftsleben müssen aber oftmals schnelle Entscheidungen getroffen werden und dies erfordert neben dem Verstand auch den Einsatz von Intuition und Gefühl sowie den Mut, Risiken einzugehen. Rein rational agierende Menschen werden hier scheitern. Die Handlungen sollten somit das Herz ebenso wie den Verstand berücksichtigen, denn Entscheidungen, die auf Gefühl und Überlegung basieren, sind häufig schneller und sogar besser als rein rational getroffene Entscheidungen.

Defizite bei Managern

Emotionen finden im Berufsleben jedoch so gut wie keine Akzeptanz und spielen daher noch vielfach eine Inkognito-Rolle. Manager verfügen zwar meist über eine ausgeprägte akademische Intelligenz, sie sind jedoch häufig unfähig, mit ihren Mitarbeitern in angemessener Art und Weise umzugehen. Ihre Defizite im Bereich der emotionalen Intelligenz führen nicht selten zu Frustrationen am Arbeitsplatz und im äußersten Fall zu Fluktuationen.

Dagegen wirkt die Fähigkeit einer Führungskraft, die eigenen Gefühle zu kontrollieren und vertrauensvolle Beziehungen zu den Mitarbeitern aufzubauen, sehr positiv auf das Betriebsklima und auf den Erfolg eines Unternehmens.

Umgang mit Kritik

Emotionen sind laut Gertrud Höhler „die Antriebsenergie für Begeisterung und Motivation, ohne die Höchstleistungen nicht möglich sind" (Walther 2001). Statt unkontrollierter Wutausbrüche oder sarkastischer Bemerkungen äußern emotional intelligente Führungskräfte ihre Kritik in einer Form, die den Mitarbeiter nicht bloßstellt, sondern Vertrauen aufbaut und den weiteren

Gesprächsverlauf unterstützt. Vertrauensvolle Beziehungen fördern das Wohlbefinden des Mitarbeiters in seinem Arbeitsumfeld und fördern die Identifikation mit dem Unternehmen, was in der Regel zu mehr Motivation und Leistung führt.

1.3 Erlernen der emotionalen Intelligenz

Abbau von Schwächen

Emotionale Fähigkeiten sind nicht bei jedem Menschen gleich gut entwickelt. Grundsätzlich lassen sich Schwächen nach Meinung Daniel Golemans jedoch zu jeder Zeit im Leben abbauen. Allerdings sind Ausdauer, Motivation und ein permanentes Üben auf diesem Weg unerlässlich.

Wichtig: regelmäßiges Training

Eine Vielzahl von Unternehmen versucht, den Mitarbeitern emotionale Fähigkeiten über Wochenendseminare oder über die Buchung eines Motivationstrainers zu vermitteln. Diese Bemühungen können allerdings nur der Beginn eines Lernprozesses sein. Als alleinige Maßnahme sind sie laut Goleman erfolglos. Dies liegt daran, dass sich rationale und emotionale Fähigkeiten in unterschiedlichen „Schaltkreisen" des Gehirns bewegen. Das emotionale Gehirn lernt gegenüber dem rationalen sehr langsam und bedarf einer häufigen Wiederholung des Erlernten. Da das Erlernen emotionaler Fähigkeiten mit einer angestrebten Verhaltensänderung einhergeht, ist es nötig, über regelmäßiges und andauerndes Training in den Zustand zu gelangen, spontan und ohne groß darüber nachzudenken die richtige Entscheidung zu treffen. Alte Verhaltensweisen müssen dabei verlernt und gleichzeitig neue erlernt werden.

Feedback als Ausgangspunkt

Ausgangspunkt dieses eigenen Lernprozesses ist das Bewusstwerden, dass in einem oder mehreren Kompetenzbereichen der emotionalen Intelligenz Schwächen vorliegen. Um zu dieser Erkenntnis zu kommen, kann ein erbetenes Feedback nützlich sein. Aus den erkannten Schwächen muss in einem nächsten Schritt ein Lernplan mit Zielen erarbeitet werden.

Ergab das Feedback beispielsweise, dass eine Person von den Beurteilern als sehr schüchtern eingeschätzt wird, so könnte der Lernplan vorsehen, dass diese Person gezielt versucht, ihre Schüchternheit abzubauen, indem sie in Meetings künftig öfter das Wort ergreift oder Präsentationen vorbereitet und diese vor der Gruppe vorträgt. Ein Coach oder Mentor kann auf diesem Weg Unterstützung und Hilfestellung bieten. Das Überwinden der Schüchternheit und eine bleibende Verhaltensänderung können dabei jedoch nur durch permanentes Üben und Wiederholen erreicht werden. Dieser Prozess kann unter Umständen mehrere Monate dauern.

Literatur

Richard Boyatzis, Daniel Goleman, Annie Mckee: *Emotionale Führung. Aus dem Amerikanischen von Ulrike Zehetmayr.* München: Econ 2002.

Daniel Goleman: *EQ 2. Der Erfolgsquotient.* München: dtv 2000.

Daniel Goleman: *Emotionale Intelligenz (EQ).* 11. Aufl. München: dtv 1999.

Daniel Goleman: *Emotionale Intelligenz – zum Führen unerlässlich.* In: Harvard Business manager. Ausgabe 3/99. Hamburg: manager magazin Verlagsgesellschaft 1999.

Gertrud Höhler: *Herzschlag der Sieger. Die EQ-Revolution.* Leipzig: ADMOS Media 1999.

Petra Walther: *Mehr Gefühl im Management.* In: managerSeminare, Ausgabe 1/2001. Bonn: managerSeminare Verlags GmbH 2001. S. 100–107.

Jörg Wurzer: *30 Minuten für beruflichen Erfolg mit emotionaler Intelligenz.* Offenbach: GABAL Verlag 1999.

2. Focusing

Einladung zum Selbsttest

Focusing ist eine leicht anzuwendende und sanfte, körperorientierte Selbsthilfemethode zur Klärung persönlicher Probleme.

2.1 Erste Annäherung

Probieren Sie es, indem Sie jetzt Ihre aktuelle Tätigkeit unterbrechen und sich auf sich selbst konzentrieren, möglichst ohne Ablenkung von außen. Setzen Sie sich bequem hin, schließen Sie die Augen und richten Sie Ihre Aufmerksamkeit ganz auf Ihren Körper. Fragen Sie sich: Wie geht es mir im Moment?

Aufsteigende Empfindungen

Lassen Sie sich mindestens drei, besser fünf Minuten Zeit. Dann „antwortet" Ihr Körper. Achten Sie auf die aufsteigenden Empfindungen. Nach einiger Zeit spüren Sie etwas, jedoch noch unklar, vage, nicht verständlich und doch deutlich im Körper spürbar.

Passende Beschreibung finden

Konzentrieren Sie sich auf dieses spürbare Etwas und beschreiben Sie es. Mit dieser passenden Beschreibung geht eine spürbare Erleichterung durch Ihren Körper. Das spürbare Etwas ist jetzt irgendwie anders. Vielleicht geht Ihnen ein Licht auf und Sie fühlen sich körperlich und seelisch erleichtert. Es hat sich etwas bewegt. Wenn Sie jetzt noch versuchen, dafür Worte zu finden oder es sich bildlich vorzustellen, dann wird auch das Wahrnehmen klarer. Neue Gedanken und Gefühle tauchen auf, die Ihnen vielleicht weiterhelfen.

Neue Lösungen

Im Focusing nehmen Sie solche Empfindungen Ihres Körpers bewusst wahr und erkennen, dass er eine ganz eigene Weisheit besitzt und Sie zu neuartigen, unerwarteten Lösungen führt.

Diese Methode der bewussten Aufmerksamkeit für den eigenen Körper wurde von Professor Eugene T. Gendlin (geb. 1926), University of Chicago, entwickelt. Gendlin ist ein Schüler von

Carl Rogers, dem Begründer der klientenzentrierten Gesprächspsychotherapie. Andere Bezeichnungen für Focusing sind Experiencing, Experiential Psychotherapy und klientenzentrierte Körpertherapie.

Ziele von Focusing

Bei dieser körperbezogenen Aufmerksamkeit geht es darum,

- sich selbst besser zu spüren,
- mit sich selbst in Beziehung zu treten,
- auf sich hören zu können,
- körperlich zu empfinden,
- Denken und Fühlen miteinander zu verbinden,
- intensiver, wacher und bewusster zu leben und
- einfach einen besseren Kontakt zu sich selbst zu bekommen.

Verstand und Körpergefühl verbinden

Es handelt sich also um eine Kontrastmethode zum rationalen Vorgehen der Problembewältigung. Viele Menschen trauen ihren Gefühlen nicht oder fürchten, von ihnen überwältigt zu werden. Sie versuchen, ihre Konflikte überwiegend mit dem Kopf zu lösen. Die Folgen der Gefühlsverdrängungen sind dann innere Unruhe und psychisch bedingte Krankheitserscheinungen. Durch Focusing werden unklare Gefühle, das, was man ein „mulmiges" Gefühl nennt, klarer. Erst wenn sich Verstand und Körpergefühl verbinden, zeigt sich die konkrete Bedeutung des „Mulmigen". Um diese innere Verbindung herzustellen, können Sie Focusing nutzen. Seelische Ausgewogenheit und Klarheit werden wiedergefunden und Probleme konstruktiv gelöst, wenn Sie Ihr Innenleben beachten, indem Sie aufmerksam und wertschätzend in sich hineinhören.

2.2 Sechs Schritte des Focusing-Prozesses

Hilfreiche Schritte

Körperempfinden stellen sich manchmal spontan ein. Für den bewussten Zugang zum Körper sind jedoch jene Schritte hilfreich, die den Focusing-Prozess ausmachen. Diese sechs Schritte lassen ihn eventuell mechanischer erscheinen, als er eigentlich ist. Sobald Sie aber eigene Erfahrungen gesammelt haben, können Sie den Prozess als ein Ganzes durchführen, ohne sich die sechs Schritte zu vergegenwärtigen (vgl. Gendlin 1998).

Schritt 1: Einen Raum schaffen

Der innere Raum

Der innere Raum ist die Basis dafür, mit den Problemen, die Ihnen Ihr Körper signalisiert, zu arbeiten. Um diese Probleme zu lokalisieren, die Ihr Wohlbefinden trüben, gehen Sie nach dem folgenden Schema vor.

Auf den Körper horchen

Durch innerliches Beruhigen und Entspannen lenken Sie die Konzentration auf das Innere Ihres Körpers, z. B. Brust oder Magen. Horchen Sie auf Ihren Körper und lassen Sie die Antworten langsam von dort kommen. Stellen Sie nun die Frage: „Wie sieht es mit meinem Leben aus?“, dann antwortet der Körper aus dem Inneren heraus mit Empfindungen. Sind diese Empfindungen negativ, signalisiert das ein Problem in einem Teil Ihres Lebens. Treten Sie einen Schritt zurück, sagen Sie: „Ja, das ist es.“

Empfindungen zuordnen

Sie müssen nun versuchen, die Empfindungen genau der Lebenssituation zuzuordnen, auf die sie sich beziehen, um so das Problem zu erkennen. Ist das Problem gefunden, stellen Sie es erst einmal zurück und schaffen sich so etwas Abstand, um wiederholt in sich gehen zu können. Es gibt da noch mehr Probleme. Warten Sie erneut auf die Antwort, werden so alle Probleme der Reihe nach „ausgegraben“.

Schritt 2: Felt Sense

Das Problem wirken lassen

Sie wählen sich eines unter den soeben aufgetauchten Problemen aus. Natürlich hat das Problem, das Ihnen am wichtigsten erscheint, viele Aspekte, oft sehr viele, sodass es schwerfällt, sie zu differenzieren. Achten Sie darauf, welches Gefühl das Problem in seiner Gesamtheit in Ihnen auslöst, und lassen Sie es auf sich wirken. Das ist der sogenannte Felt Sense.

Schritt 3: Finden eines „Griffs“

Passende Wörter oder Bilder finden

Welcher Art ist dieser noch unklare Felt Sense? Versuchen Sie nun, diesen Felt Sense in ein Eigenschaftswort, einen Satz oder ein Bild umzuwandeln, sodass dieses dem Felt Sense entspricht. Bleiben Sie so lange mit dem Felt Sense in Berührung, bis sich Wörter oder Bilder einstellen, die genau dazu passen.

Schritt 4: Vergleich

Hin- und herpendeln

Sie pendeln nun zwischen dem Felt Sense und dem Wort (oder Satz oder Bild) hin und her, um zu prüfen, wie gut beide zusammenpassen. Vielleicht bestätigt Ihnen ein kleines körperliches Signal, dass Sie das richtige Wort gefunden haben. Zu diesem Zweck müssen Sie sich sowohl den Felt Sense als auch das Wort vergegenwärtigen. Verändert sich der Felt Sense, muss sich auch das Wort oder das Bild verändern, bis es genau die Eigenschaft des Felt Sense trifft.

Schritt 5: Fragen

Nun fragen Sie Ihren Körper: „Warum ruft dieses Problem, das ich soeben als das größte erkannte, in mir dieses Gefühl hervor?" Den Felt Sense müssen Sie dabei immer spüren, sozusagen „hautnah", nicht nur in der Erinnerung, er muss „lebendig" sein.

Körperliche Erleichterung

Wenn Sie ihn spüren, fragen sie sich: „Was zeigt mir dieses Gefühl?" Kommt die Antwort zu schnell, dann ist es möglicherweise die falsche. Sie sollten nun Ihre Aufmerksamkeit wieder Ihrem Körper zuwenden und den Felt Sense erneut suchen. Bleiben Sie so lange im Kontakt mit dem Felt Sense, bis die Antwort mit einem „Shift" – einer körperlichen Erleichterung und Entspannung – eintrifft.

Schritt 6: Aufnahme

Offen sein

Seien Sie offen für alles, was mit einem Shift kommt. Versuchen Sie, die Wirkung zu spüren. Es kommen wahrscheinlich weitere Shifts.

Haben Sie bereits beim Lesen dieses Kapitels ein körperliches Empfinden zu einem Problem gespürt? Falls ja, haben Sie bereits eine erste Ahnung davon, worum es beim Focusing geht.

Literatur

Daniel Bärlocher: *Schmerz lindern mit Focusing. Neue Wege in der Kopfschmerztherapie.* Bergisch Gladbach: Ehrenwirth 2002.

Eugene T. Gendlin, Johannes Wiltschko: *Focusing in der Praxis: Eine schulenübergreifende Methode für Psychotherapie und Alltag.* Stuttgart: Klett-Cotta 1999.

Eugene T. Gendlin: *Focusing-orientierte Psychotherapie: Ein Handbuch der erlebnisbezogenen Methode.* München: Pfeiffer bei Klett-Cotta 1998.

Eugene T. Gendlin: *Focusing. Selbsthilfe bei der Lösung persönlicher Probleme.* Reinbek: Rowohlt 1998.

Klaus Renn: *Dein Körper sagt dir, wer du werden kannst: Focusing – Wege der inneren Achtsamkeit.* Freiburg: Herder 2006.

Beate Ringwelski: *Focusing – Ein integrativer Weg der Psychosomatik.* Stuttgart: Pfeiffer bei Klett-Cotta 2003.

3. Gestalttherapie

Der Begründer

Als Begründer der Gestalttherapie gilt der deutsche Mediziner Frederick S. Perls (1893–1970), auch unter dem Namen Fritz Perls bekannt. Nach seiner Emigration 1934 beschäftigte er sich eingehend mit der Gestaltpsychologie und entwickelte als Folge daraus eine kritische Haltung gegenüber Freuds Theorien. 1946 wechselte er von Südafrika nach Amerika, wo er den „anarchistischen" Schriftsteller Paul Goodman kennenlernte. Mit ihm und Ralph F. Hefferline von der Columbia Universität als Mitautoren schrieb er das Buch „Gestalt Therapy", das 1951 erschien.

In diesem Buch verbindet Fritz Perls Körperlehren wie Yoga und Zen mit den neuen philosophischen Strömungen der Phänomenologie und des Existenzialismus, mit Erkenntnissen der Psychoanalyse und der Gestaltpsychologie.

„Westküstenstil"

Nach der Veröffentlichung dieses Buches ging Fritz Perls an die Westküste der USA, während seine Frau und Paul Goodman an der Ostküste blieben. Im Westen entwickelte er mit großem kreativem Einsatz seine Sicht der Gestalttherapie weiter. So entstand der „Westküstenstil", der durch die Erfahrung am eigenen Leib im Hier und Jetzt gekennzeichnet ist.

„Ostküstenstil"

Paul Goodman und Laura Perls entwickelten den „Ostküstenstil". Dieser ist tendenziell politisch und stärker theoretisch als der „Westküstenstil". Während sich Fritz Perls' Arbeiten am einzelnen Menschen orientieren, haben Paul Goodmans Arbeiten eher einen gesellschaftskritischen Charakter.

Die Ziele

Die Gestalttherapie im Sinne Perls zielt darauf, das Grundvertrauen des Menschen zu sich selbst wiederherzustellen und zu stärken. Der Klient soll mithilfe des Gestalttherapeuten seine ungenutzten Möglichkeiten entdecken und ausprobieren. Als Folge hiervon sollen eine verbesserte Wahrnehmung der Bedürfnisse, Gefühle und Möglichkeiten eintreten sowie negative Bewältigungsstrategien aufgedeckt und aufgelöst werden.

Der Therapeut bietet Hilfsmittel

Es gibt keine spezifischen Methoden in der Gestalttherapie. Der Gestalttherapeut bietet dem Klienten lediglich Hilfsmittel an, mit denen er ggf. eine Lösung für sein Problem findet. Diese Hilfsmittel sollen individuell auf die Situation und den Charakter des Klienten zugeschnitten sein. Er kann sie annehmen, aber genauso ablehnen oder aber auch eigene Vorschläge machen. Zu den gängigsten Methoden zählen Musik (Trommeln, Singen), Entspannungsübungen, Rollenspiele, Malen, Kneten und Töpfern.

3.1 Die Elemente der Gestalttherapie

Wer die Gestalttherapie nutzen will, muss die folgenden Grundelemente, Prinzipien bzw. Instrumente kennen.

Die Wahrnehmung

Die Wahrnehmung ist die Basis der Gestalttherapie. Nur mit ihr ist es möglich, das eigene Verhalten zu erleben, zu bewerten und auch zu verändern.

Selbstversuch

Versuchen Sie einmal Ihre Umgebung bzw. das Zimmer wahrzunehmen, in dem Sie gerade sitzen. Welche Farben haben die Wände, Schränke und Bilder? Wie sind die Möbel angeordnet? Wo befindet sich die Tür, das Fenster? Und: Spüren Sie Verspannungen im Nacken? Wo schmerzt Ihr Körper? Sitzen Sie mit übereinandergeschlagenen Beinen (Blankertz, Doubrawa 2000)? Sie merken, dass aufmerksames Wahrnehmen anstrengend und zeitintensiv ist.

Sinnvolle Einheiten

Generell nehmen wir jedoch unsere Welt so wahr, dass für uns sinnvolle Einheiten entstehen. Das erleichtert die Orientierung und Sinngebung. Würden wir unsere Welt immer so bewusst wahrnehmen wie in dem vorangegangenen Experiment, so würden wir nur noch wahrnehmen und könnten uns nicht mehr anderweitig beschäftigen.

Die sinnvoll wahrgenommenen Einheiten nennt man in der gestalttherapeutischen Psychologie allgemein auch Gestalten, und zwar in dem Sinne, dass etwas Gestalt hat. Dabei können Gestalten Sachen (Computer, Haus, Möbel), Personen (Mann, Frau, Kind), Gefühle (Freude, Trauer), Gedanken oder das eigene Handeln sein.

Der Figur-Grund-Prozess

Eigenart der visuellen Wahrnehmung

Der Figur-Grund-Prozess ist die Bezeichnung für eine allgemeine und grundlegende Eigenart der visuellen Wahrnehmung. Demnach hebt sich ein Teil des wahrgenommenen Feldes als Figur von einem Hintergrund ab. Dies ist die erste Gliederung des Sehfeldes. Bei manchen visuellen Reizfeldern kann aber auch der Hintergrund plötzlich als Figur hervortreten, z. B. bei optischen Täuschungen. In der Regel ist derjenige Teil des Wahrnehmungsfeldes Figur, dem die wahrnehmende Person besondere Aufmerksamkeit schenkt. Durch einen Aufmerksamkeitswechsel kann sich die Figur-Grund-Organisation ändern.

Beispiel: Verschiebung der Priorität

Stellen Sie sich vor, Sie haben sich verabredet. Am vereinbarten Treffpunkt warten Sie. Plötzlich fällt Ihnen im Schaufenster eines Ladens ein Paar Schuhe auf, das Sie interessiert. In diesem Moment verschiebt sich Ihre Priorität. Eben noch haben Sie ungeduldig auf jemanden gewartet, jetzt ist das Warten aber in den Hintergrund getreten und Sie betrachten aufmerksam die Schuhe.

Dieser Prozess der „Wahrnehmungsverschiebung“ wird Figur-Grund-Prozess (oder das Figur-Grund-Konzept) genannt. Zunächst war die Figur im gestalttherapeutischen Verständnis das Warten auf den Freund; die Umwelt bildete den Hintergrund. Plötzlich trat aus dem Hintergrund das Schaufenster hervor und wurde somit zur Figur, während das Warten nun in den Hintergrund trat.

Das Hier-und-Jetzt-Prinzip

Große Bedeutung: die Gegenwart

Zwar können wahrgenommene Gestalten Erinnerungen wachrufen; die Wahrnehmung selbst findet aber in der Gegenwart statt. Für die Gestalttherapie ist also die Gegenwart („Hier und Jetzt“) von großer Bedeutung, denn nur hier kann aufgrund der Wahrnehmung gehandelt werden.

Das Wichtige an der Gestalttherapie ist das Arbeiten im „Hier und Jetzt". Das heißt, es geht immer darum, welche Bedürfnisse *hier und jetzt* auftauchen: Was nimmt die Person *hier und jetzt* wahr? Vergangenes ist nicht mehr änderbar, deshalb richtet sich die Konzentration auf die Gegenwart.

Psychoanalytiker als „Historiker"

Damit stellt sich Perls klar gegen die Vorgehensweise der Psychoanalytiker, die er auch als „Historiker" oder „Archäologen" bezeichnet. Bei ihm werden vergangene Ereignisse nur verwendet, um zu erklären, was sie im „Hier und Jetzt" für Auswirkungen haben und um ggf. unbefriedigende Bedürfnisse (z. B. nach Zuwendung vom Vater) auszudrücken und abzuschließen.

Das „Organismus-Umwelt-Feld", das „Selbst"

Gestaltung vollzieht sich nie isoliert, sondern immer in ihrer Umwelt. Sie ist darum ganzheitlich zu betrachten. Wieso diese ganzheitliche Betrachtungsweise so wichtig ist, wird an diesem einfachen Beispiel deutlich:

Beispiel: Baum

Intuitiv stellen wir uns einen Baum immer mit der Erdoberfläche, mit der er verwurzelt ist, vor. Und das, obwohl die Erdoberfläche ja eigentlich nur die Umwelt des Baums darstellt, aber nicht zu der Gestalt Baum gehört!

Der Organismus steht in enger Wechselwirkung zu seinem Umfeld (der Baum entzieht dem Boden Wasser, gibt ihm aber durch Zersetzungsprozesse Nährstoffe); es findet immer ein gegenseitiger Austausch statt.

Das „Selbst"

Für den Kontakt zwischen dem Menschen und seiner Umwelt ist das „Selbst" von Bedeutung. In der Gestalttherapie wird das „Selbst" als das Bewusstsein des Kontaktes zwischen einem Organismus und der Umwelt verstanden. Man bemerkt das Selbst nur dann bewusst, wenn der Kontakt zur Umwelt schwierig wird. Ist genug Luft zum Atmen vorhanden, so wird man darüber nicht weiter nachdenken. Wird jedoch der Sauerstoff knapp, so erlangt dies eine große Bedeutung. Das Selbst tritt also ein und „befiehlt zu handeln". Die Bedürfnisse des Organismus werden somit durch das Selbst der Umwelt angepasst und umgekehrt.

Der Kontakt

Unter Kontakt wird in der Gestalttherapie der Prozess des Austausches verstanden, z. B. zwischen dem Organismus und der Umwelt. Kontakt ist die Basis des Lebens, denn nur durch ihn können unsere Bedürfnisse (nach Nahrung, Schlaf, Liebe, Wärme) ausgedrückt und befriedigt werden.

Kontakt als Basis des Lebens

Um ein Bedürfnis zu befriedigen, muss man es zunächst erst einmal wahrnehmen und daraufhin den richtigen Kontakt zur Umwelt herstellen, um die Befriedigung zu erlangen. Wird jedoch der Kontakt durch den Menschen oder durch seine Umwelt beeinträchtigt, können auf Dauer folgende grundlegende Störungen eintreten, weil das wahrgenommene Bedürfnis nicht zum Ausdruck kommen darf oder verneint wird:

Introjektion: „Ich schlucke meine Wut hinunter"

Die Wut wird nicht herausgelassen – es kommt zu keinem Kontakt mit der Wut –, sondern sie wird „unzerkaut verschluckt". Jetzt liegt die Wut (in der Fachsprache wird dieses unterdrückte Gefühl auch Introjekt genannt) schwer im Magen, was körperlich oft als Verdauungsstörungen ohne organische Ursache zum Ausdruck kommt.

Kein Kontakt mit der Wut

Projektion: „Ich musste so handeln, weil du …"

Einem anderen werden Dinge unterstellt, die man selber verspürt. Um die verspürte Wut zu schmälern, wird dem anderen unterstellt, dass er wütend sei, obwohl er es vielleicht gar nicht ist. Der andere wird also nicht so wahrgenommen, wie er ist.

Unterstellungen

Retroflektion: „Meine empfundene Wut richte ich gegen mich selber"

Ein Kontakt mit der anderen Person, die einen wütend gemacht hat, kommt erst gar nicht mehr zustande.

Kein Kontakt mit der anderen Person

Konfluenz: „Ich tue alles, aber habt mich nur gern!"

Wer immer alle Erwartungen erfüllen und Harmonie mit allen Mitteln herbeischaffen will, ist konfluent. Er grenzt sich nicht gegenüber der Umwelt ab. Bei diesem Verhalten fehlt die Kontaktfunktion des Konfliktes ganz.

Mangelnde Abgrenzung

Deflektion: „Jetzt bitte nicht! Ich bin müde und habe Kopfschmerzen!“

Ausweichen und Rückzug

Mit diesem Verhalten versucht jemand, dem notwendigen Konflikt mit der anderen Person durch Ausweichen zu entgehen. Auch hier fehlt die Kontaktfunktion des Konfliktes. Der Unterschied zum konfluenten Handeln ist, dass man sich bei diesem Verhalten von der Umwelt zurückzieht. Eine typische Folge dieses Verhaltens ist eine permanente Müdigkeit ohne organische Ursache.

3.2 Das praktische Vorgehen

Keine „Symptome“

Die Gestalttherapie spricht nicht – wie bei Psychotherapien üblich – von „Symptomen“, die therapiert werden müssen, sondern von „berechtigten Erscheinungen“. „Das heißt: Das Symptom stellt eine angemessene Reaktion auf eine bestimmte Situation dar … Die berechtigte Reaktion jedoch hat sich inzwischen verhärtet und zeigt sich auch dort, wo sie nicht oder nicht mehr angemessen ist“ (Blankertz, Doubrawa 2000).

Beispiel: misshandeltes Kind

Ein Beispiel: Ein Kind wurde von seinem Vater misshandelt. Wenn der Vater auf das Kind losging, machte es sich ganz klein und hielt sich die Ohren zu, um das Geschrei des Vaters nicht zu hören. Heute, als Erwachsener, ist es ihm geradezu unmöglich geworden, an lautstarken Diskussionen teilzunehmen. Es fällt ihm schwer, seinen eigenen Standpunkt zu vertreten, und er verschließt sich. Manchmal ertappt er sich dabei, wie er sich die Ohren zuhält.

Dieses Beispiel zeigt, dass „Symptome“ (oder auch angeeignete Reaktionen) durchaus ihre Berechtigung haben. Für das Kind war es wichtig, dem Vater möglichst wenig Angriffsfläche zu geben, um sich selber zu schützen. So machte es sich klein und verschloss sich auch äußerlich vor ihm, indem es sich die Ohren zuhielt. Als Erwachsener führt diese Reaktion jedoch zu einer deutlichen Beeinträchtigung im gesellschaftlichen Umgang.

Das Positive erkennen

In der Gestalttherapie versucht der Klient nun, das Positive (nämlich den Schutz vor den Ausbrüchen des Vaters) dieses

„Symptoms" zu erkennen. Letztendlich erfährt er, wie er ggf. sein „Symptom" selber beeinflussen kann.

Begleitung statt Fertiglösung

Aber der Gestalttherapeut bietet dem Klienten keine „Lösung" (z. B. ein erlernbares Verhaltensmuster, was eine typische Methode in der psychologischen Verhaltenstherapie ist) für sein „Symptom" an, sondern begleitet den Klienten zu dessen individueller Lösungsfindung. Der Klient gibt also in der Therapie seine Eigenverantwortung und sein Selbstbewusstsein nicht auf, sondern stärkt diese Eigenschaften.

Mögliche Fragestellungen

Mit der Berücksichtigung des „Organismus-Umwelt-Feldes" könnte der Klient in unserem Beispiel folgende Fragestellungen untersuchen:

- Wann halte ich mich in der Diskussion zurück?
- Wann verstärken, wann schwächen die anderen Diskussionsteilnehmer meine Reaktion?
- Wann verstärke, wann schwäche ich meine Reaktion?
- Welche Wirkung hat dies auf die anderen Diskussionsteilnehmer?
- Wie fühle ich mich?

Die Antworten helfen, eine individuelle Lösung zu finden.

3.3 Die Struktur des Veränderungsprozesses

Die persönliche Veränderung des Menschen wird in der Gestalttherapie durch fünf aufeinander folgende Phasen dargestellt.

Phase 1: Stagnation oder: „Hilfe! Mir geht es so schlecht!"

Opferrolle

Der Klient leidet unter irgendwelchen physischen oder psychischen „Symptomen". Er sieht sich in der Rolle des Opfers, dem die „Symptome" von außen zugeführt worden sind, und weiß nicht, wie er sein Bedürfnis auf Beseitigung der „Symptome" erfüllen kann. Daher versucht er, seine Umwelt so zu beeinflussen, dass sie sein Bedürfnis „von außen" befriedigt. Der Klient sucht also einen Therapeuten auf und hofft, von ihm eine Lösung zu bekommen.

Diese Phase wird deshalb als Stagnationsphase bezeichnet, weil der Klient in seiner für ihn unzufriedenen Lage verharrt, während er auf Hilfe von außen hofft.

Phase 2: Polarisation oder: „Ich würde gerne, aber ich traue mich nicht."

Mitgestalter

Jede menschliche Veränderung verursacht zunächst Angst, Misstrauen oder Unentschlossenheit. In dieser Phase versucht der Klient, zwei widersprüchliche Emotionen in Einklang zu bringen, bzw. wechselt seinen Standpunkt. In Phase 1 begriff er seine „Symptome" als Folge von äußeren Kräften; jetzt jedoch befasst er sich mit seinen eigenen Handlungen und erkennt sich als Mitgestalter seiner Situation.

Phase 3: Diffusion oder: „Ich weiß nichts."

Verwirrung

In dieser Phase nimmt der Klient Verwirrung und Leere wahr. Diese Richtungs- und Orientierungslosigkeit ist aber nicht mit der Phase Stagnation gleichzusetzen, da durch die Verwirrung ein neuer Zustand entstehen kann.

Phase 4: Kontraktion

Konzentration auf einen Punkt

Hier strukturieren sich die Handlungen (besser: das Erleben) des Klienten. Es kommt oft zu einer Konzentration auf einen schmerzhaften Punkt, der in dieser Phase überwunden wird.

Phase 5: Expansion

Neue Gefühle

Nach der „Explosion" des Punktes in Phase 4 empfindet der Klient oft neue Gefühle, die ihm ermöglichen, sein Symptom zu überwinden.

Auf der nächsten Seite finden Sie eine grafische Darstellung des Veränderungsprozesses. Die Pfeile sollen den inneren Zustand des Klienten in der jeweiligen Phase verdeutlichen, während die Kurve den Veränderungsprozess symbolisiert.

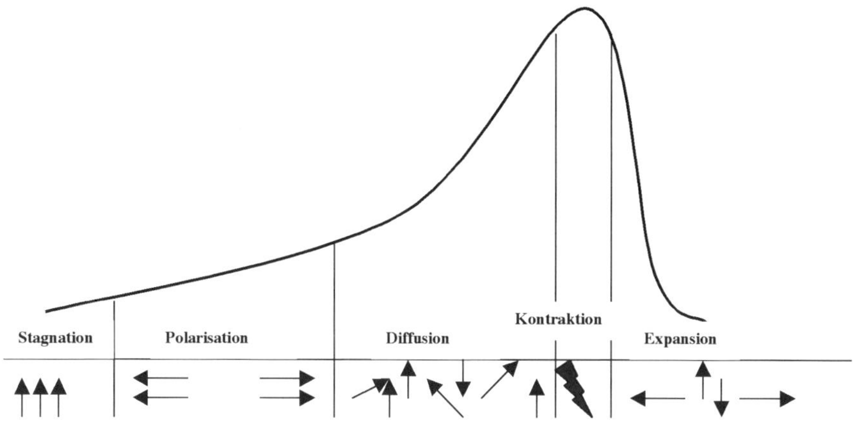

3.4 Wie können Sie die Gestalttherapie nutzen?

Auch im Alltag können Sie die Gestalttherapie einsetzen, indem Sie versuchen, sich und Ihre eigene Umwelt bewusst wahrzunehmen. Dazu drei Übungen zum Ausprobieren:

1. Aufgabe

Schutzlos ausgeliefert?

Schnell sehen wir uns in der Rolle des Opfers und meinen, unserer Umgebung schutzlos ausgeliefert zu sein. Dann kommen einem Gedanken in den Sinn wie beispielsweise: „Wenn doch nur mein Chef nicht so unverständlich wäre, könnte die Arbeit richtig Spaß machen“ oder „Wenn mich die anderen nicht immer übergehen würden, dann …“.

Überlegen Sie, ob derjenige, dessen Verhalten Sie beklagen, gegebenenfalls wegen eines Verhaltens von *Ihnen* so reagiert.

2. Aufgabe

Einschätzungen als Selbstaussagen

Jedes Mal, wenn Sie über einen Menschen sprechen, sagen Sie auch etwas über sich selber aus. Dazu ein Experiment: Stellen Sie sich eine Person vor, die Sie besonders schätzen, und schreiben Sie stichwortartig zehn Eigenschaften von ihr auf. Streichen Sie dann den Namen dieser Person und ersetzen Sie ihn durch Ihren eigenen. Stellen Sie sich nun vor, dass diese Eigenschaften auch auf Sie selber zutreffen. Wir sehen andere Menschen oft so, wie wir selber sind, und schreiben ihnen die schlechten Eigenschaften zu, die wir an uns selber nicht leiden können.

3. Aufgabe

„Ich muss heute noch aufräumen" oder „Ich muss heute einkaufen". Dies sind Befehle, die wir ganz automatisch akzeptieren und täglich ausführen, ohne unser eigenes Bedürfnis wahrzunehmen.

Was ist wirklich wichtig?

Sie sollten sich also fragen: *Will* ich das überhaupt? Will ich das *heute* machen? Wenn ja, was ist mir wichtig bei dieser Aufgabe? Oder: Was kann ich mit ihrer Bewältigung erreichen? Nur so finden Sie heraus, was für Sie wirklich wichtig ist. Sie werden feststellen, dass Sie durch diese Bewusstmachung mehr Energie für Ihre „eigenen" Aufgaben bekommen und Freude dabei empfinden.

Literatur

Nancy Amendt-Lyon, Margherita Spagnuolo Lobb (Hrsg.): *Die Kunst der Gestalttherapie. Eine schöpferische Wechselbeziehung.* 1. Aufl. Wien: Springer Wien 2006.

Stefan Blankertz, Erhard Doubrawa: *Lexikon der Gestalttherapie.* Eine Edition des Gestalt-Instituts Köln, GIK-Bildungswerkstatt. Wuppertal: Hammer 2005.

Stefan Blankertz, Erhard Doubrawa: *Einladung zur Gestalttherapie.* Wuppertal: Hammer 2000.

Paul Goodman, Ralph F. Hefferline, Frederic S. Perls: *Gestalttherapie: Grundlagen.* München: dtv 1991.

Frederic S. Perls: *Gestalt-Therapie in Aktion.* 9. Aufl. Stuttgart: Klett-Cotta 2002.

Frederic S. Perls: *Was ist Gestalttherapie?* Wuppertal: Hammer 1998.

Laura Perls: *Der Weg zur Gestalttherapie: Lore Perls im Gespräch mit Daniel Rosenblatt.* Wuppertal: Hammer 1997.

Joseph Zinker: *Gestalttherapie als kreativer Prozess.* 7. Aufl. Paderborn: Junfermann 2005.

4. Neurolinguistisches Programmieren (NLP)

Der Vollständigkeit halber muss hier auch das Thema neurolinguistisches Programmieren (NLP) behandelt werden, obwohl es bereits im ersten Band dieser Buchreihe im Kontext von Kommunikation dargestellt wird.

NLP befasst sich mit dem Zusammenhang von Körper, Sprache und Denken. Dies kommt bereits im Namen zum Ausdruck:

- *Neuro*
  Jedes menschliche Verhalten besteht aus neurologischen Prozessen. Nerven nehmen Reize auf und transportieren sie zum Gehirn; dort werden sie gefiltert und verarbeitet. Unser Verhalten entwickelt sich durch Sehen (visuelle Reize), Hören (auditive Reize), Berühren (kinästhetische Reize), Riechen (olfaktorische Reize) und Schmecken (gustatorische Reize). Mithilfe unserer fünf Sinne filtern wir alles, was an Informationen, Signalen und Reizen aus der Umwelt in uns eindringt.

Neurologische Prozesse

- *Linguistik*
  Die Sprache ist der individuelle Ausdruck unserer subjektiven Wahrnehmung. Mit der Sprache codieren und verknüpfen wir unsere Erfahrungen und tauschen sie mit anderen Menschen aus. Dazu gehört nicht nur die Sprache der Wörter, sondern auch die Körpersprache, also alles, was Botschaften übermittelt.

Sprache

- *Programmieren*
  Hiermit ist der Prozess des Lernens durch sinnvoll aufeinander aufbauende Erfahrung gemeint. Das Lernen ist die Ergänzung bekannter Dinge oder Wege durch neue oder bessere.

Lernen

→ Ergänzende und vertiefende Informationen zum Thema NLP finden Sie im Kapitel „Neurolinguistisches Programmieren“ (A 6) im ersten Band dieser Buchreihe (Methodenkoffer Kommunikation).

NLP-Welle

Das NLP spielt eine große Rolle im Persönlichkeitstraining. Aber auch Themen außerhalb des Persönlichkeitstrainings nehmen Bezug auf das NLP. Die NLP-Welle rollt durch die Weiterbildungsabteilungen von Unternehmen, durch die Verlagswelt, durch Seminarhotels und Hörsäle. Für den NLP-Siegeszug sorgt ein Vermarktungsmechanismus, an dessen Schalthebeln amerikanische Marketingexperten sitzen.

Sicht der Psychologie

Die etablierte akademische Psychologie hat ein zwiespältiges Verhältnis zum neurolinguistischen Programmieren. Der offizielle Weltverband der Psychologen erkennt das NLP als Therapie nicht an. Viele Hochschullehrer betätigen sich aber als NLP-Trainer in der Wirtschaft oder haben NLP in ihre Lehrpläne aufgenommen.

Es gehört nicht zum Charakter dieser Buchreihe, sich an dem wissenschaftlichen Disput über das Für und Wider des NLP zu beteiligen. Darum wird hier das NLP in der Eigendarstellung behandelt, also so, wie es von den Gründungsvätern Richard Bandler, John Grinder und Robert Dilts entwickelt wurde und von ihren Schülern vertreten wird.

Konzentration auf Persönlichkeit

Im hier vorliegenden Buch geht es um jene Teile des NLP, welche die eigene Persönlichkeit außerhalb des Kommunikationsprozesses zum Inhalt haben, ergänzt durch einige spezielle Ansätze und Übungen, die auf Persönlichkeitsveränderungen zielen. Diese Übungen werden normalerweise von einem NLP-geschulten Therapeuten vorgenommen. Sie wurden hier so verändert, dass Sie sie auch ohne fremde Hilfe anwenden und sich einen ersten Eindruck verschaffen können.

4.1 Persönlichkeitsebenen nach NLP

NLP-Pyramide

Das NLP steht mit dem nachfolgenden pyramidenförmigen Aufbau in der Tradition der psychologischen Schichtmodelle. Die der Pyramide zugrunde liegende Logik – man spricht deshalb auch von den logischen Ebenen – gestaltet sich in etwa so:

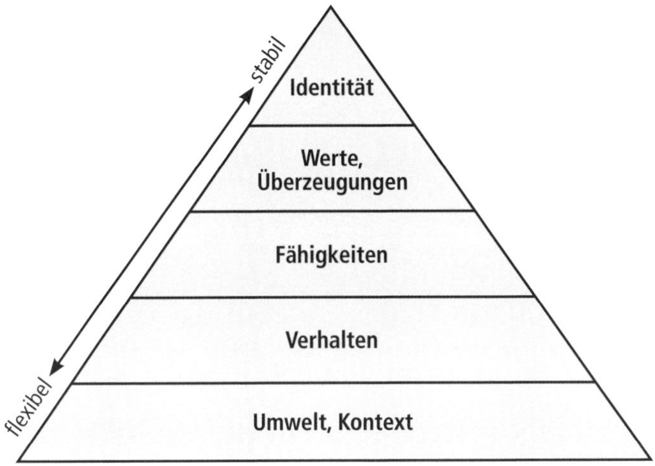

Die logischen Ebenen des NLP

Was ist ursächlich?

Wenn Sie mit einem Problem konfrontiert sind, bietet es sich an, zunächst zu prüfen, inwieweit die Umwelt/Umgebung ursächlich ist und welche Verhaltensweisen in dieser Situation erforderlich sind. Dies aber setzt bestimmte Qualifikationen voraus, an denen es ggf. noch mangelt. Dieser Mangel beruht seinerseits auf der Überzeugung, dass diese Fähigkeiten nicht wichtig seien. Das kann mit der Identitat bzw. dem Selbstbild zusammenhängen.

Von der konkreteren zur allgemeineren Ebene

Veränderungen der Persönlichkeit müssen auf allen sechs Ebenen dieser Pyramide ansetzen, indem man von einer nachgeordneten Ebene her auf die davorliegende verändernd einwirkt. Haben Sie z. B. Hemmungen, frei zu reden, dann handelt es sich hierbei um eine mangelnde Fähigkeit, die durch Einwirkung auf Ihre Glaubenssätze korrigiert werden kann, etwa durch mental-suggestive Einflussnahme („Ich spreche frei und flüssig"). In dieser Richtung von einer konkreteren hin zu einer allgemeineren Ebene sind Persönlichkeitsveränderungen psychotechnisch machbar.

Eine logische Grenze

Die mit dem Modell zum Ausdruck kommende Hierarchie setzt möglichen Veränderungen somit eine logische Grenze. Sie könnten zwar in einer bestimmten Situation auch anders handeln, aber nicht komplett eine andere Identität erlangen.

4.2 Persönlichkeitsebene Umwelt, Kontext

Umweltfaktoren

Jedes Verhalten hat einen Bezugsrahmen, einen räumlichen und zeitlichen Kontext. Das sind die Bedingungen, Ursachen, Auslöser oder Umstände, die auf einen Menschen einwirken und ein Verhalten auslösen. Diese Umweltfaktoren sind mit den Sinnen erfahrbar und kognitiv beschreibbar. Das Umfeld wird mit den Fragen „wo?“, „wann?“, „wer?“, „mit wem?“ erfahrbar gemacht.

Eingriffe

Eingriffe auf dieser Ebene bringen Veränderungen mit sich. Gegebenenfalls muss man den Arbeitsplatz oder den Partner wechseln. Das kann Ihnen wieder die nötige Luft zum Atmen geben oder ein erster Schritt in Richtung auf einen Sie zufriedenstellenden Zustand sein.

Übung: Zielrahmen

Ist-Zustand

1. Was ist der Ist-Zustand?
2. Welches sind die Umstände, die für diesen Ist-Zustand ursächlich sind?

Soll-Zustand

3. Was wollen Sie erreichen oder für sich verbessern?
4. Was genau wollen Sie erreichen? In welcher Menge, Güte, Größe? Was sind die Messgrößen?
5. Was wird für Sie gesichert sein, wenn Sie Ihr Vorhaben realisiert haben?
6. Welche Probleme könnten sich aus der Realisation ergeben – für Sie, für andere?
7. Stellen Sie sich den gewünschten Zielzustand wie einen Film vor. An welchen Punkten sehen Sie Schwierigkeiten auf sich zukommen?
8. Wie würden Sie sich jetzt fühlen, wenn Sie Ihr Vorhaben schon umgesetzt hätten?

Preis

9. Was müssten Sie aufgeben (z. B. Annehmlichkeiten), um dieses Ziel zu erreichen? Sind Sie bereit, diesen Preis zu zahlen?
10. Bis wann wollen Sie das Ziel erreicht haben? Welche Zwischenziele bis wann?
11. Wie wissen Sie oder woran erkennen Sie, ob Sie Ihre Absicht umgesetzt haben?
12. Was werden Sie noch in der kommenden Woche tun, um Ihr Ziel zu erreichen?

4.3 Persönlichkeitsebene Verhalten

Verhalten bezeichnet das, was an einer Person von außen beobachtet werden kann. Typische Verhaltenselemente sind Körperhaltung, Gesten, Worte, die Art des Redens, das Handeln, Bewegungen u. a. m. Die Fragen an Sie selbst lauten: *Was* tue ich? *Wie* mache ich es?

Von außen beobachtbar

Auch das Verhalten kann mit sinnesspezifischen Begriffen beschrieben werden. Hier geht es um das *Was:* „Was wird getan?" bzw. „Was ist von außen erkennbar?".

Übung: Sechs-Schritte-Refraiming

Auswahl

1. *Auswahl:* Welche Gewohnheit oder welches Verhalten wollen Sie ändern?
2. *Eingrenzung:* Ist es das Verhalten A oder eher B oder sind beide nur Teil eines übergeordneten Problems? Stört A oder B Sie immer, nur manchmal oder in bestimmten Situationen? Gibt es Situationen, in denen das Verhalten A oder B angemessen ist?
3. *Positive Funktion erkennen:* Bitte überlegen Sie genau: Gibt es gegebenenfalls eine positive Absicht, die Sie, ohne es zu wissen, mit diesem Verhalten verfolgen?
   Wenn Sie keine Antwort finden, fragen Sie sich: Welche positive Absicht könnte ein Mensch mit einem solchen Verhalten verfolgen?

   Funktion
4. *Bereitschaft zu anderen Wegen:* Sind Sie bereit, auch andere, ebenso wirksame Wege zu gehen, um Ihre Absicht zu erreichen? Welche Wege könnten das sein?
5. *Check:* Gib es irgendwelche Einwände gegen diesen anderen Weg?
   Bei Ja: Dann verändern Sie diesen Weg so lange, bis es diese Einwände nicht mehr gibt.

   Check
6. *Future pace:* Trauen Sie sich zu, die geplanten Wege auszuprobieren?
   Bei Nein: Gehen Sie zurück zu Schritt 4 und 5.

4.4 Persönlichkeitsebene Fähigkeiten

Nicht direkt beobachtbar

Fähigkeit bezeichnet das Beherrschen von Verhaltensweisen und umfasst das Wissen, wie man etwas macht. Sie ist von außen nicht direkt beobachtbar – im Gegensatz zu Verhalten, das beobachtbar ist.

„Metaprogramme"

Zu den Fähigkeiten gehören auch sogenannte „Metaprogramme". Das sind feste Denkverfahren und Handlungsweisen, die wir oft wahllos in allen Situationen verwenden, ob sie passen oder nicht. Im Falle X handelt jemand immer nach dem Schema F. Im anderen Zusammenhang, z. B. dem kreativen Denken, werden sie als Denkmuster bezeichnet.

→ Ergänzende und vertiefende Informationen zum Thema „Denken" finden Sie im Abschnitt C „Denktechniken" im zweiten Band dieser Buchreihe (Methodenkoffer Arbeitsorganisation).

Die Frage zu den Fähigkeiten lautet „Wie?": Wie führen Sie Tätigkeiten aus, welche inneren Programme und Prozesse laufen dabei ab?

Übung: Fähigkeiten

Wunsch

1. *Wunsch formulieren:* Was möchten Sie gern können? Welche Fähigkeit möchten Sie haben?
2. *Verhalten bestimmen:* Welche Verhaltensweisen müssen Sie entwickeln, um diese Fähigkeit zu erlangen?

Entwurf

3. *Verhalten entwerfen:* Stellen Sie sich vor, Sie sind fünf Jahre älter. Sie haben die gewünschte Fähigkeit entwickelt. Lassen Sie in Ihrem Kopf einen inneren Film ablaufen, in dem Sie sich mit dieser Fähigkeit erleben. Was zeigt dieser Film? Wie erleben Sie sich auf der geistigen Leinwand? Was hören Sie sich sagen? Was meinen andere? Hören Sie sich das genau an.
4. *Filmzensur:* Wenn Ihnen etwas in dem Film nicht gefällt, müssen Sie den Ablauf verändern. Wenn Sie etwas hören, was Ihnen missfällt, dann ändern Sie den Text.
5. *Einfühlen:* Sobald Sie eine Szene vor Ihrem geistigen Auge haben, durchlaufen Sie die ganze Szene nochmals und fühlen,

wie das so ist, wenn Sie diese Fähigkeiten hätten. Sollten Sie an einer bestimmten Stelle ein ungutes Gefühl haben, dann verändern Sie den Film so lange, bis Sie mit der Szene voll einverstanden sind.

6. *Bewusstwerdung:* Machen Sie sich jetzt klar, was es für Sie bedeutet, wenn Sie über diese neue Fähigkeit verfügen.
7. *Rückblick:* Bleiben Sie im Zukunftsbild und schauen Sie auf den Weg zurück, den Sie hinter sich gelassen haben. Führen Sie gedanklich alle Schritte aus, die Sie zu den gewünschten Fähigkeit brachten.
8. *Prüfung:* Stellen Sie sich vor, Sie hätten diese Fähigkeit bereits erworben, so, wie von Ihnen geplant. Gäbe es deswegen Probleme im beruflichen oder privaten Lebensbereich? Könnte es zu unerwünschten Reaktionen kommen? Was wäre zu tun, dass es nicht zu solchen Reaktionen kommt? **Prüfung**
9. *Motivieren:* Stellen Sie sich jetzt Reaktionen anderer Menschen vor, so, wie Sie sie wünschen. Was müssen Sie tun, dass solche Reaktionen eintreten? **Motivation**
10. *Zukunftsvorstellung:* Überlegen Sie, wann Sie wieder in eine Situation kommen, in der die neue Fähigkeit angezeigt ist. Versuchen Sie, die neue Situation zu erleben. Wie fühlen Sie sich dabei, die neue Fähigkeit anwenden zu können?

4.5 Persönlichkeitsebene Überzeugungen, Werte, Glaubenssätze

Ge- und Verbote

Was, glauben Sie, sind Ihre Werte? In die Antwort gehören nicht nur die Überzeugungen, die Sie normalerweise so bezeichnen („Die CDU ist die einzig richtige Partei für unser Land" oder „Gott liebt mich"), sondern auch tief sitzende Ge- und Verbote, alles das, was Siegmund Freud das Über-Ich nennt, das, was mit „Man muss doch aber …" oder „Man darf doch nicht …" angereichert wird. Aber auch Aussagen, die wir über uns selbst machen, z. B. „Ich bin spitze", gehören dazu.

→ Ergänzende und vertiefende Informationen zum Thema „Werte" finden Sie in den Kapiteln D 1 „Biografisch basierte Selbstanalyse" und D 8 „Work-Life-Balance" in diesem Buch sowie im Kapitel A 2 „Führungswandel durch Wertewandel“ im vierten Band dieser Buchreihe (Führungskoffer).

Handlungssteuernde Kriterien

Werte bezeichnen im NLP das, was einem Menschen wichtig ist, was ihm Bedeutung gibt, was ihn motiviert. Es sind Kriterien, die dem Handeln bewusst oder unbewusst zugrunde liegen. Werte sind z. B. „Friede“, „Freude“, „Glück“ oder „Liebe“. Sie bezeichnen etwas Übergeordnetes, etwas Allgemeines, oft auch Lebenskonzepte. Werte liefern das Motiv, seine Fähigkeiten für etwas einzusetzen.

Glaubenssatz

Ein Glaubenssatz ist der sprachliche Ausdruck für das, woran Sie glauben, was Sie für wahr halten. In einem Glaubenssatz drückt sich ein inneres Modell aus, wie es von Menschen andauernd entworfen werden muss, um sich in der Welt zu orientieren. Sie haben mit Glaubenssätzen im religiösen Sinn nichts zu tun.

Individuelle Theorien

Werte und Glaubenssätze sind Interpretationen früherer Erfahrungen oder auch individuelle Theorien, warum etwas so ist und nicht anders. Die Ebene der Werte und Glaubenssätze wird erfragt durch „Warum?“, „Wofür?“, „Was ist wichtig?“.

Drei Möglichkeiten

Es ist relativ unwichtig, ob Ihre Überzeugungen wahr oder falsch sind. Wichtig ist, dass sie zu Ihrem Leben passen. Sie müssen sich entscheiden, ob und welche Werte Sie ändern oder neu installieren wollen. Drei Möglichkeiten stehen Ihnen zur Verfügung:

1. der Ersatz einer bestimmten Überzeugung durch eine andere gleicher Intensität;
2. der Austausch gegen eine neutrale bzw. gleichgültige;
3. die Distanzierung nach dem Motto: „Hierzu brauche ich keine Meinung zu haben, das geht mich eigentlich nichts an.“

Übung: Wertewandel

Auswahl

1. *Auswahl:* Welche drei Werte haben für Sie die größte Bedeutung, in welcher Reihenfolge?
2. *Identifizierung der Sinneswahrnehmungen:* Wenn Sie an den wichtigsten Wert denken, was denken Sie und was sehen

und hören Sie innerlich? Welches Gefühl befällt Sie? Welche Art von innerer Sinnesempfindung ist am intensivsten? Wiederholen Sie diese Übung mit dem Wert an zweiter und an dritter Stelle.

3. *Identifizierung der Wichtigkeit:* Wenn Sie jetzt gleichzeitig an diese Werte denken, woran erkennen Sie, dass sie eine Rangfolge von großer bis geringerer Wichtigkeit bilden? Wie erklärt sich die Wichtigkeit? **Wichtigkeit**
4. *Engere Auswahl:* Welchen Wert möchten Sie in welcher Richtung verändern? Wollen Sie einen weniger wichtigen Wert wichtiger machen oder umgekehrt? Welches wäre die angemessene Position auf Ihrer Werteskala?
5. *Prüfung:* Stellen Sie sich vor, Sie hätten diesen Wert bereits verändert, so wie von Ihnen geplant. Was würde sich damit in Ihrem Leben ändern? Gäbe es Probleme im beruflichen oder privaten Lebensbereich, wenn dieser Wert einen anderen Rangplatz bekäme? **Prüfung**
6. *Veränderung:* Prüfen Sie innerlich, was Sie hinsichtlich der vorgenommenen Veränderung sehen, fühlen und hören. Prüfen Sie, welche Auswirkungen die Veränderung auf andere Werte hat. Erst wenn Sie ein gutes Gefühl haben, kann die Veränderung funktionieren.
7. *Test:* Stellen Sie sich vor, der neue Wert wäre ein bestimmender Teil Ihres Lebens. Was wäre jetzt in einer konkreten Situation anders als vorher? Nehmen Sie weitere Situationen als Beispiel und überprüfen Sie die Wirkung der Veränderung. Prüfen Sie bitte auch, ob die Veränderungen des Wertes zu Verhaltensweisen führen, mit denen Sie einverstanden sind. **Test**

4.6 Persönlichkeitsebene Identität

Selbstbild

Wer sind Sie? Sie haben eine Vorstellung, ein inneres Bild, ein Gespür dafür, dass Sie Kontinuität besitzen, dass Sie tagaus, tagein derselbe sind. NLP konzentriert sich auf das Selbstbild, auf die Vorstellung, die Sie von sich selbst haben, auf das, wovon Sie glauben, wer und was Sie „wirklich“ sind. Identität bezeichnet das, was Sie für sich selbst als wahr erachten, und das in einer grundlegenden Art und Weise, sodass Ihre Wahrnehmung und inneren Prozesse entsprechend strukturiert werden.

Personale und soziale Identität

Das NLP betont die Einzigartigkeit und Individualität jeder Person. Dabei konzentriert es sich auf die personale Identität. Erweiterungen des NLP betonen demgegenüber die soziale Identität von Menschen, also die Art, wie sich Menschen im Vergleich zu anderen Menschen innerlich sehen und erleben. Personale und soziale Identität können aber als zwei Pole in den Identitäts-Konstruktionen von Menschen gesehen werden, die stets gleichzeitig vorhanden sind und sich wechselseitig beeinflussen und bedingen.

Die Frage zu dieser Ebene von Persönlichkeit lautet: „Wer bin ich?"

Übung: Imperative Selbstanalyse

Lenkung der Motive und Absichten

Das imperative Selbst lenkt – meist auf verborgene Weise – die Motive und Absichten eines Menschen („imperativ" bedeutet „befehlend"). Mithilfe der Selbstanalyse wird dieses Selbst erkundet. Damit soll eine erhöhte Wahlfreiheit erreicht werden, sich selbst über dieses Selbst und seine Zwänge hinauszuentwickeln. Sie besteht aus drei Phasen:

Erkundung

1. *Erkundungs-Phase:* Hier vergegenwärtigen Sie sich verschiedene Ereignisse, die in Ihrem Leben wichtig waren. Fragen Sie sich intensiv nach den Gründen. Erkennen Sie ein allgemeines Muster, einen roten Faden, hinter den Gründen der Ereignisse? Es ist wichtig, dass Sie die Erkundung Ihrer Persönlichkeit auf eine angenehme Weise erleben: So bekommen Sie Zugang zu Gedankengängen, Vorstellungen und Wünschen, die in Ihrer Seele gut bewahrt möglicherweise Jahrzehnte schlummerten, ohne dass Ihr Bewusstsein eine Ahnung davon hatte, dass genau diese Werte Ihr Handeln im Innersten die ganze Zeit über bestimmten. Die Entdeckung des imperativen Selbst löst normalerweise ein Gefühl der Erleichterung und tiefes Verständnis für die eigene Lebensgeschichte aus.

Verständnis

2. *Das Verständnis des inneren Lebenszusammenhanges.* Es bildet das Fundament für den Aufbau eines umfassenden neu-

en Selbstverständnisses (Selbstkonzept), das Ihrem Leben Blühen und Wachsen ermöglicht. Dazu gehört vor allem das Erleben des eigenen Wertes, des eigenen Einflusses und der Fähigkeit, lernen zu können, in allen Situationen, unabhängig von der Anwesenheit anderer Menschen und unabhängig auch von der Kompetenz, die Sie im Augenblick besitzen.

3. *Aufbau:* Hier geht es um den Aufbau eines neuen imperativen Selbsts, in dem die erfolgreichen Anteile des alten aufgehoben sind und das es Ihnen ermöglicht, mehr von dem zu leben, was Sie sind und was Sie werden könnten. Das Ziel ist die Schaffung einer neuen Landkarte und einer neuen personalen Identität.

Aufbau

→ Ergänzende und vertiefende Informationen zum Thema „Selbstanalyse" finden Sie in den Kapiteln D 8 „Work-Life-Balance" und D 1 „Biografisch basierte Selbstanalyse" in diesem Buch sowie im Kapitel A 1 „Persönliche Situationsanalyse" im zweiten Band dieser Buchreihe (Methodenkoffer Arbeitsorganisation).

Spirituelle Ebene

In einigen NLP-Varianten werden die skizzierten fünf Ebenen um eine Ebene erweitert, und zwar um die überindividuelle oder auch spirituelle Ebene. Hier geht es um die Zugehörigkeit zu etwas Größerem und Höherem, zu einer umfassenden Idee, zum Göttlichen oder zur Frage nach dem Sinn des Lebens.

Linear-hierarchische Struktur

Das Persönlichkeitsmodell erweckt den Eindruck einer linear-hierarchischen Struktur: Die darüberliegenden Ebenen organisieren die Informationen der darunterliegenden Ebenen. Veränderungen auf der höheren Ebene verändern die nachgeordnete Ebene. Daraus ergibt sich, dass die Veränderungsarbeit stets auf der Ebene eingeleitet wird, die für das jeweilige Problem einen Sinn ergibt. Wer Angst vor dem freien Sprechen hat, braucht seine Identität nicht zu ändern, sondern setzt bei seinen Fähigkeiten oder Glaubenssätzen an. Allerdings kann die Frage nach der richtigen Ebene nicht allgemein beantwortet werden, weil die richtige Antwort von zu vielen Faktoren abhängt.

Zyklisch-hierarchische Interpretation

Einige NLP-Theoretiker schlagen vor, das linear-hierarchisch strukturierte Modell zyklisch-hierarchisch zu interpretieren. Demnach gibt es keine Einbahnstraße, sondern komplexe Wechselwirkungen in beide Richtungen. Lern- und Veränderungsprozesse führen oft häufig, ohne dass wir es bemerken, auch zu einer Veränderung unserer Überzeugungen, und das oft nicht nur über den jeweiligen Gegenstand.

Literatur

Birgit Bader: *NLP konkret im Selbstcoaching und Projektmanagement.* Hamburg: Psymed-Verlag 2004.

Roman Braun: *NLP. Eine Einführung. Kommunikation als Führungsinstrument.* Frankfurt am Main: Redline 2004.

Rudolf Kronreif: *NLP kurz und knackig. Mit Begeisterung zum Erfolg.* Norderstedt: Books on Demand 2004.

Joseph O'Connor: *NLP – das Workbook.* Kirchzarten: VAK Verlag 2005.

Jochen Sommer: *NLP für Business. Mit NLP zum beruflichen Spitzenerfolg.* Offenbach: GABAL 2003.

5. Persönlichkeits-entwicklung nach Schulz von Thun

Äußeres und inneres Bild

Jeder Mensch hat eine andere Persönlichkeit. Vieles verbirgt sich hinter einer Maske, die nach außen hin ein anderes Bild von der Person vermittelt, als sich im Inneren verbirgt. Damit ist nicht gemeint, dass die Außenseite eine unechte Fassade ist, die so schnell wie möglich entfernt werden sollte, sondern man sollte versuchen, die äußere mit der inneren zu verbinden. Gute Kommunikation kann helfen, sein Gegenüber besser zu verstehen und zu erkennen, da bei genauem Zuhören und richtigem Interpretieren der Ausdrucksweise und Wortwahl ein Einblick in die Persönlichkeit möglich wird.

Im Folgenden wird jene Methode beschrieben, mit welcher der bekannte Hamburger Psychologieprofessor Friedemann Schulz von Thun die Verbindung zwischen Kommunikation und Persönlichkeit darstellt und aufzeigt, wie unser Verhalten und unsere Persönlichkeit durch äußere und innere Einflüsse geprägt wird.

Vier-Ohren-Modell

Grundlage seiner Überlegungen ist das Vier-Ohren-Modell, das im ersten Band dieser Buchreihe ausführlich beschrieben wurde. Demnach enthält eine Aussage gleichzeitig vier Botschaften:

- Sachbotschaft
- Beziehungsbotschaft
- Selbstoffenbarungsbotschaft
- Appell

Kein Einfluss des Senders

Der Empfänger entscheidet selbst, mit welchem „Ohr" er die Nachricht empfängt. Der Sender kann darauf keinen direkten Einfluss nehmen. Was der Empfänger aufnimmt, hängt stark von seiner inneren Haltung oder, anders ausgedrückt, von seiner Persönlichkeit ab. Die Persönlichkeitsstruktur bestimmt, welches Ohr eingesetzt wird, und prägt somit den Kommunikationsstil.

→ Ergänzende und vertiefende Informationen zum Vier-Ohren-Modell finden Sie im Kapitel A 3 des ersten Bandes dieser Buchreihe (Methodenkoffer Kommunikation).

5.1 Werte- und Entwicklungsquadrat

Balance zwischen Extremen

Schulz von Thun illustriert seinen Grundgedanken mit einem Wertequadrat, das vom Psychologen Helwig (Helwig 1967) stammt und schon in ähnlicher Form von Aristoteles in seiner „Nikomachischen Ethik" entwickelt wurde. Demnach liegt die „goldene Mitte" zwischen zwei fehlerhaften Extremen. Beim Wertequadrat ist dieser Fixpunkt aber zugunsten einer dynamischen Balance ersetzt worden.

Dialektische Spannung

Die Idee des Wertequadrats geht davon aus, dass sich unser menschliches Dasein in einem dialektischen Spannungsverhältnis bewegt. Sauberkeit gibt es nicht ohne Schmutz und Moral nicht ohne Verbrechen.

Beispiel: Vorsicht

In dieser Spannung wirkt ein positiver Wert nur dann, wenn er sich im Gegensatz zu einem negativen Wert befindet. Fehlt diese ethische Balance, also der negative Gegenwert, verkommt der „allein gelassene" Wert und entwertet sich damit. Zur Verdeutlichung ein Beispiel: Für Vorsicht bestimmen wir den positiven Gegenwert Mut. Ohne diese Balance verfiele Vorsicht in das Extrem Feigheit und Mut in Leichtsinn.

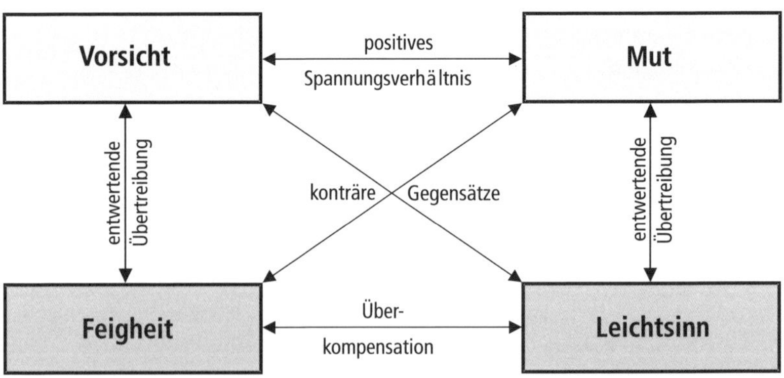

Das Wertequadrat

Diese vier Werte werden nun in ein Wertequadrat eingeordnet: „Die oberen Linien bezeichnen ein positives Spannungsverhältnis, die Diagonalen stehen für konträre Gegensätze zwischen einem Wert und Unwert, die senkrechten Linien zeigen entwertende Übertreibungen, und die Verbindung zwischen den unteren Begriffen stellt die Fehlleistung einer Überkompensation des zu vermeidenden Unwertes durch den gegenteiligen Unwert dar“(Helwig 1967, S. 66). Dieses Modell gilt auch im Hinblick auf die im nächsten Absatz angesprochenen Kommunikationsstile.

Die richtige Mischung

Aber worin liegt nun der Sinn dieser Methode? Jedes schlechte Verhalten hat auch seine gute Seite, die es zu entdecken und zu schätzen gilt. Dieser versteckte Teil muss erkannt und weiterentwickelt werden, um die richtige Mischung für eine ausgewogene Persönlichkeit zu erlangen.

5.2 Kommunikationsstile und deren Auswirkung auf die Richtung der Persönlichkeitsentwicklung

Was im Innersten unserer Person vor sich geht, kommt selten zum Vorschein. Dennoch drücken sich unsere innersten Gefühle über Kommunikation und Körpersprache – gewollt oder ungewollt – aus.

Acht Stile

Diese Art des Kontaktes zwischen Personen kann sich sehr unterschiedlich gestalten, denn die folgenden acht Kommunikationsstile schließen einander nicht aus, weil sie vereint in einer Person auftreten. Häufig ist ein Stil besonders ausgeprägt, der dann auch die Persönlichkeit formt. In den folgenden Abschnitten werden die Kommunikationsstile näher erläutert und deren Einfluss auf die Persönlichkeitsentwicklung beschrieben.

Der bedürftig-abhängige Stil

Suche nach Schutz

Die von diesem Stil geprägten Personen haben das Bedürfnis, sich an jemanden anzulehnen, der Schutz und Geborgenheit vermittelt und hilfreich zur Seite steht. Solche Menschen geben sich hilflos und unsicher. Im Gegenüber entsteht so das Gefühl, es müsse sich für sie einsetzen.

Schwach und hilflos

Woher kommt so ein Verhalten? Schulz von Thun bezieht sich gerne auf Geschehnisse in der Kindheit, die ein solches ausgeprägtes Verhaltensmuster verursacht haben könnten. Er bezeichnet dies als „seelisches Axiom“. Das Axiom für diesen Stil lautet: „Ich bin schwach und hilflos – allein bin ich dem Leben nicht gewachsen“(Schulz von Thun 1989, S. 63). Natürlich finden sich die Ursachen für einen stark ausgeprägten Stil nicht nur in der Kindheit, sondern auch in anderen Lebenssituationen, wie zum Beispiel dem Berufsleben oder der Partnerschaft.

Positive Seiten

Für die Persönlichkeitsentwicklung hat dieser Stil auch positive Seiten. Der Bedürftig-Abhängige gesteht sich seine Schwächen ein und lässt sich helfen. Außerdem ist er offen für Nähe und Intimität zu anderen Menschen.

Der erste Schritt zur richtigen Entwicklung dieses Stils besteht darin, die Autonomie und Selbstverantwortung zu fördern. Eine etwas stärkere Ichbezogenheit in der Kommunikation könnte dazu beitragen, die Abhängigkeit zu reduzieren.

Der helfende Stil

Immer ein offenes Ohr

Den helfenden Stil weisen Personen auf, die immer ein offenes Ohr für die Probleme anderer haben und die eigenen zu vergessen scheinen. Oder wollen sie sie verdrängen? Hier lautet das seelische Axiom: „Für mich ist es eine Katastrophe, schwach (ratlos, traurig, verzweifelt) und bedürftig zu sein“ (Schulz von Thun 1989, S. 77).

Stärkende Anerkennung

Um seine eigenen Probleme in Schach zu halten, hat sich ein starkes „Über-Ich“ herausgebildet. Das bedeutet, der Helfende spendet Fürsorge, die er selbst nie erhalten hat. Dadurch ergattert er Anerkennung, die sein Selbstwertgefühl stärkt. In gewisser Weise nutzt der Helfende den Hilfesuchenden nur aus, indem er ihn von sich abhängig macht, um immer wieder um Hilfe gebeten zu werden. Anerkennung ist aber nicht das Einzige, was der Helfende bekommt. Von nun an muss er nicht nur seine, sondern auch die Probleme anderer verarbeiten. Matthias Burisch spricht von einer verstellbar dicken Haut: „Dünn genug, um für die Not des anderen durchlässig zu sein, dick genug, um nicht selbst davon erfasst zu werden“ (Burisch 1989). Eine innere Abgrenzung muss geschaffen werden, um im entscheidenden Moment für einen schwachen Menschen da zu sein, ohne der Gefahr zu erliegen, sich selbst mit den Problemen zu identifizieren.

Gefahr des Missbrauchs

Der helfende Stil hat grundsätzlich positiven Charakter, der aber auch leicht für eigene Zwecke missbraucht werden kann. Anstatt durch die Fürsorge für andere Personen seine Probleme zu unterdrücken, sollte der Helfende einmal selbst versuchen, seine Mitmenschen um Rat und Mitgefühl zu fragen, und die Hilfesuchenden zu selbstständigem Handeln antreiben.

Der selbst-lose Stil

Unterwürfige Stellung

Eine gewisse Verwandtschaft besteht zwischen dem helfenden und dem selbst-losen Stil, denn auch hier besteht das Grundmuster darin, für andere da zu sein, sich in ihren Dienst zu stellen. Der Unterschied besteht darin, dass der Selbstlose eine unterwürfige Stellung einnimmt und somit auch ein Zeichen von Schwäche ausdrückt. Hieraus ergibt sich das seelische Axiom: „Ich selbst bin unwichtig – nur im Einsatz für dich und für andere kann ich zu etwas nütze sein“ (Schulz von Thun 1989, S. 94).

Selbstentwertung

Der selbst-lose Stil ist gekennzeichnet durch eine stetige Suche nach Anerkennung durch Selbstentwertung, die das Selbstwertgefühl befriedigen soll. Um nicht unangenehm aufzufallen, vermeidet der Selbstlose jegliche Art von Konflikt und nimmt Belastungen auf sich. Dieses unterwürfige, aufopfernde Verhalten bewirkt, dass sich sein Gegenüber ihm verpflichtet fühlt.

Gefahr der Depression

Wenn aber der eigene Nutzen in den Vordergrund tritt, kann sich der Selbstlose in einen ichbezogenen Menschen verändern. Außerdem muss der Selbstlose die durch die Vermeidung von Streit angesammelten Aggressionen loswerden. Ansonsten droht die Gefahr einer Depression.

Der aggressiv-entwertende Stil

Der „Radfahrer"

Der Aggressiv-Entwertende behandelt sein Gegenüber von oben herab und sucht nach seinen Fehlern und Schwächen. Schulz von Thun vergleicht diesen Charakter mit dem Typ des sogenannten Radfahrers (Schulz von Thun 1989, S. 115). Gemeint ist eine Person, die nach oben hin buckelt und nach unten hin tritt. Dieses Verhalten soll die aus eigener Erfahrung resultierenden Kränkungen des Selbstwertgefühls ausgleichen. Das seelische Axiom lautet: „Ich bin nicht in Ordnung, mache erbärmlich alles falsch. Wehe, jemand merkt es! Dann werde ich untergebuttert und gnadenlos verachtet“ (Schulz von Thun 1989, S. 118).

Schuld wird woanders gesucht

Der Vorteil dieses Denkens liegt in der Konfliktbereitschaft. Aber wie kommt dieses passive Verhalten zustande? Der Betroffene wendet die sogenannte Du-Botschaft an, das heißt, die Schuld an seinen Aggressionen sucht er nicht bei sich selbst, sondern in den Fehlern anderer.

In sich hineinhorchen

Dem aggressiv-entwertenden Typ sei empfohlen, häufiger in sich hineinzuhorchen, seine Gefühle zu kontrollieren und erst dann auf eine gegebene Situationen zu reagieren. Wie Schulz von Thun trefflich sagt: „Willst du ein guter Partner sein, dann schau erst in dich selbst hinein“ (Schulz von Thun 1989, S. 149). Das gilt insbesondere für das Berufsleben, wo wir uns meist auf sachlicher Ebene bewegen, ohne die Möglichkeit zu haben, Gefühle auszudrücken.

Sachlich kommunizieren

Der aggressiv-entwertenden Persönlichkeit sei außerdem empfohlen, die Art und Weise der Kritik zu verändern. Statt vernichtend zu kritisieren, sollte sie aufwertende Worte benutzen und einen sachlichen Ton anschlagen. Dem Gegenüber sollte sie ein Gefühl von Verständnis geben. Das fördert die Kommunikation hinsichtlich Offenheit und Direktheit.

Der sich beweisende Stil

Keinen schlechten Eindruck machen

Die Sorge um das eigene Selbstwertgefühl steht hier im Vordergrund. Viel Mühe wird unternommen, um sich in den schönsten Farben darzustellen, um ja keinen schlechten Eindruck zu machen. Ein ungemein großer Druck lastet auf den Schultern des sich Beweisenden, der nach außen bemüht ist, immer eine perfekte Erscheinung abzugeben. Das seelische Axiom lautet: „Ich selbst bin nicht (liebens)wert – nur in dem Maße, wie ich ‚gut' bin, verdiene ich Liebe und Anerkennung" (Schulz von Thun 1989, S. 155).

Unechte Fassade

Die unechte Fassade, die sich langsam, aber sicher bildet, verzerrt das eigentliche Bild des Charakters und führt somit zur Selbstentfremdung. Daraus folgt: Dieser Typus hinterfragt nicht mehr, sondern passt sich der jeweiligen Situation an und sagt das, was von ihm erwartet wird, um im richtigen Licht zu erscheinen.

Die Negativseite zulassen

Was kann ein solcher Mensch tun, um seine Persönlichkeit positiv zu entwickeln? Der sich Beweisende muss versuchen, von seiner Art des Denkens wegzukommen. Dadurch wird nämlich nicht nur der dem Ideal entsprechende Teil der Person erkennbar, sondern auch der „schwache, nicht ansehnliche" Teil aus seinem Käfig herausgelassen. Die Negativseite der Persönlichkeit wird gefördert, was in diesem Zusammenhang positiv ist.

Der bestimmende-kontrollierende Stil

Kontrolle und Selbstdisziplin

Kontrolle ist hier das Leitmotiv. Nur ja nicht von spontanen Ideen überrascht werden! Der Bestimmende-Kontrollierende will am liebsten, dass alles so ist, wie er es sich vorstellt. Seine Prinzipien stehen an erster Stelle und sollten nicht von anderen bestritten werden. Nur seine Meinungen und Handlungsweisen gelten. Dieses Verhaltensmuster erinnert sehr an den aggressiv-entwertenden Stil. Selbstdisziplin ist gefragt.

Chaotische Impulse

Aber ist der Bestimmende-Kontrollierende wirklich so perfekt, wie er sich darstellt? Meist ist dies nicht der Fall. Er versucht nur durch die Kritik an anderen, sich selbst zu kritisieren. Das seelische Axiom lautet: „Ich bin voll von chaotischen, sündhaften, unvernünftigen Impulsen – nur wenn ich mich an strenge Regeln halte, kann ich mich in der Gewalt haben und ein anständiger Mensch bleiben" (Schulz von Thun 1989, S. 175).

„Nicht-direktiv" kommunizieren

Im Interesse der Persönlichkeitsentwicklung sollte der Bestimmende-Kontrollierende eine „nicht-direktive Gesprächsführung" einsetzen, das heißt, eine unterstützende Position in Gesprächen einnehmen, die den Gesprächspartner ermutigt, die richtige Lösung zu finden und eine eigene Meinung zu entwickeln.

So wie der Bestimmende-Kontrollierende mit anderen umgeht, verhält er sich auch im Umgang mit sich selbst. Er könnte aber durch mehr Offenheit und Ausdruck seiner inneren Gefühle die Beziehung zu anderen Menschen verbessern.

Der sich distanzierende Stil

Extrem kontaktscheu

Dieser Kommunikationsstil trifft auf Personen extremer Kontaktscheue zu. Das sind Menschen, die es als unangenehm empfinden, sich körperlich und geistig in Abhängigkeit zu begeben, ohne den beruhigenden Sicherheitsabstand zu halten. Ihr Gegenüber gewinnt schnell den Eindruck, abweisend behandelt und nicht gemocht zu werden. Die sachliche Ebene der Beziehung ist intensiver ausgeprägt als die persönliche. In der Kommunikation äußert sich dieses Verhalten besonders durch den mangelnden Gebrauch des Wortes „Ich". Wie bei fast allen Stilen hat der Betroffene einen Schutzschild aufgebaut, um seine inneren Gefühle nicht zu verletzen.

Angst vor Abhängigkeit

Das seelische Axiom lautet: „Wenn ich mich öffne und jemanden an mich heranlasse, begebe ich mich in große Gefahr. Ich könnte in eine solche Abhängigkeit geraten, dass ich jeder Verletzung preisgegeben wäre und mich selbst in der Gefangenschaft der Verschmelzung verlöre" (Schulz von Thun 1989, S. 196).

Das Beziehungs-Ohr stärken

Der Vorteil dieses Stils zeigt sich in dem Willen, sich nicht von anderen beeinflussen zu lassen, wenn es um Entscheidungen geht. Denn die Gefühle anderer interessieren den sich distanzierenden Menschen wenig. Das Verhältnis zwischen Abstand und Nähe sollte aber ausgeglichen sein, um eine engere Beziehung und somit eine verständnisvolle Kommunikation aufzubauen. In Bezug auf das Vier-Ohren-Modell kann man das auch so ausdrücken: Das Beziehungsohr wird gestärkt und das Sachohr geschwächt. Schulz von Thun schreibt: „Riskiere ein ‚Auswärtsspiel', aber wähle die Dosierung so, dass das Ungewohnte verkraftbar und die Angst erträglich bleibt; und lerne deinen Schatten gut kennen, bevor du über ihn springst" (Schulz von Thun 1989, S. 124f.).

Der mitteilungsfreudig-dramatisierende Stil

Starke Mittel

Ein aufmerksames Publikum ist für den Mitteilungsfreudig-Dramatisierenden wohl das Wichtigste. Er liebt es, seine Gefühle in besonderer Dramatik offen auszubreiten, um seine Zuhörer zu faszinieren. Der Gesprächspartner wird für diese Zwecke ausgenutzt, da es hier nicht wichtig ist, mit wem man sich unterhält, sondern dass man überhaupt die Gelegenheit hat, sich zu präsentieren und mitzuteilen. Hieraus ergibt sich das seelische Axiom: „Ich bin unwichtig. Wie mir wirklich zumute ist, interessiert niemanden. Nur wenn ich mich geschickt oder mit starken Mitteln in den Vordergrund spiele, werde ich beachtet" (Schulz von Thun 1989, S. 231).

Keine „Verbalshow" mehr

Die Frage ist, ob die ausgedrückten Gefühle des Betroffenen den wahren Gefühlen entsprechen oder nur ein Mittel zum Zweck sind, um die innere Leere auszufüllen. Wenn der Mitteilungsfreudig-Dramatisierende sich positiv verändern will, muss er seine Wortwahl der Situation anpassen und nicht einfach nur seine „Verbalshow" abziehen. Dadurch erhält auch der Gesprächspartner die Chance, seine Gedanken zu äußern, die vielleicht ebenfalls Anregungen zur Weiterentwicklung beinhalten können. Schulz von Thun bezeichnet dies als „innerlich aktives Zuhören" (Schulz von Thun 1989, S. 242): Hierbei geht es darum, das Gesagte an sich herankommen zu lassen, ohne gleich äußerlich darauf zu reagieren.

5.3 Das Persönlichkeitsmodell vom inneren Team

Aufbau der Persönlichkeit

Schulz von Thun hat dieses Modell entwickelt, um den Aufbau der Persönlichkeit besser darzustellen. Demnach wird Persönlichkeit erst aus dem Zusammenspiel verschiedener

Eigenschaften geformt. Diese Eigenschaften bilden das „innere Team“ und werden nach Schulz von Thun in Form von Mitspielern auf einer Bühne verkörpert, die vom Regisseur (der Person selbst) gelenkt werden. Die Außenwirkung eines Menschen wird davon bestimmt, in welcher Kombination die „inneren Mitspieler“ auftreten. Die einen setzen sich durch und stehen im Rampenlicht, die anderen werden in den Hintergrund verdrängt. Diese Anordnung entscheidet letztendlich der innere Regisseur.

Stammspieler

Regelmäßiges Auftreten

Diese Mitspieler erkennt man an ihrem regelmäßigen Auftreten. Sie verkörpern die oben beschriebenen Kommunikationsstile und sichern die innere und äußere Kontrolle einer Person. Häufig finden sich hier Verhaltensmuster der Eltern wieder. Es kann aber auch der Einfluss eines Außenstehenden sein, der bestimmte Mitspieler bevorzugt wahrnimmt. Daran wird deutlich, dass der Regisseur nicht immer die Wahl hat, welche Stammspieler ein Team bilden.

Im Vordergrund

Die Stammspieler stehen im Vordergrund und übernehmen die Abwehr beziehungsweise die Verdrängungsarbeit von ungewollten Mitspielern wie z. B. Angst, Schmerz oder Hilflosigkeit. Platzmangel macht es den unbeliebten Mitspielern schwer, richtig zum Zuge zu kommen. Häufig geschieht es, dass ein Stammspieler alle anderen verdrängt und über die Gesamtpersönlichkeit dominiert. Schulz von Thun spricht hier von der Behinderung einer „inneren Teamentwicklung“.

Antipoden

Gegenpole

Mit einer Antipode ist der Gegenpol jedes Mitspielers im inneren Team gemeint. Wenn nur die Stammspieler vom Regisseur eingesetzt werden, spiegelt sich nach außen nur die Vorderseite der Persönlichkeit. Die Antipoden werden auf die Rückseite der Persönlichkeit verlagert. Dies bedeutet, Stammspieler und Antipode arbeiten gegeneinander. Eine derartige Trennung von Vorder- und Rückseite bewirkt eine extreme Ausbildung der einzelnen Verhaltensmuster. Denn wie schon beim Entwicklungsquadrat erwähnt, braucht jeder Wert seinen Gegenwert, um die richtige Mischung abzugeben. Das klingt paradox, wo doch gerade im Berufsleben verlangt wird, sich den Gegebenheiten anzupassen, ohne Rücksicht auf eigene Meinungen und Gefühle zu nehmen.

Drei Stufen

Um die Konstituierung des inneren Teams zu verdeutlichen, hat Schulz von Thun den Grad der Verbannung der Antipoden in drei Stufen untergliedert.

Die erste Stufe der Verbannung

Antipoden werden wahrgenommen

In der ersten Stufe der Verbannung nimmt die Person die Antipoden seiner Stammspieler deutlich wahr und erkennt ihre Existenz an. Abhängig von der gegenwärtigen Situation kann der Regisseur auf sie zugreifen oder auch nicht. Trotz relativ einfachen Zugriffs auf die Antipoden sollte die Person versuchen, eine richtige Beziehung zwischen Stammspieler und Antipode aufzubauen. Erst dann kann sich ein eingespieltes Team entwickeln, ohne einander auszuschließen.

Die zweite Stufe der Verbannung

Antipoden stören

Antipoden, die der zweiten Stufe der Verbannung angehören, werden vom Regisseur als störend und belastend empfunden. Die Angst vor der Meinung Außenstehender fördert die Unterdrückung. Die Antipoden widersprechen dem Ideal des Regisseurs einfach zu sehr. Doch jedes noch so fest verborgene Gefühl kommt irgendwann zum Ausbruch – und dann meist mit unkontrollierter Wucht, die sich durch zu lange Unterdrückung angesammelt hat. Ein „innermenschliches“ Problem ist entstanden.

Integration der Außenseiter

Hilfreich wäre es, die innere Auseinandersetzung durch das Anerkennen von Antipoden zu lindern, indem ihre Aufgaben entdeckt, vielleicht sogar schätzen gelernt werden. Es geht um „innere Teamentwicklung durch Integration der Außenseiter“, wie Schulz von Thun es nennt (Schulz von Thun 1989, S. 219). Anfängliche Hindernisse wie Verwunderung bei Außenstehenden über die neue Entwicklung der Persönlichkeit oder Schwierigkeiten zwischen Stammspielern und Antipoden lösen sich nach und nach mit etwas Übung von selbst.

Die dritte Stufe der Verbannung

Antipoden werden nicht gehört

Diese Stufe bedroht die Stammspieler. Deshalb befinden sich die Antipoden nicht nur hinter der Bühne, sondern darunter. Die Verbannung ist so stark, dass nicht einmal der Regisseur diese Gefühle wahrnimmt. Natürlich machen sie sich dann und wann bemerkbar, doch sofort beginnt die Verdrängungsarbeit. Wenn die kommunikative Wahrnehmung dieser Gefühle unterdrückt wird, schaden die nicht gehörten Antipoden der Gesundheit und können Auslöser von Depressionen und innerer Erschöpfung sein.

Würdigung

Hilfe für den Kontakt

Unsere Gesellschaft fügt sich zusammen wie ein riesiges, buntes Puzzle. Ob Student oder Berufstätiger, ob arm oder reich – jede Person ist eine einzigartige Persönlichkeit, die besonders durch ihr Umfeld geprägt wird. Schulz von Thun versucht, den Kontakt zwischen diesen Menschen zu erleichtern. Das Vier-Ohren-Modell ist eine Art Architektur für den Kontakt. Die Kommunikationsstile helfen, empfangene Botschaften umzusetzen und zu verstehen.

Im Modell vom inneren Team kommt es zur Konfrontation zwischen innerem und äußerem Verhaltensmuster. Je besser die Akzeptanz zwischen Antipoden und Stammspielern funktioniert, desto einfacher ist die innere Teamentwicklung.

Chance eines besseren Verständnisses

Ganz unbewusst müssen wir uns jeden Tag mit unendlich vielen Gefühlen und Eindrücken auseinandersetzen, ohne einmal darüber nachgedacht zu haben, welche Prozesse in uns vorgehen, die auch die Kommunikation zu anderen beeinflussen. Schulz von Thun eröffnet mit seinen Theorien die Chance, uns selbst und unsere Gegenüber besser zu verstehen und auch in schwierigen Situationen die Ruhe zu bewahren.

Literatur

Matthias Burisch: *Das Burnout-Syndrom: Theorie der inneren Erschöpfung*. Berlin, Heidelberg, New York, London, Paris, Tokyo, HongKong: Springer 1989.

Paul Helwig: *Charakterologie.* Stuttgart: Klett 1967.

Friedemann Schulz von Thun: *Miteinander Reden 1. Störungen und Klärungen.* Reinbek: Rowohlt 1981.

Friedemann Schulz von Thun: *Miteinander Reden 2. Stile, Werte und Persönlichkeitsentwicklung.* Reinbek: Rowohlt 1989.

Friedemann Schulz von Thun: *Miteinander Reden 3. Das „Innere Team" und situationsgerechte Kommunikation.* Reinbek: Rowohlt 1998.

6. Psychomentale Programmierungstechniken

Zu den psychologischen Werkzeugen, die Sie für Ihre Persönlichkeitsentwicklung nutzen können, gehört das Unterbewusstsein, die „Werkstatt der Seele".

Geistesblitz aus dem Unterbewusstsein

Sie kennen Situationen wie etwa diese: Sie haben lange über ein Problem nachgedacht, ohne eine Lösung zu finden. Plötzlich – Stunden später – kommt Ihnen die zündende Idee. Das zeigt, dass eine Idee in Ihrem Kopf Wurzeln geschlagen hat und Ihnen unerwartet eine reife Frucht anbietet. Solche Geistesblitze kommen aus dem Unterbewusstsein, das sich noch lange mit dem Problem beschäftigte.

Beispiel: Archimedes

Die Geschichte der Menschheit ist voll von Belegen für die Wirkungsweise solcher Intuitionen. Hier eines von vielen Beispielen: Der griechische Gelehrte Archimedes sollte den Goldgehalt einer Krone des Herrschers prüfen, ohne sie jedoch zu beschädigen. Dazu musste er wissen, welches Volumen die Krone hat. Lange dachte er darüber nach, fand aber keine Lösung. Tage später nahm er ein Bad. Er stieg in den Badebehälter, wobei genau jene Wassermenge auslief, die er beim Hineinsteigen mit seinem Körpervolumen verdrängte. Als das Wasser überschwappte, kam ihm plötzlich der Einfall: Er muss die Krone in einen Behälter tauchen und kann durch das überschwappende Wasser das Volumen der Krone zu messen. Daher stammt der berühmte Ausruf „Heureka" (ich hab's).

Keine Quacksalberei

Der Wert von Techniken, die das Unterbewusstsein stimulieren, ist unbestritten und wird nicht mehr als spiritistische Quacksalberei abgetan. In der Medizin, im Leistungssport, in der Pilotenausbildung und in der Raumfahrt werden solche Psychostimulanzen genutzt.

Die wichtigsten Methoden

Auch Sie könnenen solche Methoden für Ihre Zwecke einsetzen. Die wichtigsten und interessantesten sind:
- Suggestion und Autosuggestion
- Imagination bzw. Visualisation
- Positives Denken
- Refraiming
- Moment of Excellence

Diese Methoden dienen auf unterschiedliche Art und Weise dazu, Ihre Selbstmotivation zu stärken.

Einsatzgebiete

Mentales Training ist Probehandeln in der Fantasie. Es ermöglicht Ihnen, Fertigkeiten oder Verhaltensweisen zu verbessern, indem Sie sich psychisch damit beschäftigen, ohne physische Berührung. Jeder bewussten Handlung geht ein auslösender Gedanke voraus. Diesen Umstand nutzen Mentaltechniken, indem sie Handlungen mit der Hilfe von Gedanken steuern. Darum werden Mentaltechniken eingesetzt von
- Spitzensportlern, um Bewegungsabläufe zu verbessern und Selbstbewusstsein für den Wettkampf zu gewinnen;
- Astronauten und Piloten, um die komplizierte Apparatur von Raumschiffen und Flugzeugen sicher zu beherrschen und um in Notlagen richtig zu handeln;
- Führungskräften, um sich Mitarbeitern gegenüber richtig zu verhalten;
- Verkäufern, um auf Kunden optimal einzuwirken.

Mit den benannten Methoden wird auch aus Ihrem Willen eine Art geistige Kompassnadel, die aus Ihrem Unterbewusstsein heraus den von Ihnen gewünschten Kurs gewährleistet.

6.1 Zur psychoneurologischen „Mechanik" zwischen Geist und Körper

Einheit von Geist und Körper

Dass Geist und Körper eine Einheit bilden, wird heute von niemandem mehr bestritten. Die vielen psychosomatisch bedingten Krankheiten beweisen dies. Dass positive Gedanken positiv auf den Körper wirken, bestätigt das autogene Training.

PNI

Was man bisher nicht wusste, ist, wie dies funktioniert. Die Antwort versucht die psychoneurologische Immunologie (PNI) zu geben. Nach ihr sind Immun-, Nerven- und Hormonsystem zu einem einzigen, koordiniert reagierenden Verband zusammengeschlossen, zu einem „immuno-neuro-endokrinen Netzwerk". Zwar interessiert sich die psychoneurologische Immunologie vornehmlich dafür, wie Krankheiten entstehen und wie man sie vermeidet. Doch mit dem Wissen über diese Zusammenhänge gibt sie auch erste Antworten auf die Mechanik von Suggestionen und Imaginationen.

Zwei Kommunikationssysteme

Der menschliche Körper hat zwei Kommunikationssysteme für das „Gespräch" zwischen Geist und Körper. Es sind das Nervensystem und der Blutkreislauf:

- Beim *Nervensystem* erfolgt der Informationsaustausch über ein Netzwerk von „Drähten", an deren Enden chemische Botschaften in Form von Hormonen (z. B. Adrenalin, Acetylcholin, Insulin) und sogenannten Neuropeptiden (z. B. Endorphine und Benzodiazepine) ausgestoßen werden. Bis heute sind 80 solcher Informationssubstanzen bekannt. Sie werden von Immunzellen aufgefangen und entziffert. Empfindet die Immunzelle die Botschaft negativ, schüttet sie Noradrenalin oder Kortisol aus. Das wiederum schwächt die Immunreaktion. Die Abwehrzelle „erschlafft". Kommen aber Positivbotschaften an, dann stößt sie Acetylcholin aus, das dem Immunsystem Kraft einflößt.
- Beim *Blutkreislauf* erfolgt der Nachrichtentransport biochemisch. Auch hier betätigen sich Hormonmoleküle als Informationsträger. Sie können ihre Nachricht in jede Körperzelle tragen, an der sich passende Rezeptoren befinden. Spezielle Botenstoffe, z. B. Concavalin A, geben den Befehl, die Lymphozytenproduktion anzukurbeln, um z. B. krankmachende Eindringlinge abzuwehren.

Mechanismus bei Stress

Auch bei Stress läuft dieser Mechanismus ab. Wenn Sie sich von einem Problem überwältigt fühlen und Ihre Situation als ausweglos betrachten – PNI-Forscher nennen das „Kontrollverlust" –, dann verstärkt sich Ihre Kortisolproduktion. Zugleich resignieren Ihre Abwehrzellen nach dem Motto: „Wenn er/sie nicht will, dann wollen wir auch nicht mehr.“ Es scheint, als ob das Immunsystem, das in Millionen von Jahren im Kampf um das Überleben entstand, den Sieger belohnt und den Verlierer bestraft.

Beispiel: Scheidung

Grundsätzlich gilt aber auch hier, dass die Sichtweise gegenüber einer Situation darüber entscheidet, ob sie als Stress empfunden wird oder nicht. Für jemanden, der seine Ehe als Martyrium empfand, ist die Scheidung in immunologischer Hinsicht eine Wohltat. Wird die Trennung aber schmerzlich empfunden, schwächt dies das Abwehrsystem.

6.2 Persönlichkeitsentwicklung durch Suggestion

Jeder Mensch, auch Sie, betreiben täglich Autosuggestion, positiv oder negativ. Positiv, indem Sie sich gut zureden; negativ, wenn Sie glauben, die Sache gehe schief.

Programmierung des Unterbewusstseins

Mit solchen Autosuggestionen programmieren Sie Ihr Unterbewusstsein und drängen so Ihre psychischen Steuerungskräfte in die Richtung Ihres Zieles. So wie Sie Fremdbefehlen mehr oder weniger unbewusst folgen, z. B. den Farben einer Verkehrsampel, so soll auch Ihr autosuggestiver Befehl in Ihr Unterbewusstsein eindringen und es programmieren. Wie geht das?

Gedanken und ihre Wirkungen

Sie wissen, dass Befehle, die in der Hypnose gegeben werden, oft auch nach der Hypnose ausgeführt werden. Das gilt auch für selbsthypnotische Befehle. Darauf basiert z. B. das autogene Training. Jeder Gedanke, der sich auf Ihren Körper bezieht, hat im Körper eine Folgewirkung. Diese Kraft der Gedanken können Sie in einem Selbstexperiment nachvollziehen. Schließen Sie die Augen und stellen Sie sich bildhaft vor, wie Sie in eine vollreife, saftige Zitrone beißen. Wie schmeckt Ihnen der Gedanke? Er hat so viel Kraft, dass sich Ihre Kaumuskeln verspannen.

Placebo

Die Kraft der Gedanken macht sich auch der Arzt zugute, der seinem Patienten ein Placebo verabreicht. Ist diese Scheintablette rot und sagt der Arzt mit fester Stimme: „Diese Pille hilft Ihnen", dann trifft dies in den meisten Fällen zu.

Empfehlung von Cué

Der französische Apotheker Cué, der den „Erfinder" des autogenen Trainings, Johannes Heinrich Schultz, maßgeblich beeinflusste, empfahl seinen Kunden, es zunächst mit gutem Zuspruch zu versuchen und erst dann Pillen zu schlucken. Er legte ihnen die folgende Autosuggestion ans Herz: „Es geht mir jeden Tag in jeder Hinsicht immer besser und besser."

→ Ergänzende und vertiefende Informationen zum Thema „Autogenes Training" finden Sie im Kapitel E 2 im zweiten Band dieser Buchreihe (Methodenkoffer Arbeitsorganisation).

Zwei Persönlichkeiten

Bei der Autosuggestion bringen Sie Ihr Ich und das Selbst, Ihr Bewusstes und Ihr Unterbewusstes in eine Beziehung. Die bewusst formulierte Suggestion geht in eine Autosuggestion über, wenn Ihr Unterbewusstsein sie aufnimmt. Anders ausgedrückt: Durch autosuggestive Selbstbefehle wird Ihr Ich in zwei Persönlichkeiten aufgespaltet: eine befehlende und eine ausführende.

Jetzt kennen Sie die „Mechanik" der Autosuggestion und sollten Sie nutzen, Ihr Ziel zu affirmieren, d. h. zu verstärken. Sprechen Sie zu sich bei jeder passenden Gelegenheit:

- Ich bin erfolgreich.
- Ich weiß, dass ich es schaffe.
- Ich kann es, ich packe es.

Aufgabe

Wie könnte die Autosuggestion für Ihr Ziel lauten?

Konzentration auf Vorsatzformel

Solche autosuggestiven Programmierungen können Sie auch noch im fortgeschrittenen Erwachsenenalter vornehmen. Versuchen Sie es doch einmal mit einer dem autogenen Training entliehenen formelhaften Vorsatzbildung, z. B.: „Ich bin den ganzen Tag guter Laune und werde das Problem … schon lösen." Im entspannten Zustand abends beim Einschlafen und morgens in der Frühe konzentrieren Sie sich auf diese Vorsatzformel und lassen Sie in die tieferen Bewusstseinsschichten einsickern.

Selbsthypnose

Wirksamer als Autosuggestionen sind Suggestionen etwa in Form der Hypnose. Zwar sollte diese Methode im Zusammenhang mit Ihrer Zielerreichung ausscheiden, da sie einen Eingriff in Ihre Autonomie darstellt. Aber es gibt auch Formen der Fremdsuggestion, die in Wirklichkeit von Ihnen selbst durchgeführt werden.

Eingriff in die Autonomie

Der deutsche Verhaltenstrainer Hans J. Schellbach, Sohn des bekannten Erfolgsmethodikers Oskar Schellbach, empfiehlt ein Suggestionsverfahren, bei dem Sie auf einen Kassettenrecorder einige Minuten lang positive Botschaften über sich selbst sprechen wie etwa: „Ich bin gut, ich packe das, ich arbeite diszipliniert." Diese Botschaften hören Sie sich jeden Morgen im Badezimmer an. Da Sie Ihre eigene Stimme als fremd empfinden, resultiert daraus eine suggestive bzw. hypnotische Wirkung auf Ihr Unterbewusstsein. Sie sind eingeladen, diese Methode auszuprobieren. Sprechen Sie die hier empfohlenen Botschaften und weitere auf das Kassettenband, aber bitte in der zweiten Person („Du wirst es schaffen! Du kannst es, weil …"). Wie könnte sich Ihr etwa fünfminütiges Hörspiel anhören?

Kassettenrecorder nutzen

Als wirkungsvoll hat sich eine Methode erwiesen, die ich erstmals 1991 in einem Seminar testete. Je zwei Teilnehmer, die sich sympathisch fanden, besprachen ein Videoband mit Positivbotschaften. Person A sagte Gutes über Person B und umgekehrt. Jeder Seminarteilnehmer sieht sich nun täglich einige Minuten das Videoband mit den Positivbotschaften an, um sich von einem anderen Menschen positiv beeinflussen zu lassen.

Videoband mit Positivbotschaften

Den gleichen Effekt erzielen Sie, wenn Sie solche Positivbotschaften auf große Zettel schreiben und diese sichtbar aufhängen. Das ist ein Weg, ähnlich, wie die Werbung ihn beschreitet, um Ihr Unterbewusstsein zum Kaufen zu verführen. Warum sollte das nicht auch für Sie ein wirksames Instrument sein, um sich selbst zu beeinflussen? Was müsste hinsichtlich Ihres Zieles auf diesen persönlichen Werbeplakaten stehen? Sie sollten auch diesen Vorschlag testen. Gestalten Sie Ihr persönliches Plakat mit Werbebotschaften an Ihr Unterbewusstsein.

Persönliches Plakat gestalten

6.3 Persönlichkeitsentwicklung durch Imagination

Ein Bild sagt mehr als 1 000 Worte, lautet ein altes Sprichwort. Der Mensch ist ein „Augentier". Das wissen Sie aus eigener Erfahrung.

Linke Gehirnhälfte

Die Ursache hierfür liegt in der Konstruktion Ihres Gehirns. Linke und rechte Hirnhälfte haben unterschiedliche Aufgaben. Die linke Hälfte ist zuständig für logisches Denken, lesen, analysieren, detaillieren, zählen und berechnen sowie für alles, was mit Sprache auf der Ebene von Grammatik, Syntax und Semantik zu tun hat. Mit Ihrer linken Hirnhälfte organisieren und klassifizieren Sie. Sie ist in Ihrem Leistungsvermögen abhängig von dem, was Sie an Wissen und Erfahrung gespeichert haben. In ihr sind jene psychologischen Programme gespeichert, die Ihr angelerntes Wissen verarbeiten.

Rechte Gehirnhälfte

Die rechte Hirnhälfte denkt in Bildern. Sie ist zuständig für Ihre Körpersprache, Gefühle und Kreativität. Sie arbeitet ganzheitlich. In ihr werden neue Ideen produziert. In gewisser Hinsicht ist sie leistungsfähiger als die linke Hälfte, da in ihr die psychologischen Programme für angeborene Fähigkeiten arbeiten.

→ Ergänzende und vertiefende Informationen zur Arbeitsteilung der Gehirnhälften finden Sie im Kapitel B 1 des zweiten Bandes dieser Buchreihe (Methodenkoffer Arbeitsorganisation) sowie im Kapitel B 5 „Herrmann Brain Dominance Instrument HBDI™" in diesem Buch.

Das Beispiel Kekulé

Anordnung der Elemente im Benzol

Natürlich wirken beide Hälften zusammen, denn sie sind mit Hunderten Millionen Nervenfasern verbunden. Außerdem muss vieles zunächst linkshirnig bearbeitet worden sein, bis es rechtshirnig unbewusst in die „Endmontage" geht. Hierzu ein bekanntes Beispiel: Der berühmte Chemiker Friedrich August Kekulé von Stradonitz hatte jahrelang über die Anordnung der chemischen Elemente im Benzol nachgedacht. Er wusste, es gab jeweils sechs Atome Wasserstoff und Kohlenstoff (C_6H_6). Eines

Nachts im Traum, nach dem Besuch eines Tiergartens, in dem er zwei ineinander verschlungene Schlangen gesehen hatte, lieferte ihm seine rechte Gehirnhälfte die Lösung. Die Molekularstruktur des Benzols ähnelte einem Sechseck mit jeweils einem Arm an jeder Ecke. Ein anderes Beispiel: Dem Jahrhundertgenie Albert Einstein wird nachgesagt, dass er mit seiner rechten Hirnhälfte die Relativitätstheorie entwickelte und mit seiner linken die Formeln dazu schrieb.

Leistungsfähige rechte Hirnhälfte

Die Entwicklungsgeschichte des menschlichen Gehirns reicht einige Hundert Millionen Jahre zurück. Jedoch gibt es erst seit ca. 50 000 Jahren die Arbeitsteilung von linker und rechter Seite, also erst seitdem wir Menschen mit dem Verstand denken und handeln. Sprache, Mathematik und Wissenschaft hatten, gemessen an der gesamten Entwicklungsgeschichte des Gehirns, nur wenig Zeit, ihre Programme im Kopf zu installieren. Das erklärt, warum die rechte, also die bildlich denkende Hirnhälfte, so leistungsfähig ist. Diese Leistungsfähigkeit sollten Sie sich für Ihr Ziel zunutze machen. Das geschieht über Imagination bzw. Visualisation.

Sie wissen vielleicht von Ihren oder anderen Kindern, dass diese den Gang, die Bewegungen und die Sprache ihrer Eltern nachahmen. Das beweist den Bildertransport von außen nach innen. Auch Erwachsene versuchen, in die Rolle ihrer Vorbilder zu schlüpfen, und ahmen deren Verhalten nach.

Imagination im Spitzensport

Anwendung bei Sportlern

Im Leistungssport wird die Imagination mit System angewandt. Tennisspieler spulen einen inneren Lehrfilm ab, mit dem sie z. B. ihre Vorhand verbessern wollen. Golfspieler sehen vor dem Schlag den Ball im Loch landen. Bobfahrer führen vor der Fahrt einen „Bauchtanz“ vor, entsprechend der Kurvenführung des Eiskanals, um so über ihr Unterbewusstsein entscheidende Zehntelsekunden gegenüber den Mitbewerbern herauszuholen.

Bilder früherer Erfolge

Weltklassesportler gehen sogar noch weiter: Sie reaktivieren vor einem schwierigen Wettkampf Bilder früherer Erfolge, vom Siegeinlauf über die Siegerehrung bis hin zur Flaggenparade. Das soll sie an das in ihnen Mögliche und schon Gewesene erinnern. Fazit: Je bildhafter ein Sportler denken kann, umso leistungsfähiger ist er in der Regel.

Astronauten und Piloten

Auch in der Astronauten- und Pilotenausbildung wird mit Imaginationen gearbeitet, um so aus einer außergewöhnlichen Situation eine gewöhnliche zu machen, wie man sie schon oft (in Gedanken) erlebt hat.

Imagination in der Therapie

Kampf gegen Krebs

Bekannt sind auch Beispiele aus der Krebstherapie. In vielen Kliniken der Welt stellen sich Patienten – angeleitet von Psychologen – vor, wie Polarbären (weiße Blutkörperchen) eine Giftschlange (Tumor) in Stücke zerreißen. Infolge von Imagination werden an den Nervenfasern hormonale Botschaften ausgesendet, die von einer Immunzelle aufgefangen und entziffert werden.

Stärkung des Immunsystems

Die recht junge Wissenschaft der Psychoneuroimmunologie (PNI) entdeckt fast täglich neue Netzwerke von Nervenfasern und molekularen Brücken, die Körper und Psyche miteinander in Verbindung halten. Inzwischen liegen genügend Belege dafür vor, dass solche positiven Imaginationen das Immunsystem tatsächlich stärken, indem Geist und Bewusstsein in den molekularen Informationsfluss zwischen Nerven-, Hormon- und Immunsystem eingespeist werden. Diese Wiedervereinigung von Leib und Seele bewirkte eine Revolution in der therapeutischen Medizin mit vielfältigem Nutzen.

Beispiel: Tumor im Rückenmark

Im Wochenmagazin „Der Spiegel" berichtete ein schwer erkrankter Lehrer über seine Odyssee von Arzt zu Arzt, bis er nach Monaten endlich den Mediziner fand, der einen Tumor im Rückenmark diagnostizierte und diesen um den Preis einer Querschnittslähmung in einer schwierigen Operation entfernte. Obwohl ihn die Ärzte und Pfleger für den Rollstuhl trainieren wollten, kämpfte der Patient darum, seine Beine wieder gebrauchen zu können. Dazu bediente er sich erfolgreich der Imagination und Autosuggestion.

„Meine Hauptbeschäftigung war, meine Beine zu bewegen, das heißt, ich vollführte die Bewegung geistig, aber es rührte sich nichts. Der Impuls ging ins Leere … Seltsamerweise schwitzte ich dabei, obgleich keinerlei körperliche Anstrengung vorhanden war … Ich begann mit den Beinen zu sprechen. Ich sagte zu ihnen: ‚Bewegt euch doch mal, ich helfe euch! Jetzt ist alles vorbei, ihr könnt euch wieder wie früher bewegen!' Ich erzählte niemandem davon. Ich wusste, dass mich niemand ernst genommen hätte. Eines Abends lag ich erschöpft vom Aufsetzen, Durchbewegen der Beine und meinen privaten Sonderübungen flach auf dem Rücken. Ich blickte zu meinem rechten Fuß und versuchte ihn wie gewöhnlich zu bewegen. Ich traute meinen Augen nicht. Die Bettdecke verschob sich ein wenig. Rasch zog ich sie zur Seite und sah, wie sich mein magerer Fuß langsam bewegte."

Übungsvorschlag: Idealisiertes Zielbild

Vier Schritte

Auch Sie können mithilfe eigener Fantasiebilder Ihre Ziele besser erreichen. Dazu möchte ich Ihnen die Methode des idealisierten Zielbildes vorstellen. Sie besteht aus vier Schritten:

1. Schritt

Entspannen

Zunächst entspannen Sie sich mindestens drei Minuten.

2. Schritt

Imaginieren

Sie imaginieren nun drei bis fünf Minuten präzise den angestrebten Zielzustand. Wichtig ist, dass dieses Zielbild im Bereich Ihrer Möglichkeiten liegt und relativ bald erreicht werden kann.

3. Schritt

Vergleichen

Jetzt vergleichen Sie drei Minuten lang das Zielbild mit dem aktuellen Zustand und „zweiteilen" Ihre Person in Sie selbst und Sie als Ihr Trainer. Als dieser sagen Sie nun zu sich, was Sie erreichen wollen und wie es geschehen soll.

4. Schritt

Bedenken

Denken Sie eine Minute lang an den Nutzen, den Ihnen dieses Ziel bietet, wenn Sie es erreicht haben.

Übungsvorschlag: Film drehen

Drehen Sie im Kopf einen dreiminütigen Kurzfilm über Ihr Ziel. Sie selbst sind Regisseur, Schauspieler und Zuschauer. Schreiben

Sie kurz Ihr Drehbuch mit den wichtigsten Szenen. „Sehen“ Sie sich diesen Film jeden Morgen und gegebenenfalls auch noch tagsüber an. Seien Sie Ihr eigener Filmkritiker.

Die große Kraft der Bilder

Sie wissen, dass Bilder eine große Suggestivkraft haben. Darum werden Werbebotschaften immer mit Bildern ausgestattet. Auch aus der Religion kennen wir die Kraft des Bildlichen. Millionen Menschen nutzen vielfältig Ikonen und Heiligenstatuen, um ihre Seele zu stärken. Um etwas zu erklären, heißt es: „Stell dir doch mal vor …“ Wir sprechen von „Einsicht“ und „Durchblick“, von „Sichtweisen“, „Hellseherei“ und „Unsichtbarkeit“.

Übungsvorschlag: Plakat malen

Positivbotschaften auf Papier visualisieren

Ich lade Sie zu einer letzten Imaginationsübung ein. Sie ähnelt der Übung mit den Positivbotschaften. Jetzt sollen Sie aber kein Plakat mit Text, sondern ein Bild Ihres Zieles malen. Es kann die Größe eines Notizblocks bis hin zum Plakat haben. Sie können diese Übung mit der vorherigen Plakatübung verbinden, indem Sie das Bild mit Text unterlegen. Statt eines Bildes können Sie auch eine Collage mit Bildern aus einer Zeitschrift gestalten. Ihrer Fantasie sind keine Grenzen gesetzt. Hängen Sie Ihr Bild sichtbar auf, um ständig an Ihr Vorhaben erinnert zu werden.

6.4 Persönlichkeitsentwicklung durch positives Denken

Angst ist wie ein Leck

Haben Sie schon einmal darüber nachgedacht, wie viel Zeit, Kraft und sogar Gesundheit durch negative Gedanken verloren gehen? Menschen sorgen sich um ihre Gesundheit, ihre berufliche Position, ängstigen sich vor Prüfungen, Kunden oder Vorgesetzten. Vielleicht gehören Sie auch zu denjenigen, die sich immer wieder ängstlich fragen: „Wird das auch gut gehen?“ Manche Menschen lassen sich von der Ängstlichkeit regelrecht hypnotisieren. Angst ist ein Leck in ihrer Nervenbatterie und lässt wertvolle Lebensenergie ungenutzt abfließen.

Epiktet

Sie können sich negative Gedanken auch angewöhnen. Dann entfalten diese ein Eigenleben, werden zu Tatsachen in Ihrem

Gehirn und so zu Störfaktoren Ihres Verhaltens. Schon vor knapp 2 000 Jahren sagte der Philosoph Epiktet: Nicht die Dinge selbst beunruhigen die Menschen, sondern die Vorstellung von den Dingen.

Schopenhauer

Er brachte es mit seinen positiven Sichtweisen vom Sklaven zum geachteten Philosophen. Sein Philosophiekollege Arthur Schopenhauer bestätigte ihn 1 700 Jahre später: „Weder die Ereignisse noch die Umstände sind es, die unser Schicksal bestimmen, sondern ausschließlich die Gedanken, die wir uns über sie machen."

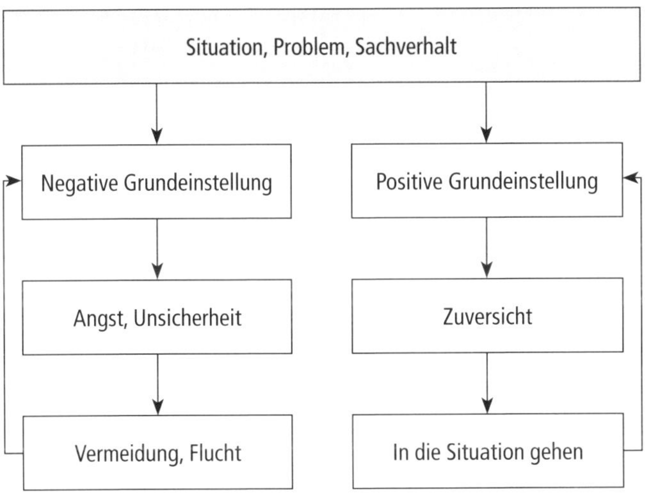

Die Wirkungsweise positiven und negativen Denkens

Das Positive sehen

Negatives Denken verkrampft Sie und mindert Ihre Leistungsfähigkeit, schadet Ihrem Fortkommen, Ihrer Gesundheit und dem Zusammenleben mit Familie und Kollegen. Nehmen Sie das Negative zur Kenntnis, aber weigern Sie sich, sich ihm zu unterwerfen. Natürlich gibt es Negatives in Hülle und Fülle, aber es gibt auch viel Positives. Sie müssen lernen, Plus- und Minuszeichen richtig zu proportionieren. Nehmen Sie Negatives bewusst auf und konfrontieren Sie es mit Positivem. Glauben Sie an Ihre Möglichkeiten und misstrauen Sie Ihren Zweifeln. Wenn Sie in schwierigen Situationen auch das Positive sehen, beweisen Sie damit Ihre Intelligenz. Es geht darum, dass Sie eine Geisteshaltung entwickeln, die Sie davor bewahrt, angesichts Ihrer Probleme bzw. Schwierigkeiten in Hoffnungslosigkeit zu verfallen. Folgen Sie nicht dem deutschen Nationalmotto „Das geht nicht“. Es geht doch.

Beispiel aus dem Spitzensport

„Ich muss" klappt nicht

Die Wirkungsweise des negativen Denkens zeigt dieses Beispiel: Der Gewichtheber Wassili Alexejew hob in den siebziger Jahren einen Weltrekord nach dem anderen. Dann war plötzlich bei 250 Kilogramm Schluss. Der „Dauerweltmeister“ und die Fachwelt waren sich einig, dass die Leistungsgrenze im Gewichtheben erreicht war. Das glaubte auch Wassili Alexejew. Er wurde Opfer der das Gegenteil bewirkenden Anstrengung. Sein angestrengtes „Ich muss“ und sein gleichzeitiges Misstrauen in die eigene Kraft hemmten sein mögliches Leistungsvermögen.

Mentalsperre durchbrochen

Es gab lange keinen neuen Weltrekord, bis eines Tages Folgendes passierte: Ein Psychologe beriet den Trainer, 251 Kilogramm auf die Hantelstange zu legen, dem Weltmeister aber zu sagen, es seinen 249,5. In diesem Glauben hob der Sportler einen weiteren Weltrekord und steigerte sich in den nächsten Jahren um weitere 30 Kilogramm. Die Mentalsperre war durchbrochen.

Grenzen im Geist

Was zeigt dieses Beispiel? Glaubt jemand fest, dass er eine bestimmte Leistung nicht bringen könne, dann wird sich seine Psyche auch nicht anstrengen, diese Grenze zu überschreiten. Der Körper allein schafft es nicht. Die Grenzen werden nicht von der Sache her gesteckt, sondern liegen in der Natur des Geistes.

Beispiel Atlantiküberquerung mit dem Faltboot

Mentale Vorbereitung

Das beweist auch ein weiteres Beispiel: Viele Menschen versuchten, mit einem Faltboot den Atlantik zu überqueren, und bezahlten dies mit dem Leben. Der Arzt Johannes Lindemann versuchte es ebenfalls, aber er bereitete sich mehrere Monate mental darauf vor. Er ließ täglich diese Suggestionen in sein Unterbewusstsein einfließen: „Ich schaffe es“, „Ich fühle mich wohl“ und „Kurs West“. So konditionierte er sein Unterbewusstsein und behielt sogar die Nerven, als sein Boot am 57. Tag im Sturm kenterte. Zweimal segelte er über das Meer. Heute lehrt er autogenes Training als eine Methode der Selbstsuggestion.

Keine negativen Verhaltensweisen

Positives Denken zeigt sich auch daran, dass bestimmte – zumeist negative – Verhaltensweisen fremd sind. In dem Buch „Lessons from the top“ ist Folgendes über die 50 besten US-Businessleader zu erfahren: „Kein Stöhnen über Informationsfluten, kein Ächzen über Globalisierung, kein Jammern über staatliche Regulierungen, kein Händeringen über die blinde Macht des Zufalles. Im Gegenteil – der Zufall wurde zum Verbündeten domestiziert“ (Rust 2000, S. 184).

Selbstvertrauen

Schachspieler

„Selbstvertrauen ist der Name, den wir dem Egoismus der Erfolgreichen beilegen“, sagte der amerikanische Essayist Elbert Hubbard. Er hatte Recht, denn Erfolgsmenschen besitzen ein gesundes Selbstvertrauen. Das zeichnet besonders große Schachspieler aus wie Gary Kasparow, Bobby Fischer oder Paul Murphy. Sie sehen sich positiv, glauben an ihr Können und gehen optimistisch jede Herausforderung an. Bobby Fischer rühmte sich ständig: „Es gibt keinen lebenden Menschen, den ich nicht schlagen könnte.“ Mit dieser Einstellung konnte er, erst neunzehn Jahre alt, Schachweltmeister werden.

Boxer

Spitzensportler brauchen diese Form der Selbstbestätigung. Boxer tönen vor jedem Kampf, dass sie ihren Gegner schlagen werden. Deshalb wurde das Boxgenie Cassius Clay auch das „Großmaul“ genannt, aber er war meines Erachtens der größte Boxer aller Zeiten. Auch andere Sportler führen während des Wettkampfes Selbstgespräche, oft aber auch negative.

Beispiel Therapie

Körperliches Wohlbefinden

Der Zusammenhang zwischen positivem Denken und körperlichem Wohlbefinden ist durch viele medizinische Studien belegt, obwohl die zugrunde liegenden Zusammenhänge noch unerforscht sind. Wenn Sie sich und die Welt positiv sehen, wird Ihre Lymphozytenproduktion animiert. Dazu folgende

Beispiele: An der University of California mussten Schauspieler Gemütszustände wie Trauer oder Schwermut, aber auch Freude und gute Stimmung darstellen. Das Ergebnis: Bei freudvollen Aktivitäten erhöhte sich die Zahl der Abwehrzellen, während sie sich nach den traurigen verringerte.

Pessimismus und Sterblichkeit

An der Yale-Universität stellte man fest, dass positive Selbstgespräche die Lebensdauer erhöhen. Sieben Jahre lang wurden 3 000 ältere Menschen ständig untersucht. Diejenigen, die sich und die Welt pessimistisch sahen, hatten innerhalb eines genau kontrollierten Zeitraumes eine größere Sterblichkeitsrate als die positiv gestimmten. Die Gesundheit aller Beteiligten war zu Beginn des Forschungsprojekts etwa gleich.

Rosenthal-Effekt

Auch in Bereichen außerhalb der Medizin gibt es statistisch gesicherte Beweise über den Zusammenhang zwischen positiver Erwartung und der positiven Folge daraus als einer von vielen Fällen der „sich selbst erfüllenden Prophezeiung". Der US-Psychologe Robert Rosenthal hat in Experimenten nachgewiesen, dass der Experimentator durch seine Erwartung Einfluss auf das Ergebnis seines Versuches nimmt. Fachleute sprechen vom Rosenthal-Effekt.

Ängste mindern die Leistung

Der Vater der „emotionalen Intelligenz", Daniel Goleman, schreibt in seinem Buch, dass man in 126 verschiedenen Untersuchungen an mehr als 36 000 Personen feststellte, dass die akademische Leistung (Klausurnoten, Leistungstests, Notendurchschnitte) umso schlechter ausfällt, je mehr jemand zu Ängsten neigt (Goleman 1997, S. 107). Angst untergräbt den Verstand. Infolge der Adrenalinausschüttung und der damit in der Regel einhergehenden Denkblockierung kommt man erst richtig in den Teufelskreis negativen Denkens: Negatives Denken verursacht ängstliches Handeln, das wiederum zu Misserfolgen führen kann. Misserfolge sind ein negatives Feedback, das erneut ein negatives Denken bewirkt. Dieses verursacht wieder ängstliches Handeln – und so fort.

→ Ergänzende und vertiefende Informationen hierzu finden Sie im Kapitel C 1 „Emotionale Intelligenz" in diesem Buch.

Das Positive herbeiführen

Es liegt also oft an Ihrer Sichtweise, ob ein Sachverhalt zum Problem wird oder nicht. Bedenken Sie: Ihr Denken beeinflusst Ihr Verhalten. Und Ihr Verhalten beeinflusst Ihr Denken. Sie geraten bei einer überwiegend pessimistischen Sichtweise schnell in den beschriebenen Teufelskreis. Nehmen Sie darum sofort den Kampf gegen Ihr pessimistisches Ich auf. Betrachten Sie sich und Ihre Umwelt positiv. Denken Sie ab sofort nicht mehr problem-, sondern zielorientiert. Sie sollen nicht das Negative nicht wollen, sondern das Positive herbeiführen. Je mehr Platz Sie positiven Eindrücken geben, desto mehr entziehen Sie Ihren negativen Erinnerungen Zeit und Raum.

Refraiming

Sie sollten dies einmal mit einer Technik versuchen, die in der psychologischen Therapie eingesetzt wird. Weil sie sich dort bewährt hat, hat sie auch andere Anwendungsfelder gefunden, so z. B. den Leistungssport. Diese Technik heißt „Refraiming" („etwas in einen neuen Rahmen stellen") und wird weiter unten beschrieben.

Denke positiv, aber realistisch

Realistische Ziele

Positiv zu denken heißt aber nicht, seine Ziele irrational zu sehen. Ihr positives Denken muss sich auf realistische Ziele beziehen. Angenommen Sie versuchen, sich mit der Positivsuggestion „Ich will im Lotto gewinnen" zu beeinflussen, dann bezeugt dies mangelnde Realitätsnähe bzw. eine Bewusstseinstrübung.

Gewinner und Verlierer

Ebenso wenig zeugt es von Selbstvertrauen, wenn jemand mit Leichtsinn eine schwere Aufgabe zu bewältigen versucht. Positives Denken zeigen Sie, wenn Sie die Schwierigkeiten einer Aufgabe anerkennen und sich im Bewusstsein dieser Schwierigkeit sagen: „Das werde ich schaffen." Selbstbewusst sind Sie also dann, wenn Sie die in Ihnen schlummernden Kräfte richtig einschätzen und überzeugt sind, dass Sie mit „Geduld und Spucke" Ihr Ziel erreichen werden. Menschen, die ein gesundes Selbstvertrauen besitzen, sehen sich im Leben eher als Gewinner. Menschen mit fehlendem Selbstvertrauen dagegen eher als Verlierer.

Positiv zu denken ist grundsätzlich vernünftig, aber es muss von realistischen Zielen ausgehen. Bei der Verheißung „Alles ist machbar" droht die Gefahr der Bewusstseinstrübung. Diese wird dadurch verstärkt, dass schlechte Informationen einfach nicht zur Kenntnis genommen werden sollen, so eine Empfehlung des deutschen „Nationalmotivators" Jürgen Höller. Negative Informationen beeinträchtigen nämlich das Wohlbefinden. Dale Carnegie lässt grüssen: „Sorge dich nicht, lebe." Wer aber das Leid und Elend dieser Welt ignoriert oder positiv uminterpretiert, entlarvt sich als Feind von Menschlichkeit und Fortschritt. Wer dann noch behauptet, jeder Misserfolg eines Menschen sei verdient, ist ein Zyniker. Das Scheitern von Jürgen Höller zeigt, dass eben nicht alles möglich ist.

Simplifizierender Ansatz

Fallen Sie nicht auf die Zunft der esoterisch eingefärbten Illusionsverbreiter à la Höller, Napoleon Hill und Joseph Murphy herein. Diese propagieren einen simplifizierenden Ansatz („Ich denke positiv, also bin ich erfolgreich"), in dessen Mittelpunkt das positive Denken als universeller „Sofortkleber" steht.

Selbstvertrauen erarbeiten

Selbstvertrauen ist etwas, was Sie sich erarbeiten müssen. Als ersten Schritt sollten Sie sich künftig viel deutlicher Ihrer Stärken besinnen und Ihre bisherigen Erfolge beachten. Sie stärken Ihr Selbstvertrauen mit jedem erfolgreichen Teilschritt auf dem Wege zu Ihrem Ziel. Auch sollten Sie dabei positive Selbstgespräche führen, aber von einer realistischen Position ausgehend, innerlich gelassen, die Situation so nehmend, wie sie ist.

Aufgabe

Stärken bilanzieren

Wie sehen Sie sich – eher als Gewinner oder Verlierer im Leben? Bilanzieren Sie einmal Ihre Stärken, um sie bewusster einsetzen zu können.

6.5 Positives Refraiming – Positives im Negativen entdecken

Mehrere Möglichkeiten der Deutung

Die Refraimingtechnik geht davon aus, dass jede Ihrer Verhaltensweisen, ob nun positiv oder negativ, auf verschiedene Art gedeutet werden kann. Auch ein scheinbar negatives Verhalten hat positive Aspekte. Jedes normale Verhalten ist im entsprechenden Kontext oder Rahmen angemessen. Sie kennen das berühmte Beispiel mit dem halbvollen oder halbleeren Glas. Das noch halbvolle Glas ist für manche Menschen schon halbleer. Ein und derselbe Sachverhalt wird von verschiedenen Personen also unterschiedlich betrachtet.

Beispiel: Tennisspieler

Ein Berater, der mit Refraiming arbeitet, versucht, seinen Gesprächspartner zu befähigen, eine andere Sicht zu sich zu entwickeln. Hierzu ein Beispiel aus meiner Arbeit. Einer der großen deutschen Tennisspieler, hier einfach als X benannt, hatte das Gefühl, von Schiedsrichtern bei Spielen im Ausland benachteiligt zu werden. Darüber ärgerte er sich und beschimpfte die Schiedsrichter, was ihm Ärger einbrachte. Daraus resultierten Spielfehler, die seinen Gegnern zugutekamen.

Positiven Aspekt gefunden

Dieses Problem wurde hinsichtlich seiner positiven Aspekte untersucht. Eine genaue Analyse der letzten fünf Auslandsspiele ergab, dass die Schiedsrichter scheinbar immer dann den Gegner bevorzugten, wenn X führte. Die Schiedsrichter halfen dem momentan Schwächeren. Das aber bedeutet, X kann gewinnen. Wenn sich X nun dessen klar ist und diese Erkenntnis akzeptiert, ist der erste Schritt zur Verhaltensänderung geschafft.

Beispiel: Bankmanager

Ein anderes Beispiel aus der Unternehmensberatung: Ein Bankmanager war mit sich selbst unzufrieden, weil er von sich meinte, ängstlich zu sein. Infolgedessen brauchte er mehr Zeit für Entscheidungen als seine Kollegen. Das aber brachte ihm Ärger ein und er geriet in einen Kreislauf von Ängstlichkeit und Ärger.

Sorgfältig statt ängstlich

Eine positive Betrachtung dieses Verhaltens ergab, dass er in Wirklichkeit sehr sorgfältig die Risiken seiner Entscheidungen abwägte. Er verfügte über genau jene Qualifikation, die jemand braucht, dem andere ihr Geld anvertrauen. Diese Sichtweise gab ihm sein Selbstvertrauen zurück. Was in einem bestimmten Zusammenhang als Schwäche gilt, erscheint in einem anderen Zusammenhang als Stärke und umgekehrt.

Das Ziel des Refraimings besteht nicht unbedingt darin, dass etwas Positives dabei herauskommt, sondern etwas für Sie Nützliches. Mit Refraiming schaffen Sie Distanz zum Problem. Das ist wichtig, denn ein Problem zu lösen heißt, sich *vom* Problem zu *lösen*.

Verhaltensweisen umdeuten

Die veränderte Sichtweise führt von der Fixierung auf ein Problem weg und schafft neue, in die Zukunft gerichtete Handlungsweisen. Sie sind eingeladen, Verhaltensweisen, die Ihnen negativ erscheinen, positiv umzudeuten. Sie können das übrigens auch mit Verhaltensweisen anderer Menschen machen.

Aufgabe

Welche Ihrer Denk- und Verhaltensweisen empfinden Sie als negativ? Welche positiven Aspekte beinhaltet dieses Denken und Handeln?

6.6 Moment of Excellence

Werkzeug für schlechte Tage

Sie wissen aus eigener Erfahrung, dass Sie gute und schlechte Momente, Stunden, Tage und Wochen haben. „Heute ist nicht mein Tag", lautet ein oft gehörter Ausspruch. Man findet an solchen Tagen keinen Anfang. Angefangenes misslingt und man k(r)ämpft sich durch den Tag. Das kann organische, soziale oder psychische Ursachen haben. Ist Letzteres der Fall, können Sie dagegen etwas tun. Eine neue Richtung der Psychotherapie, das neurolinguistische Programmieren, bietet dazu einen „Werkzeugkoffer" voll von Instrumenten, die auch Sie nutzen können.

→ Ergänzende und vertiefende Informationen zum Thema „neurolinguistisches Programmieren" finden Sie im Kapitel A 6 im ersten Band dieser Buchreihe (Methodenkoffer Kommunikation) sowie im Kapitel C 4 in diesem Buch.

Drei Zustände

Das NLP-Modell unterscheidet zwischen diesen drei Energie- bzw. Aktionszuständen:

1. Zustand schöpferischer Energie (Resource-State)
2. Zustand der Besinnung auf die jetzige Situation (Seperator-State)
3. Blockierter Zustand (Stuck-State)

Normalerweise achten Sie nicht darauf, in welchem Zustand Sie sich gerade befinden. Das gilt insbesondere für den Zustand schöpferischer Energie und den der Besinnung. Wer fragt sich schon: „Wie geht es mir jetzt?“ Sie bemerken auch kaum den Wechsel von einem Zustand in den anderen. Erst dann, wenn alles schiefgeht, bemerken Sie den blockierten Zustand.

Meist nicht bewusst

Der Zustand schöpferischer Energie ist der angenehmste und für Ihr Ziel produktivste. In ihm gibt es einen Höchstpunkt, den Moment of Excellence. Er ermöglicht Ihnen den Zugang zu Ihren inneren Kräften, den Psychoressourcen. Darum ist es wichtig, Voraussetzungen herbeizuführen, um häufig in diesen Zustand zu kommen. Wie geht das?

Zugang zu Psychoressourcen

Ganz allgemein gibt es diese drei Möglichkeiten, in den Zustand schöpferischer Energie zu kommen:

Drei Möglichkeiten

1. *Möglichkeit*
   Sie sehen, fühlen oder hören etwas sehr Angenehmes, dass Sie positiv anregt.
2. *Möglichkeit*
   Sie erinnern sich an eine solche angenehme Situation. Da auch die Gefühle, die in dieser Situation entstanden, in Ihrem Unterbewusstsein gespeichert wurden, werden diese in der Regel reaktiviert, sobald Sie sich erinnern.
3. *Möglichkeit*
   Sie stellen sich eine zukünftige, angenehme Situation konkret vor.

Schritte zum Moment of Excellence

Nur selten bietet Ihnen Ihre Umwelt so angenehme Eindrücke, dass Sie in den Moment of Excellence gelangen. Nicht immer können Sie die positiven Gefühle vergangener Erlebnisse reaktivieren. Vielleicht haben Sie auch Probleme, eine angenehme Situation innerlich zu visualisieren. Dann bietet sich die Moment-of-Excellence-Technik an. Diese Schritte müssen Sie gehen:

Technik anwenden

1. Schritt

Erinnern Sie sich an drei Situationen Ihres Lebens, in denen Sie schwierige Aufgaben und Situationen leicht bewältigten

Situationen erinnern

und ansonsten alles optimal lief. Das erfolgreiche Bewältigen der Herausforderungen muss aber Ergebnis Ihrer persönlichen Leistung gewesen sein.

2. Schritt

Innerlich in die Situation gehen

Nehmen Sie die beste bzw. angenehmste Situation ins Visier. Gehen Sie innerlich noch einmal in sie hinein. Vergegenwärtigen Sie sich nochmals die verschiedenen Einzelheiten, holen Sie die Bilder aus Ihrem Gedächtnis. Stellen oder setzen Sie sich nochmals so hin wie damals zum Zeitpunkt Ihres „Sieges“. Setzen Sie sich entspannt hin, schließen Sie die Augen und fühlen Sie sich so, als wäre der damalige Moment of Excellence zurückgekehrt. Was sehen Sie, was hören, was fühlen, was riechen und schmecken Sie in diesem Moment? Gehen Sie langsam und gefühlvoll durch alle Ihre Sinne, verbleiben Sie dort, wo Sie die angenehmsten Empfindungen haben, und genießen Sie diese.

3. Schritt

Wahrnehmen

Besinnen Sie sich jetzt einen Moment auf das Hier und Jetzt, auf den Raum, auf Ihren Stuhl oder die Unterlage, auf Ihre Haltung oder Lage, auf alles, was Ihre Sinne wahrnehmen.

4. Schritt

Empfindungen reaktivieren

Jetzt sollen Sie die Empfindungen aus dem zweiten Schritt, dem gedachten Moment of Excellence, reaktivieren. Zu dem Zweck nehmen Sie die Körperhaltung aus dem Schritt 2 wieder ein und konzentrieren sich auf Ihre Sinne. Einer der Sinne ist Ihr stärkster oder empfindlichster. Wenn Sie ihn jetzt treffen, kann der eben empfundene Moment of Excellence erneuert werden. Vielleicht ist es ein Ton, ein Bild oder eine bestimmte Körperhaltung, mit der Sie sich in Topform bringen.

5. Schritt

Gedanklich in die Zukunft gehen

Richten Sie nun Ihre Gedanken auf eine zukünftige Situation, in der Sie psychisch topfit sein müssen. Gehen Sie schon gedanklich in diese Situation und erleben Sie, wie Sie den richtigen „Sinnesknopf“ drücken, um in den Moment of Excellence zu kommen.

So (ver)ankern Sie den Moment of Excellence

Anker

Es gibt Dinge, auf die wir stärker reagieren als auf andere, z. B. auf gute Musik. Wir empfinden sie intensiver, sie bringt uns in eine gute Stimmung, vielleicht sogar in den Moment of Excellence. Diese Positivstimulanzen nennt man in der NLP-Sprache „Anker". Sie lösen immer etwas aus. Wir reagieren auf sie.

Auslöser finden

Was bringt Sie in gute Stimmung oder in eine psychisch optimale Form? Versuchen Sie einmal eine solche Analyse Ihrer positiven Anker. Sie brauchen sie, wenn Sie den Moment of Excellence (ver)ankern wollen. Das ermöglicht Ihnen in Zukunft, den Excellence-Stimulus mit dem Anker zu verbinden, sodass das eine zum Auslöser für das andere wird.

Übung

Diesen Mechanismus können wir dazu nutzen, auch andere Anker zu gebrauchen, um den Moment of Excellence herbeizuführen. Dazu nochmals eine Einladung zu einer Übung:

1. *Schritt*

   Berühren

   Berühren Sie irgendeine Stelle Ihrer Arme, Ihrer Beine oder Ihres Kopfes. Löst die Berührung irgendeine Empfindung, irgendwelche Erinnerungen oder Gedanken aus? Sicherlich finden Sie einen solchen Punkt, an dem dieses der Fall ist. Diesen Punkt benötigen Sie als „Ankerplatz". Berühren Sie mit einer Hand oder einigen Finger ganz leicht diese Stelle.
2. *Schritt*

   Gehen Sie in den Moment of Excellence, so wie in der vorherigen Übung beschrieben.
3. *Schritt*

   Druck verstärken

   Verstärken Sie den Finger- oder Händedruck auf die ausgesuchte Stelle Ihres Körpers, sobald Sie im Moment of Excellence sind. Behalten Sie den Druck so lange bei, wie Sie sich in diesem Zustand befinden. Anschließend vermindern Sie den Druck und gehen in den Normalzustand zurück.
4. *Schritt*

   Testen Sie sich: Was passiert, wenn Sie die ausgesuchte Körperstelle wieder berühren? Fühlen Sie sich wieder „exzellent"? Falls ja, dann haben Sie einen Anker gefunden, den Sie im richtigen Moment auswerfen können, um in den Moment of Excellence zu kommen.

Literatur

Vera F. Birkenbihl, Peter Gerlach, Neil James: *Positives Denken von A bis Z. So nutzen Sie die Kraft des Wortes, um Ihr Leben zu ändern.* Frankfurt am Main: Redline/MVG 2005.

Daniel Goleman: *Emotionale Intelligenz.* München: 1997.

Vera Peiffer: *Aktiv-Programm Positives Denken. So verwirklichen Sie Ihre persönlichen Ziele.* Köln: Droemer-Knaur 2005.

Luise Reddemann: *Imagination als heilsame Kraft. Zur Behandlung von Traumafolgen mit ressourcenorientierten Verfahren.* Stuttgart: Klett Cotta 2002.

Holger Rust: *Die Geheimnisse des Erfolges.* In: ManagerMagazin 1/2000.

Günter Scheich: *„Positives Denken" macht krank. Vom Schwindel mit gefährlichen Erfolgsversprechen.* Frankfurt am Main: Eichborn 2001.

7. Coaching

Coaching ist ein weiteres populäres Konzept zur Persönlichkeitsentwicklung.

7.1 Begriffsklärung

Geschichte des Wortes

Sowohl das deutsche Wort „Kutsche“ als auch der englische Begriff „Coach“ entwickelten sich aus dem ungarischen Begriff „Kocsi“ (Pferdefuhrwerke aus dem Dorf Kocsi). Im Englischen wurden Pferdetrainer als Coach bezeichnet. Als dieses Wort in den Sport übertragen wurde, änderte sich abermals seine Bedeutung. Seither wird Coaching nicht mehr nur als begleitende Maßnahme beim körperlichen Training verstanden, sondern auch als mentale Unterstützung, um bessere Leistungen zu erzielen, sowie als umfassende Betreuung, und zwar als teilnehmende Hilfestellung beim Lösen von Problemen.

Modisches Schlagwort

Wie der Begriff vom Coaching in den 60er- und 70er-Jahren schließlich vom Sport in den Unternehmensbereich gelangte, ist heute nicht mehr genau nachvollziehbar. In Deutschland wurde er erstmals in den 80er-Jahren verwendet. Er hat sich als modisches Schlagwort dann schnell verbreitet.

Hinter dem Coaching verbirgt sich ein marktschreierisches Wirrwarr. Eine exakte Bestimmung des mit Coaching verbundenen Sachverhalts ist schwierig, da die Coachs ihre Arbeitsweise aus jeweils eigener Perspektive deuten und definieren.

Hilfe zur Selbsthilfe

Anlässlich der ersten Coaching-Fachtagung im deutschsprachigen Raum einigten sich die Teilnehmer darauf, Coaching als eine Kombination aus individueller Beratung, Betreuung, Stützung, Konfrontation und Einzeltraining zu konkretisieren. Coaching sollte in erster Linie Hilfe zur Selbsthilfe sein. Im Gegensatz zu einem Fachberater richtet der Coach sein Augenmerk nicht auf die schnelle Problemlösung, sondern darauf, der gecoachten Person Wege aufzuzeigen, ihre Probleme selber zu lösen. Diese Betreuung und Beratung kann individuell oder im Team stattfinden.

7.2 Sinn und Zweck von Coaching

Diagnose, Intervention, Prävention

Beim Coaching geht es darum, die Schwächen des betroffenen Mitarbeiters in Stärken umzuwandeln. Das setzt voraus, dass der gecoachte Mitarbeiter den Umgang mit Problemen und deren Bewältigung lernt. Coaching bezweckt eine Veränderung im Verhalten der Coachees hinsichtlich eines größeren Selbstvertrauens und größerer Risikobereitschaft. Zu diesem Zweck versuchen Coachee und Coach, gemeinsam eine Diagnose (Ursachenfeststellung) zu erarbeiten, um einen Missstand zu beseitigen (Intervention) oder einem solchen in Zukunft vorzubeugen (Prävention).

Berufliche und persönliche Probleme

Der Begriff Coaching, der sich früher ausschließlich auf die berufliche Beratung von Personen bezog, wird nun auch auf deren persönliche Probleme ausgeweitet. Damit wird Coaching therapeutisch ausgerichtet und auf den kleinen Kreis von Individualpsychologen zugeschnitten.

Zeitlich begrenzt

Coaching ist als interaktiver personenzentrierter Beratungsprozess, der berufliche und private Inhalte umfassen kann, auf alle sozialen Beziehungen anwendbar. Er findet in Form von Sitzungen beziehungsweise Gesprächen statt und ist zeitlich begrenzt. Doch muss er für den Coachee nachvollziehbar sein. Das sollte manipulative Techniken, wie z. B. Hypnose und einige Formen des NLP, ausschließen.

Juristischer und psychologischer Kontrakt

Neben einem formalen Vertrag wird zusätzlich ein psychologischer Kontrakt abgeschlossen, der den Ablauf und Inhalt des Coachings festlegt. Außerdem werden hier die Kriterien erörtert, mit denen der Erfolg gemessen wird. Anschließend beginnt der Coachingprozess. Sein Erfolg hängt im starken Maße von den Methoden und Erfahrungen des Coachs ab. Da das Coaching eine Art Hilfe zur Selbsthilfe ist, sollte es nach einiger Zeit überflüssig werden.

Je nach Einzelfall können auch Grenzen erreicht werden, die eine professionelle Beratung zum konkreten Problem erfordern, d. h., der Coach sollte seinem Kunden nahelegen, einen Fachmann zu konsultieren.

7.3 Anlässe von Coaching

Chancen und Risiken erkennen

Coaching wird einerseits als Problemlösungs- und Entscheidungshilfe genutzt. Ursache ist die Unfähigkeit des Coachees, schwierige Entscheidungen zu treffen. Der Coach hilft, das Problem von einer anderen Seite zu beleuchten, um so Chancen oder Risiken klarer zu erkennen. Ziel ist nicht, die Entscheidung möglichst schnell zu treffen, sondern unter Berücksichtigung weiterer Aspekte vernünftig zu begründen und nachvollziehbar zu machen.

Managemententwicklung

Von betrieblichen Personalentwicklern wird das Coaching gern auch als Methode der Managemententwicklung genutzt. Hier geht es primär um das innere Wachstum der gecoachten Mittelmanager. Diese erhalten ein Bild ihrer eigenen Person, lernen Stärken auf- und Schwächen abzubauen.

Transferpartnerschaft

Im Bereich der betrieblichen Weiterbildung wird Coaching auch als Transferpartnerschaft genutzt. Seminarteilnehmer firmieren paarweise als Lernpartner und coachen sich untereinander. Auch der Pate, der einem neuen Mitarbeiter die Einarbeitung erleichtern soll, ist für die Dauer dieser Patenschaft eine Art Coach.

7.4 Formen von Coaching

Große Bandbreite

Es gibt eine große Bandbreite von Coachingformen. Das ist unter anderem eine der Ursachen für die begrifflichen Unklarheiten und definitorischen Schwierigkeiten.

Einzelcoaching

Das Einzelcoaching ist die Ursprungsform. An den Sitzungen sind nur Coach und Coachee beteiligt. Insbesondere Topmanager schätzen diese Form der Beratung wegen des hohen Grades an Vertraulichkeit. Hat eine Führungskraft endlich den Gipfel der Machtpyramide erreicht, dann verringern sich menschlich offene Kontakte, sodass die exponierte Einsamkeit an der Spitze entsteht. Hier setzt der Coach an, indem er dem „Topmann" offenes Feedback gibt und gemeinsam mit ihm Lösungen erarbeitet.

Gruppencoaching Beim Gruppencoaching arbeitet der Coach mit einem größeren Personenkreis. Über die Wirksamkeit kann man sich streiten, da sich Teilnehmer hier eher geschlossen halten. Von Vorteil ist jedoch die Möglichkeit der Kommunikation in der Gruppe, um so viele Sichtweisen zu erfassen.

Teamcoaching Eine Variante des Gruppencoachings ist das Teamcoaching. Der beteiligte Personenkreis kommt aus derselben Organisation oder Abteilung. Es geht hier weniger um individuelle als um kollektive Probleme. Ziel des Teamcoachings ist eine bessere Zusammenarbeit, kurzum ein gut funktionierendes Team.

Projektcoaching Eine Variante dessen ist das Projektcoaching. Hier helfen Coachs bei der Projektarbeit. Natürlich ist auch eine Kombination der zuvor genannten Varianten möglich.

Mentoring Kümmert sich eine erfahrene Führungskraft um einen jüngeren Mitarbeiter, dann spricht man vom Mentoring. Hierbei handelt es sich um einen mitarbeiterbezogenen Personalentwicklungsansatz mit dem Ziel, jemanden für höherwertige Aufgaben zu qualifizieren.

7.5 Der Coach und seine Qualifikation

Menschliche und fachliche Anforderungen Anforderungen an einen Coach sind menschlicher und fachlicher Art. Auch die nachstehenden Punkte bieten lediglich einen ersten Anhaltspunkt, um die Entscheidung für einen Coach zu fundieren:

- Er verfügt über fundierte betriebswirtschaftliche, sozialwissenschaftliche sowie psychologische Kenntnisse.

- Sein Menschenbild ist humanistisch geprägt. Darum sieht er im Mitarbeiter ein lern- und entwicklungsfähiges Individuum.
- Er ist offen für Feedback und Veränderungen, kann aufmerksam zuhören und hat einen aktiven und offenen Interaktionsstil.

Offen und aufmerksam

- Er definiert ihre bzw. seine Rolle nicht permanent kompetitiv, sondern bietet sich als kooperativer Helfer an.
- Er hat Kenntnisse über die Unternehmensstruktur, deren Organisation und das gesamte Umfeld.
- Er verfügt über Charisma, ist ideologisch offen und intellektuell flexibel.
- Er hat eine breite Lebens- und Berufserfahrung.

Erfahren

- Er verfügt über eine gewisse Selbsterfahrung und hat seine Leistungen in regelmäßigen Seminaren und Sitzungen überprüft.

Fundiertes Konzept

Darüber hinaus sollte der Coach ein fundiertes Konzept besitzen, um seine Vorgehensweise sichtbar und nachvollziehbar zu machen.

7.6 Die praktische Umsetzung des Coachingprozesses

Wunsch nach Coaching

Der Wunsch nach Coaching kann von zwei Seiten kommen: zum einen vom Mitarbeiter, zum anderen von der Unternehmensführung. Letztere ist an effizienter Zusammenarbeit interessiert; für den Mitarbeiter steht meist die Lösung einer akuten Problematik im Vordergrund.

Finanzierung

Die Finanzierung der Coachingmaßnahme übernimmt meist der Betrieb, doch ist auch eine Teilung der Kosten möglich. Dass der Mitarbeiter die Kosten komplett übernimmt, stellt eher die Ausnahme dar.

Von den Mitarbeitern wird Coaching überwiegend positiv aufgenommen. Bei der „flächendeckenden“ Einführung im Rahmen der Managemententwicklung oder eines Projektes ist aber zu beachten, dass der betreffende Mitarbeiter das Coaching ausdrücklich wünscht und es nicht als zusätzliche Belastung empfindet.

Fünf Phasen In der Literatur finden sich unterschiedliche Abläufe des Coachings. Hier wird eines von mehreren Modellen vorgestellt, das je nach Problemlage vielfältig variierbar ist. Es besteht aus fünf Phasen:

1. *Die Einstiegs- und Kontaktphase*
   Kennenlernen Die Einstiegsphase dient dem Kennenlernen von Coach und Coachee. Sie findet im Rahmen eines unverbindlichen Gesprächs statt. Beide Seiten müssen herausfinden, ob die drei wesentlichen Voraussetzungen für ein effektives Coaching gegeben sind, nämlich Freiwilligkeit, Diskretion und persönliche Akzeptanz.
2. *Die Vereinbarungs- und Kontraktphase*
   Ziele vereinbaren Haben sich beide Seiten für den Einstieg in das Coaching entschieden, so wird in der Vereinbarungs- und Kontraktphase die Ausgangslage, Zielsetzung und Methodik des Coachings vereinbart.
3. *Die Arbeitsphase*
   Sitzungen Sie ist der Hauptteil des Coachingprozesses, bestehend aus mehreren Sitzungen. Der Einstieg erfolgt mit der Situationsanalyse, die von Coach und Coachee gemeinsam erarbeitet wird. Darauf folgt die Diagnose. Dies ist eine sich in jeder Sitzung wiederholende Prozedur.
   Das wesentliche Element der Arbeitsphase und somit auch des Coachings ist die Arbeit an der Problemlösungs- und Entwurfsgestaltung. Diese Phase ist ebenfalls untergliedert und wiederholt sich in jeder Sitzung von neuem. Dann wird die Problembearbeitung im Hinblick auf ein Zielerreichen aufgenommen. Mögliche Hindernisse werden erkannt und alternative Lösungen erarbeitet. Dies mündet in ein konkretes Vorhaben, das eventuell auch schriftlich fixiert wird.
4. *Die Abschlussphase*
   Feedback Nach Erreichung der Ziele findet noch eine abschließende Sitzung statt. Es besteht für beide Seiten die Möglichkeit des Feedbacks. Das Coaching wird in einem lockeren Rahmen und mit einem Blick in die Zukunft beendet.

5. *Die Evaluationsphase*
   Ein Gespräch einige Wochen nach Abschluss dient der freiwilligen Erfolgskontrolle. Auch Anstöße für neues, eigenständiges Arbeiten des Coachees können hier gegeben werden. Aber der erneute Einstieg in das Coaching sollte vermieden werden.

Erfolgskontrolle

Arbeitshilfe

Praktische Arbeitshilfe für die Phasen des Coachingprozesses

Vorab: Problemwahrnehmung (Misserfolge, Konflikte und Unzufriedenheit erkennen)

1. **Einstiegs- und Kontaktphase**
   - sicherstellen, dass das Coaching vom Coachee gewollt ist und er die nötige Motivation zur Beseitigung der Probleme mitbringt
   - feststellen, ob das Thema für Coaching geeignet und zwischen Coach und Coachee Sympathie und persönliche Akzeptanz vorhanden ist

2. **Vereinbarungs- und Kontraktphase**
   - schriftliche Fixierung der Ausgangssituation (was stört, wie äußert sich das Empfinden?)
   - Ursachenanalyse und Zielvereinbarung
   - Erstellung eines transparenten Coachingkonzeptes (Zeitrahmen, Vorgehensweise, Kooperationspartner, Feedbacksicherung)
   - Ausfertigung einer klaren vertraglichen Vereinbarung über alle Modalitäten der Bezahlung

3. **Arbeitsphase**
   - mit allen Informationen vertraulich umgehen, dies dem Coachee auch vermitteln
   - Einsetzen von Fragetechniken zur Situationsanalyse
   - Diagnose der aktuellen Situation
   - Erarbeitung von Lösungsansätzen; den Coachee ermutigen, diese in die Praxis umzusetzen

- Auswertung von Umsetzungsergebnissen der letzten Sitzung
- dem Coachee Bewusstseins-, Einstellungs- und Entscheidungshilfe geben
- dem Coachee helfen, Ziele zu erreichen
- sicherstellen, dass alle vereinbarten Punkte bearbeitet werden

4. **Abschlussphase**
   - dem Coachee den Erfolg des Coachings deutlich machen
   - den Coachee zu weiterem Arbeiten ermutigen
   - Reflexion des Coachingprozesses
   - Abschluss des Coachings; sicherstellen, was abgeschlossen wurde und was offenbleibt

5. **Evaluationsphase**
   - Überprüfung der Nachhaltigkeit der Erfolge des Coachings
   - Vermeidung einer erneuten Beratung
   - neues Verhalten anwenden beziehungsweise erproben und vereinbarte Maßnahmen aktiv umsetzen

Literatur

Maren Fischer-Epe: *Coaching. Miteinander Ziele erreichen.* Reinbek: Rowohlt 2002.

Elisabeth Haberleitner u. a.: *Führen – Fördern – Coachen. So entwickeln Sie die Potentiale Ihrer Mitarbeiter.* München: Piper 2003.

Sonja Radatz: *Beratung ohne Ratschlag. Systemisches Coaching für Führungskräfte und BeraterInnen.* Wien: Verlag Systemisches Management 2003.

Christopher von Rauen: *Coaching-Tools.* Bonn: Managerseminare Verlag 2005.

Horst Rückle: *Coaching. So spornen Manager sich und andere zu Spitzenleistungen an.* Landsberg: mi 2000.

Werner Vogelauer: *Methoden-ABC im Coaching, Praktisches Handwerkszeug für den erfolgreichen Coach.* Neuwied: Luchterhand 2001.

8. Supervision

Definition

Supervision ist eine Beratungsform, mit der berufliche Probleme und Konflikte thematisiert werden. Die Fachwelt ist sich allerdings uneinig über ihren Gegenstand und ihre Methoden. Von der Deutschen Gesellschaft für Supervision e. V. (DGSV) wird Supervision so definiert: „Supervision ist eine Beratungsmethode, die zur Sicherung und Verbesserung der Qualität beruflicher Arbeit eingesetzt wird. Supervision bezieht sich dabei auf psychologische, soziale und institutionelle Faktoren (…).“

Geschichte

Die Anfänge der Supervision sind in der Arbeitsweise amerikanischer Wohlfahrtsunternehmen am Ende des 19. Jahrhunderts zu finden. Die Idee war, den ehrenamtlichen Helfern Mitarbeiter zur Seite zu stellen, die sie in Fragen der Führung und Beratung unterstützten, sie motivierten und sie gleichzeitig bei ihrer Tätigkeit kontrollierten.

Einzug nach Deutschland

Nach dem 2. Weltkrieg fand die „Sozialarbeiter-Supervision“ Einzug nach Deutschland. Hier hat sich der Begriff nach und nach verselbstständigt, bis er sich dann 1964 als spezifische Weiterbildung von sozialpädagogischen und psychologischen Berufen an Fachhochschulen etablierte. Mit der Zeit hat sich die Supervision aus ihren sozialpädagogischen Anfängen gelöst und ist zu einer allgemeinen Beratungsform für sehr viele Berufe geworden.

Beteiligte Personen

Beteiligte Personen bei einer Supervision sind ein Supervisor (lat.: supervidere: überblicken, beobachten, kontrollieren), das heißt ein Berater, der aus dem sozialpädagogischen oder psychologischen Berufsfeld kommt, und je nach Setting ein oder mehrere Supervisand/en.

Selbstreflexion anregen

Der Supervisor versucht durch seine Interpretationen und Analysen seinen Klienten zur Selbstreflexion anzuregen. Die vorliegenden Probleme des Klienten werden dadurch strukturiert und zum Kern geführt. Eine Situation wird dadurch transparenter und gegebenenfalls verbessert.

8.1 Konzepte der Supervision

Harald Pühl unterscheidet die verschiedenen Konzepte in seinem „Handbuch der Supervision“ nach diesen Kriterien (Pühl 1989):

- Nach der Intention in Ausbildungs- und Fortbildungssupervision
- Nach dem Setting (Anzahl der Personen) in Einzel- und Gruppensupervision

Ausbildungssupervision

Die *Ausbildungssupervision* findet, wie der Name schon sagt, während der Ausbildung statt. Mithilfe eines Supervisors werden methodische Vorgehensweisen innerhalb von Lernprozessen besprochen und geplant, Ängste bewusst gemacht, die Beziehung zwischen Student, Ausbildungsinstitution, Ausbilder und Supervisor analysiert und somit transparenter und veränderbar gestaltet. Angewandt wird dieses Konzept vor allem in der verhaltens- und psychotherapeutischen Ausbildung.

Fortbildungssupervision

Bei der *Fortbildungssupervision* geht es nicht mehr um die Unterstützung und Kontrolle beim Erlernen bestimmter Methoden zur Bewältigung beruflicher Anforderungen, sondern hier steht die Übertragung des Erlernten in den Berufsalltag im Mittelpunkt. Die Fortbildungssupervision dient zugleich als Hilfe bei der Weiterentwicklung und Weiterbildung innerhalb eines spezifischen Arbeitsfeldes.

Einzelsupervision

Die *Einzelsupervision* ist dadurch gekennzeichnet, dass ein Supervisand und ein Supervisor beteiligt sind. Der Supervisand ist auf der Suche nach Rat und Unterstützung für ein persönliches und/oder berufliches Problem. Denkbar wäre, dass ein Vorgesetzter an seine Belastungsgrenze stößt. Er braucht Rat, um seine Situation aufzuarbeiten und zu klären.

Coaching

In dieser Hinsicht ähnelt die Supervision dem Coaching. Hierbei handelt es sich um eine spezielle Form der Personalentwicklung. Sie zielt darauf ab, Führungs- und Leitungskompetenz zu erwerben oder Führungsaufgaben besser zu bewältigen. Die Zielgruppe ist also eine andere als bei der klassischen Supervision.

→ Ergänzende und vertiefende Informationen zum Thema „Coaching" finden Sie im Kapitel C 7 dieses Buches.

Gruppensupervision

Bei der *Gruppensupervision* kann man geleitete Supervisionsgruppen von ungeleiteten unterscheiden. Die geleiteten Gruppen können homogen oder auch heterogen sein. Heterogen sind sie dann, wenn eine Gruppe aus Teilnehmern besteht, die einer Profession angehören, aber in verschiedenen Organisationen arbeiten. Sie sind nicht voneinander abhängig, verfügen über ähnliche berufliche Erfahrungen und einen ähnlichen hierarchischen Status. Weil der Fokus auf der Verbesserung der beruflichen Kompetenz liegt, sollte der Supervisior neben seiner beruflichen Qualifikation über ein bestimmtes Maß an Fachkompetenz verfügen.

Homogene Gruppen

Bei homogenen Gruppen arbeiten die Teilnehmer zusammen, d. h., sie kennen sich aus dem Berufsalltag. Grundsätzlich ist es denkbar, einen institutionsinternen Supervisior zu beauftragen. Meist wird jedoch ein organisationsunabhängiger, externer Supervisor bevorzugt.

Teamsupervision wird vor allem dann nachgefragt, wenn eine Arbeitsgruppe schlecht zusammenarbeitet, Konflikte hat, Entscheidungsstrukturen und Kompetenzverteilungen unklar sind, ein hoher Konkurrenzdruck besteht oder Probleme und Lösungen nicht mehr zueinander passen. Die Supervision zielt auf die Verbesserung oder den Erhalt der Leistungsfähigkeit der Organisation, auf die Steigerung der Kundenzufriedenheit oder die Optimierung der Zusammenarbeit.

Organisationsberatung

Diese Zielstellung bringt die Teamsupervision in die Nähe der Organisationsberatung. Hier entwirft ein Organisationsberater Lösungsstrategien oder fungiert bei Konflikten als Vermittler zwischen Unternehmensführung und Belegschaft. Bei der reinen Organisationsberatung findet keine Intervention in zwischenmenschliche Probleme statt, sondern sie beschränkt sich auf rein technische und organisatorische Sachverhalte. Aber heutzutage sind Organisationsberatung und Teamsupervision oft nicht ganz klar voneinander abzugrenzen. Versteht ein Supervisor seine Arbeit so, dass die Probleme innerhalb des Teams im gesamtorganisatorischen Zusammenhang gelöst werden müssen, fungiert er als Organisationsberater im Sinne der Supervision. Die Wirkung, die sich aus der Beratung ergibt, beschränkt sich also nicht nur auf das Team, sondern wirkt sich auf das Gesamtsystem aus.

Ungeleitete Gruppen

Ungeleitete Supervisionsgruppen bestehen nur aus Supervisanden beziehungsweise Kollegen, die sich gegenseitig unterstützen. Die Ausgangssituation ist im Prinzip die gleiche wie bei der Teamsupervision, nur in abgeschwächter Form, sodass die Beteiligten auf keine fremde Hilfe angewiesen sind.

8.2 Methoden der Supervision

Keine eigene Methode

Supervision an und für sich hat keine eigene, speziell entwickelte Methode. Sie bedient sich vielmehr aus dem Instrumentenkoffer artverwandter Bereiche der Psychologie und Sozialpädagogik. Man findet in der Literatur dementsprechend viele Ansätze und Meinungen. Mitunter ist es auch so, dass einzelne Methodenfragmente aus verschiedenen Bereichen wie zum Beispiel der Psychoanalyse, der Familientherapie oder unterschiedlichen Kommunikationstheorien herausgefiltert und neu gemischt werden. Beispiele für solche Ansätze, die von Supervisoren genutzt werden, sind die Gestalttherapie und das Psychodrama.

Gestalttherapie

Blockaden lösen

Hierbei handelt es sich um ein tiefenpsychologisches Verfahren, das mit existenzialphilosophischem Gedankengut und fernöstlichen Meditationsformen einhergeht. Blockaden im Erleben, Wahrnehmen und Handeln sollen aufgelöst und nicht genutztes Persönlichkeitspotenzial freigesetzt werden. Dieses Vorgehen basiert auf dem Dialog zwischen Therapeuten und Klienten.

→ Ergänzende und vertiefende Informationen zur Gestalttherapie finden Sie im Kapitel C 3 dieses Buches.

Psychodrama

Spontaneität und Kreativität

Das Psychodrama wurde von Jakob Levis Moreno (1889–1974) entwickelt. Der Mensch wird dabei ganzheitlich als ein Leib-Seele-Geist-Subjekt im sozialen, ökologischen und kosmischen Zusammenhang gesehen. Diese Methode zielt auf die Wiederherstellung von Spontaneität und Kreativität des Menschen. Er soll aus seiner „Konservierung in Rollen" (Schreyögg 1991, S. 351), einer Art pathologischer Seinsform, befreit werden. Es geht also um die Freisetzung nicht genutzter Potenziale und die Entfaltung sozialer Kompetenz, was die Befreiung von „beziehungsverzerrenden Interaktionsformen" impliziert.

Der Klient als Zuschauer

Die Methode des Psychodramas passt gut zur Supervision, da sie gesprächsbasiert ist und auf das Verhalten des Klienten einwirken will. Durch Spiegeln wird der Klient zum Zuschauer, das heißt, er hat die Gelegenheit, sein eigenes Rollenhandeln zu beobachten. Durch „Doppelgänger-Hilfs-Ichs" sollen Gedanken und Gefühle, die der Supervisand nicht zum Ausdruck bringen kann, von seinem „Doppelgänger" ausgesprochen und interpretiert werden.

8.3 Praxis der Supervision

Methodenwissen

Die Arbeit eines Supervisors im Wirtschaftsunternehmen unterscheidet sich von der Arbeit in sozialen Einrichtungen. Um Akzeptanz zu erlangen, muss er über eine gewisse Fachkompetenz verfügen und sich ein wirtschaftsnahes Methodenwissen aneignen, etwa die Moderationsmethode.

Moderationsmethode

Die Moderationsmethode ist eine zielorientierte Workshopmethode, bei der alle Teilnehmer aktiv in den Moderationsprozess einbezogen werden. Der Prozess selber wird an einer Pinnwand oder einem Flipchart visualisiert. Diese Methode ist seit langem bekannt und akzeptiert. Sie mindert etwaige Vorbehalte gegenüber der Supervision.

→ Ergänzende und vertiefende Informationen zur Moderationsmethode finden Sie im Kapitel C 4 im ersten Band dieser Buchreihe (Methodenkoffer Kommunikation).

Feldkompetenz Die Fach- oder Feldkompetenz ist das notwendige Pfund, das der Supervisior mitbringen muss. Wenn er nicht weiß, wie ein Wirtschaftsunternehmen funktioniert, hat er es schwer, in diese Gedankenwelt einzudringen.

Einsatzbereiche In folgenden Bereichen ist der Einsatz der Supervision im Unternehmen denkbar:

- Aus- und Weiterbildung von Trainern und Personalentwicklern
- Begleitung des Karriereschritts vom Mitarbeiter zum Vorgesetzten
- Teamentwicklung, vor allem bei der Verbesserung von:
  - Kommunikationsfähigkeit
  - Kooperation
  - Selbstwertgefühl und Sicherheit
  - Leistungsbereitschaft und Erfolgswille
  - Konfliktbewältigung
  - Innovativem Gruppenverhalten
- Verkauf und Marketing; ältere Verkäufer leiten oft jüngere an
- Bei gravierenden Veränderungen in der Organisation

Längerer Prozess Supervision findet nie einmalig statt, sondern als längerer Prozess, in dem Handlungsweisen immer wieder überprüft und hinterfragt werden. Nur so kann man ein Verhalten, das sich über Jahre entwickelt hat, in einem relativ kurzen Zeitraum verändern.

In sozialen Organisationen finden die Sitzungen mit hoher Frequenz bei kurzer Dauer statt, während Unternehmen längere Sitzungen (1 bis 2 Tage) alle ein bis zwei Monate bevorzugen. Insgesamt geht man von einer Dauer von 12 bis 18 Monaten aus.

Zu klärende Fragen Bevor es zur Supervision kommt, sind diese Fragen zu klären:

- Welche Personen sind in das Problem involviert und sollten deshalb an der Supervision teilnehmen?
- Sind die Ratsuchenden aus zeitlicher, finanzieller und psychischer Sicht in der Lage, die Supervision erfolgreich durchzuhalten?
- Welche Probleme gibt es und sollen bearbeitet werden?
- Verfügt der Supervisor über ausreichend Feldkompetenz?

Phasen des Supervisionsprozesses

Vier Phasen

Beim Supervisionsprozess lassen sich vier Phasen unterscheiden:
1. Vorbereitungsphase
2. Problemdarstellung
3. Bearbeitungsphase
4. Abschluss

1. Vorbereitungsphase

Sondierungsgespräch

Sind die oben genannten Fragen zwischen den Ratsuchenden geklärt, findet ein erstes Sondierungsgespräch mit dem Supervisor statt. In diesem Gespräch werden die gegenseitigen Bedürfnisse, Vorstellungen und Erwartungen geklärt. Es wird abgeschätzt, ob genügend Sympathie vorhanden ist, um ein Vertrauensverhältnis aufbauen zu können.

Rolle des Auftraggebers

Danach findet in Anwesenheit des Auftraggebers ein weiteres Gespräch statt. Es werden die Vertragsbedingungen geklärt und die Frage, welche Rolle der Auftraggeber während des Prozesses hat: Unterstützt er die Supervision? Möchte er (teilweise) daran teilnehmen? Hat er bestimmte Aufträge für den Supervisor?

2. Problemdarstellung

Ausgangssituation darstellen

In dieser Phase wird die Situation durch die Supervisanden dargestellt. Meist sind die Teilnehmer zu diesem Zeitpunkt aufgrund ihrer Auseinandersetzungen so blockiert, dass sie immer wieder auf belanglose Dinge ausweichen. „Die Auflösung des stagnierenden Gruppenprozesses (…) vollzieht sich meist in den ersten drei Supervisionssitzungen" (Conrad, Pühl 1994, S. 104). Ziel ist es, ein gemeinsames Verständnis für die Ausgangssituation zu finden.

3. Bearbeitungsphase

Supervisionsziel formulieren

Nun werden alle Mitglieder aufgefordert, Stellung zu den bisher abgelaufenen Gesprächen zu nehmen, woraus sich dann die genaue Formulierung des Supervisionszieles ergibt. Die Aufgaben des Supervisors sind hierbei:
- Entwirrung der Problemsituation
- Analyse der Ursachen
- Exakte Definition des eigentlichen Problems
- Vorgehensvorschlag

4. Abschluss

Ergebnisse bewerten

Alle wichtigen Ergebnisse werden gesammelt und formuliert. Anschließend findet eine Bewertung statt, mit der festgestellt werden soll, ob die Erwartungen und Hoffnungen an die Supervision erfüllt wurden.

Diese Phase dient dazu, sich den Supervisionsprozess nochmals zu vergegenwärtigen, um dann optimistisch und motiviert das Erlernte in die Tat umzusetzen.

Literatur

Gabriele Conrad, Harald Pühl: *Teamsupervision.* Berlin: Marhold-Verlag 1994.

Harald Pühl: *Supervision und Organisationsentwicklung.* Opladen: Leske und Budrich-Verlag 1999.

Harald Pühl: *Handbuch der Supervision 2.* Berlin: Edition Marhold im Wissenschaftsverlag Volker Spiess 1994.

Harald Pühl (Hrsg.): *Handbuch der Supervision.* Berlin: Edition Marhold im Wissenschaftsverlag Volker Spiess 1989.

Astrid Schreyögg: *Supervision – ein integratives Modell.* Paderborn: Junfermann 1991.

Teil D

Lebens- und Erfolgsstrategien

1. Biografisch basierte Selbstanalyse

Hilfe für die Gegenwart

Das folgende Selbstbefragungsschema hilft Ihnen, Ihre gegenwärtige Situation im Lichte der Vergangenheit besser zu verstehen. Vielleicht liegt der Schlüssel für momentane Probleme oder für Ihre Sichtweise der Dinge in den Schlüsselereignissen Ihrer Jugend oder in den Prägungen, die Sie durch wichtige Menschen im Laufe Ihres Lebens erhielten. Sie erhalten Gelegenheit, sich über Ihr Wertesystem klarer zu werden, um davon ausgehend strategische Entscheidungen für Ihre zukünftige Lebensgestaltung zu treffen.

Lehren für die Zukunft

Der Blick zurück dient auch der Reflexion über die Zukunft. Fragen Sie sich:

- Würde ich heute wieder so handeln?
- Was würde ich in einer ähnlichen Situation heute anders machen?
- Was lehrt die Vergangenheit für meine Zukunft?

Berührungen mit anderen Kapiteln

Diese Selbstanalyse hat ähnlichen Charakter wie die im zweiten Band dieser Buchreihe beschriebene persönliche Situationsanalyse. Sie hat im Sinne des im dritten Band vorgestellten Management-Regelkreises kontrollierenden bzw. steuernden Charakter. Die Berührungen der Selbstanalyse mit den Themen des zweiten und dritten Bandes sind vielfältig. Das gilt insbesondere für das Persönlichkeitsmodell des NLP, das in diesem Band beschrieben wird.

→ Ergänzende und vertiefende Informationen zum Thema persönliche Situationsanalyse finden Sie im Kapitel A 1 im zweiten Band dieser Buchreihe (Methodenkoffer Arbeitsorganisation) und zum Thema Management-Regelkreis im Einführungskapitel „Was ist Management?" im dritten Band dieser Buchreihe (Methodenkoffer Managementtechniken).

1.1 Schritt 1: Lebensabschnitte

Wie ein Buch

Sie sollten Ihre Selbsterforschung so beginnen wie ein Buch, nämlich mit der Inhaltsangabe. Welches waren Ihre wichtigsten Lebensabschnitte? Für jede dieser Lebensetappen sollten Sie eine Kapitelüberschrift finden und die dazugehörenden Unterpunkte.

Gliederung

Nehmen Sie die Gliederung dieses Buches als Vorlage:
1. Hauptüberschrift
1.1 Unterpunkt
1.2 Unterpunkt
2. Hauptüberschrift
2.1 Unterpunkt …

1.2 Schritt 2: Schlüsselereignisse Ihres Lebens

Zehn Ereignisse

Welches sind die zehn wichtigsten Ereignisse Ihres Lebens? Welche Ereignisse haben Sie geprägt?

1. Der Gipfelpunkt Ihres bisherigen Lebens
2. Der Tiefpunkt Ihres bisherigen Lebens
3. Ihr größter bisheriger Fehler
4. Eine prägende Kindheitserinnerung
5. Eine prägende Erinnerung Ihrer Schulzeit
6. Eine prägende Erinnerung Ihrer Lehr- oder Studienzeit
7. Ihre größte Leistung im Allgemeinen
8. Ihre größte schulische Leistung
9. Ihre größte berufliche Leistung
10. Ihre größte sportliche Leistung

Hinterfragen Sie nun gründlich:
- Was waren die Ursachen?
- Was haben Sie konkret gemacht?
- Ist das Erfolgsrezept übertragbar?

Wirkliche Wendepunkte

Wichtig dabei ist, dass diese Ereignisse aus heutiger Sicht wirklich Wendepunkte waren, aber nicht zum Zeitpunkt des Erlebens von Ihnen so eingeschätzt wurden.

Elternhaus und Schule

Was war sonst noch wichtig in welchen Lebensabschnitten?

- Welche Gegebenheiten in Ihrem Elternhaus haben am meisten zu dem beigetragen, wie Sie heute sind (Beruf, Interessen, Motive, Stärken, Schwächen, Wünsche, Wertvorstellungen)?
- Wie würden Sie Ihren sozialen Umgang während der Schulzeit beschreiben (akzeptiert oder zurückgewiesen von Schulkameraden, jeweils von welchen)?
- Welche Ideen hatten Sie während und am Ende der Schulzeit darüber, was Sie mal studieren oder beruflich machen wollen?
- Was waren Ihre starken und schwachen Fächer in der Schule?
- Welche Vorstellungen hatten Sie gegen Ende der Schule oder des Studiums über Ihre berufliche Zukunft?

1.3 Schritt 3: Wichtige Menschen Ihres Lebens

Wichtige Menschen

Nennen Sie die fünf wichtigsten Menschen Ihres Lebens. Drei davon sollten nicht der eigenen Familie angehören. Denken Sie dabei an Vorbilder oder Idole, die Ihnen in einer bestimmten Lebensphase wichtig waren und denen Sie nacheiferten.

1. ______________________________

2. ______________________________

3. ______________________________

4. ______________________________

5. ______________________________

Warum waren diese Menschen für Sie wichtig? Worin bestand Ihr Einfluss? Was an ihnen war vorbildlich?

1.4 Schritt 4: Beurteilung des Lebensverlaufs

Vier Grundmodelle

Wie lässt sich Ihre Vergangenheit bilanzieren? Welches der vier Grundmodelle trifft auf Sie überwiegend zu?

1. *Positiv-positiver Lebensverlauf*
   Eine gute Vergangenheit geht einer guten Gegenwart voraus. Die gegenwärtige Lebenssituation wird u. a. damit erklärt, dass man eine „glückliche Kindheit" hatte und deshalb auch als Erwachsener von diesem guten Start profitiert, also eine Kontinuität im Positiven.

   Positive Kontinuität

   Trifft auf mich zu: □ Ja □ Nein

2. *Negativ-positiver Lebensverlauf*
   Die Vergangenheit war schlecht, aber sie hat dennoch zu einer guten Gegenwart geführt. Dieses Muster liegt den meisten Mythen à la „vom Tellerwäscher zum Millionär" zugrunde, und der Erfolg und das Glück der Gegenwart zählen umso mehr, als die Startchancen schlecht waren.

   Gute Entwicklung

   Trifft auf mich zu: □ Ja □ Nein

3. *Positiv-negativer Lebensverlauf*
   Eine gute Vergangenheit mündet in eine schlechte und unglückliche Gegenwart. Nach einem guten Beginn geht es durch Schicksalsschläge, Umstände oder eigenes Versagen nur noch abwärts.

   Schlechte Entwicklung

   Trifft auf mich zu: □ Ja □ Nein

4. *Negativ-negativer Lebensverlauf*
   Eine negative Vergangenheit setzt sich in einer negativen Gegenwart fort. Die schlechten Startchancen ließen sich nie mehr ausgleichen. Diese Geschichte verläuft tragisch, aber sie erklärt dem Erzähler zumindest, warum er nicht mehr erwarten konnte.

   Schlechte Kontinuität

   Trifft auf mich zu: □ Ja □ Nein

Richten Sie Ihren Blick nun auf die nahe Zukunft:

Zukunft

- Wo möchten Sie in fünf Jahren stehen?

- Welche Änderungen in Ihrer Persönlichkeit werden Ihrer Ansicht nach in den nächsten Jahren eintreten?

1.5 Schritt 5: Ihr Lern- und Arbeitsverhalten

Mit der Beantwortung der folgenden Fragen reflektieren Sie Ihr Lern- und Arbeitsverhalten:

- Wie würden Sie Ihr Lernverhalten beschreiben?

Was fällt leicht?

- Welche Art von Problemen lösen Sie am leichtesten?
- Wie würden Sie Ihr Arbeitsverhalten beschreiben?
- Wie ist Ihr Arbeitstempo: langsam, moderat oder schnell? Wenn es variiert: unter welchen Bedingungen?

Verhalten bei Stress

- Wie verhalten Sie sich unter Stress? Beschreiben Sie bitte Ihre emotionale Kontrolle.
- Welche Dinge irritieren Sie am meisten, und wie gehen Sie damit um?
- Wie schätzen Sie Ihre intellektuelle Kapazität ein: unterdurchschnittlich, durchschnittlich, überragend?
- Was treibt Sie an, was motiviert Sie?
- Für wie fleißig halten Sie sich?
- Was glauben Sie: Was sah/sieht Ihr Lehrer/Vorgesetzter als Ihre Stärken an, was eher als Schwächen und wie beurteilt er Ihr Gesamtverhalten?

Schwierigkeiten

- Welche Probleme oder Arbeitssituationen machen Ihnen am meisten Schwierigkeiten?
- Wie gut organisieren Sie sich selbst? In welchen Aspekten der Arbeit sind Sie eher ineffizient oder etwas nachlässig?
- Wie würden Sie den Stil Ihres Entscheidungsverhaltens einschätzen: systematisch, gründlich, impulsiv, rational, intuitiv oder wie sonst?

1.6 Schritt 6: Ihr Wertesystem

Weltbild

Beschreiben Sie Ihr persönliches Bild von der Welt. Welches Wertesystem ist für Sie relevant? Welche religiösen, politischen oder sozialen Überzeugungen vertreten Sie und welchen Einfluss haben diese Überzeugungen auf Ihre Lebensgeschichte?

Analyse Ihrer wichtigsten Werte

Das folgende Schema hilft Ihnen dabei, Ihre persönlichen Werte klarer zu erkennen. Das ist wichtig, wenn Sie Ihre Persönlichkeit weiterentwickeln wollen.

Drei Bereiche

Ihr individuelles Wertsystem lässt sich ganz grob in diese drei Bereiche gliedern:

1. *Körperliche und materielle Werte*
   Sie beinhalten alle Aktivitäten und Handlungen, die Sie körperlich verrichten (z. B. Reisen, Sport) oder die körperliche Auswirkungen auf Sie haben (z. B. Arbeitsbedingungen, Fitness).
2. *Emotionale und soziale Werte*
   Sie umfassen Ideen und Einstellungen zu sich selbst und gegenüber anderen Menschen (z. B. Liebe, Offenheit).
3. *Geistige Werte*
   Sie beziehen sich auf Ihre gedanklichen Prozesse (z. B. Abstraktionsvermögen, geistig anspruchsvolle Hobbys).

Ihr Verhalten wird durch diese Werte beeinflusst und gesteuert. Eine exakte Abgrenzung der drei Wertebereiche ist nicht möglich, da die einzelnen Punkte zueinander in Beziehung stehen und sich teilweise bedingen. Aber das ist für die folgende Übung ohne Bedeutung.

Von den Werten zum bewussten Leben

Das Nachdenken hilft Ihnen dabei, Ihre „inneren Prioritäten“ klarer zu sehen, um bewusster zu denken und zu handeln. Ein *bewusstes Wertesystem* ermöglicht Ihnen *bewusste Entscheidungen.* Diese ermöglichen Ihnen *bewusste Handlungen,* die Ihnen eine *bewusste Lebensführung* ermöglichen.

Kreuzen Sie in jeder Spalte mindestens zwei Werte an, von denen Sie annehmen, dass sie Ihr Wertsystem in diesem Bereich treffend charakterisieren. Wenn Sie das Gefühl haben, dass einige für Sie wichtige Werte fehlen, fügen Sie sie bitte in dem dafür vorgesehenen Freiraum ein.

Übung: Ihre persönlichen Werte

Körperliche und materielle Werte	**Emotionale und soziale Werte**	**Geistige Werte**
handwerklich aktiv sein	verantwortlich arbeiten	neu hinzulernen, gute Bildung
komfortabel leben	emotionale Stabilität	kreativ sein
muskulöser Körper	Ehre und Anerkennung	interessante Gespräche führen
Reichtum (Sachwerte)	Wettbewerb mit anderen	viel wissen wollen
organische Gesundheit	Gemeinschaft mit anderen	Probleme analysieren und lösen
normales Körpergewicht	Sicherheit in der Partnerbeziehung	Entscheidungen treffen
gutes Arbeitsumfeld	Vertrauen zu anderen haben können	logisch denken
gutes Aussehen	Erfolgserlebnis genießen	abstrahieren können
allgemein aktiv sein	sexuelles und erotisches Vergnügen	Sachbücher lesen
Reisen, Urlaub	von anderen unabhängig sein	Belletristik lesen
gute Garderobe	Willensstärke	selber schreiben (Artikel, Bücher)
finanzielle Sicherheit	Gesundheit meiner Familie	frei reden können
sportliche Aktivitäten	Selbstverwirklichung	gutes Deutsch sprechen
Sauberkeit	anderen Menschen helfen wollen	Demokratie
	Freundlichkeit, Höflichkeit	Fremdsprachen beherrschen
	Macht und Einfluss ausüben	Zusammenhänge erkennen können
	Gastlichkeit	Weisheit
	Toleranz	Wahrheit
	Persönlichkeit haben	Vernunft
	Frieden	
	Menschlichkeit	

Wie wichtig sind Ihnen Ihre Werte?

Gewichtung

Jetzt geht es darum, die ausgewählten Werte zu gewichten. Bewerten Sie wie folgt:

1 = sehr wichtig   2 = wichtig   3 = mittel

Körperliche und materielle Werte:

__________________   __________________

__________________   __________________

Emotionale und soziale Werte:

__________________   __________________

__________________   __________________

Geistige Werte:

__________________   __________________

__________________   __________________

Welche drei Werte haben Sie am stärksten gewichtet?

1. __________________
2. __________________
3. __________________

Checkliste für Ihr Wertesystem

Praxis

Haben Sie diese Werte in Ihrem Leben praktisch umgesetzt und danach gehandelt?

□ Ja   □ Nein   □ Teilweise

Wissen Wissen die Menschen um Sie herum, dass Sie diese Werte besitzen?

□ Ja □ Nein □ Teilweise

Verhalten im Alltag Zeigt Ihr tägliches Verhalten, dass diese Werte eine persönliche Verpflichtung für Sie bedeuten und Bestandteil Ihrer Persönlichkeit sind?

□ Ja □ Nein □ Teilweise

Öffentlicher Einsatz Würden Sie sich für Ihre Werte öffentlich einsetzen, z. B. durch eine Vereinsmitgliedschaft oder Leserbriefe?

□ Ja □ Nein □ Teilweise

→ Ergänzende und vertiefende Informationen zum Thema Werte finden Sie in den Kapiteln C 4 „Neurolinguistisches Programmieren", D 8 „Work-Life-Balance" und B 2 „INSIGHTS-MDI®-Verfahren" in diesem Buch sowie im Kapitel A 2 „Führungswandel durch Wertewandel" im vierten Band dieser Buchreihe (Führungskoffer).

1.7 Schritt 7: Analyse Ihrer Stärken, Begabungen und Schwächen

Das Beantworten der folgenden Fragen schafft weitere Klarheit.

Stärken Welche positiven Eigenschaften bzw. welche Stärken haben Sie?

____

Außerberufliche Begabungen Was können Sie besonders gut, auch über Ihre berufliche Tätigkeit hinaus? Welche besonderen Begabungen haben Sie?

____

Schwächen

Welche negativen Eigenschaften bzw. welche Schwächen haben Sie?

___

Veränderungen

Mit welchen drei Veränderungen in Ihrem Leben können Sie Ihre zukünftige Leistungsfähigkeit am stärksten erhöhen?

1. ___
2. ___
3. ___

Außensicht

Was würden drei oder vier Personen, die Sie gut kennen, als Ihre Stärken und Schwächen benennen?

1. ___
2. ___
3. ___
4. ___

1.8 Schritt 8: Ihr Leitbild, Ihr Lebensziel

Lebensmission

Formulieren Sie zum Abschluss, wofür Sie stehen, was Sie wollen, was Ihre Lebensmission ist:

___

___

___

Literatur

Jean C. Jenson: *Die Lust am Leben wieder entdecken. Eine Selbsttherapie.* Weinheim: Beltz 2003.

Lisa Krelhaus: *Wer bin ich – wer will ich sein? Ein Arbeitsbuch zur Selbstanalyse.* Frankfurt am Main: Redline 2005.

Peter Kutter, Janos Paal, Christel Schöttler: *Der therapeutische Prozeß. Psychoanalytische Theorie und Methode in der Sicht der Selbstpsychologie.* Frankfurt am Main: Suhrkamp 2006.

Hans W. Rückert: *Entdecke das Glück des Handelns. Überwinden, was das Leben blockiert.* Frankfurt am Main: Campus 2004.

2. Sieben Wege zur effektiven Lebensgestaltung (nach Covey)

Gesamtsystem der persönlichen Arbeitsmethodik

Die folgenden Empfehlungen basieren auf Stephen R. Covey, dem bedeutendsten zeitgenössischen Trainer und Autor zum Thema „Persönliche Erfolgsstrategien“. Er schrieb den Weltbestseller „Die sieben Wege zur Effektivität“. Darin fasst er viele seit langem bekannte Einzelelemente der persönlichen Arbeitsmethodik zu einem Gesamtsystem zusammen.

Die sieben Wege auf einen Blick

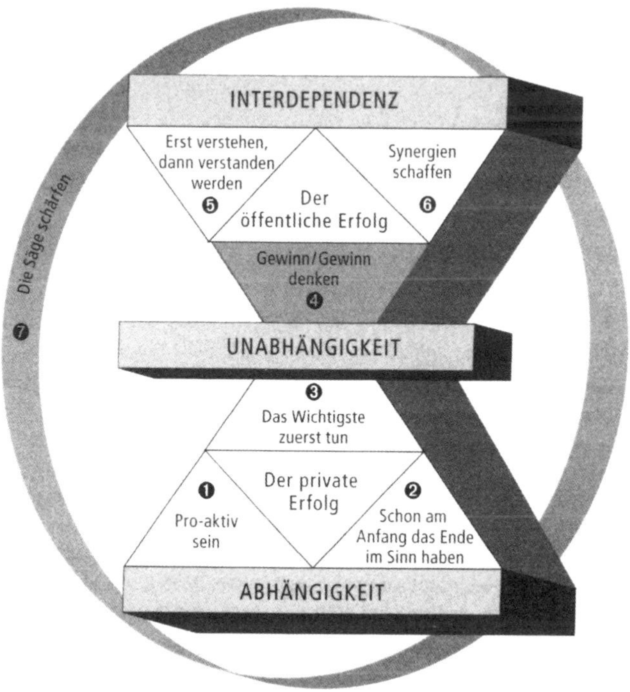

Sieben Wege

Die ersten drei Wege teilen sich in private Bereiche auf. Die privaten Bereiche sind auch gleichzeitig die Voraussetzung für die öffentlichen Bereiche, die den vierten bis sechsten Weg darstellen. Beim siebten Weg geht es schließlich um die Erneuerung der Kräfte.

Effektive Lebensgestaltung bedeutet, dass Sie Ihr Leben managen. Insofern hat auch dieses Thema viele Berührungspunkte zu anderen Kapiteln dieser Buchreihe, so etwa zum Kapitel A 5 „Erfolgsprinzipien" im zweiten Band.

Ausgangspunkt: persönliche Ziele

Ausgangspunkt sind auch beim Ansatz von Covey die persönlichen Ziele. Wichtig ist dabei, dass die Pläne bzw. Ziele schriftlich formuliert werden. Dies hilft dann genauer zu kontrollieren, was man schon abgearbeitet hat.

2.1 Weg 1: Proaktiv sein

Selbst verantwortlich

Um proaktiv zu werden, ist der Begriff zunächst genauer zu erläutern. Proaktiv sein bedeutet, dass Sie für Ihr Leben selbst verantwortlich sind. Jeder kann tun oder lassen, was er will. Proaktive Menschen sind motiviert, sich immer weiterzuentwickeln.

Doch wie oft erleben wir das Gegenteil in unserer Gesellschaft: Menschen suchen ihre Fehler oder Misserfolge bei ihren Genen, ihren Eltern oder ihrer Umwelt. Sie lavieren so durchs Leben, immer mit einer guten Entschuldigung, warum sie nichts an sich und ihrem Leben ändern können.

Was uns prägt

„Nicht das, was uns geschieht, sondern die Art, wie wir darauf reagieren, ist das, was uns prägt", meint Covey. Die Entscheidungen, die Sie heute treffen, bestimmen Ihre Zukunft. Jedes Mal, wenn Sie die Schuld von sich auf andere weisen, vergeben Sie die Kontrolle über sich. Sie leben dann nach den Skripten, die andere für Sie geschrieben haben. Proaktive Menschen sind selbst für ihr Leben verantwortlich und übernehmen die Verantwortung für Dinge, die geschehen.

Anwendungsvorschlag

Bei sich selbst beginnen

Wie werden Sie proaktiv? Wenn Sie das Ziel haben, sich wirklich zu verbessern, müssen Sie an der Stelle anfangen, an der Sie den größten Einfluss haben. Der größte Einflussbereich ist immer noch der persönliche, also beginnen Sie bei sich selbst. „Wann immer Sie glauben, das Problem sei außerhalb Ihres persönlichen Einflussbereichs, dann ist genau dieser Gedanke das Problem.“ Sie sind der Programmierer Ihres Lebens! Sie sind der Regisseur Ihres Lebens! Sie können alle Skripte, die Ihnen durch Ihre Eltern, Großeltern oder durch Ihre Umwelt zugeteilt wurden, jederzeit umschreiben!

Sprache

- Konzentrieren Sie sich auf den Inhalt Ihrer Sprache und vermeiden Sie folgende Formulierungen:
  - „Ich kann nicht.“
  - „Hätte ich nur.“
  - „So bin ich eben.“

Kommende Situation

- Machen Sie sich Gedanken über eine Situation, in die Sie kommen könnten, in der Sie wahrscheinlich *reaktiv* antworten werden. Wie können Sie proaktiv agieren? Stellen Sie sich ein lebhaftes Bild vor, wie Sie proaktiv handeln werden.

2.2 Weg 2: Schon am Anfang das Ende im Sinn haben

Klares Ziel vor Augen

Schon am Anfang das Ende im Sinn zu haben bedeutet, genau zu wissen, wohin Sie wollen. Sie sind entweder der Gestalter Ihres proaktiven Lebens oder Sie werden von Ihrer Umwelt gelebt. Effektiv leben können Sie nur, wenn Sie ein klares Ziel vor Augen haben. Außerdem gewinnt man eine ganz andere Perspektive vom Leben, sobald man am Anfang das Ende im Sinn hat und den Weg genau kennt. Planen Sie Ihr Leben, bevor es andere für Sie tun.

Endziel und Zwischenziele

Formulieren Sie Ihre Ziele klar und deutlich, und schreiben Sie sie nieder. Außer dem Endziel müssen Sie sich Zwischenziele stecken. Anschließend arbeiten Sie eine Strategie (Wege) aus, die aufzeigt, wie Sie am besten Ihre Ziele erreichen. Wenn Sie ein Haus bauen wollen, werden Sie auch entsprechende Pläne erstellen, bevor Sie mit den Baumaßnahmen beginnen. Nur dadurch wird Ihr Haus so, wie Sie es sich vorstellen. Dieses Beispiel ist auf viele Lebenssituationen übertragbar. Denn nur wenn Sie Ihr Ziel kennen, können Sie es auch erreichen.

Anwendungsvorschlag

Lebensziel Wie kommen Sie zu Ihrer Lebensaussage? Wie können Sie Ihr Lebensziel formulieren? Wie erkennen Sie das Wichtigste für sich? Wie können Sie schon am Anfang das Ende im Sinn haben? Einige Anregungen:

Eigene Beerdigung

- Stellen Sie sich vor, Sie hätten die Chance, Ihrer eigenen Beerdigung bewusst beizuwohnen. Viele Menschen sind gekommen, um sich von Ihnen zu verabschieden. Das Programm der Trauerfeier sieht vor, dass 1. jemand aus Ihrer Familie, 2. einer Ihrer Freunde, 3. jemand aus Ihrer Firma und letztlich einer aus einem Verein oder Ihrer Wohngemeinde eine kurze Rede über Ihr Leben hält. Was könnten die Redner über Sie sagen? Welche Persönlichkeit sollen die Reden beschreiben? An welche Leistungen sollen sich die Redner erinnern? Schreiben Sie all das auf, was die Redner über Sie und Ihr Leben vortragen sollen.
  Wenn Sie diese Übung ernsthaft durchgeführt haben, haben Sie über Ihr Leben nachgedacht und sich Ihre fundamentalen Werte bewusst gemacht. Sie haben damit Kontakt zu Ihrem inneren Führungssystem aufgenommen und Ihre Definition von Erfolg gefunden.

Genug Zeit und Geld

- Was würden Sie tun, wenn Sie genügend Geld und Zeit hätten? Träumen Sie, wünschen Sie sich etwas, stecken Sie sich ein Ziel, arbeiten Sie eine Strategie aus und vielleicht erhalten Sie Ihr gewünschtes Ergebnis.

Lebensaussage

- Arbeiten Sie an Ihrer persönlichen Lebensaussage. Sammeln Sie hierzu Notizen und Gedanken aus Ihrem Umfeld, die Ihnen beim Fixieren Ihrer persönlichen Lebensaussage hilfreich sind.

→ Ergänzende und vertiefende Informationen zu diesem Thema finden Sie im Kapitel A 6 „Ziele“ im zweiten Band dieser Buchreihe (Methodenkoffer Arbeitsorganisation).

2.3 Weg 3: Das Wichtigste zuerst

Zeitmanagement

Nach dem Formulieren der Lebensziele folgt nun das Zeitmanagement. Hier geht es um die effektive Gestaltung Ihrer Zeit, denn Zeit ist die kostbarste Ressource.

Regelmäßig neue Ziele formulieren

Sie sollten dabei Ihre Ziele in wichtige und unwichtige Ziele einteilen und sich verstärkt den wichtigen Aufgaben zuwenden. Aus Ihren definierten Rollen (z. B. Vater, Ehemann, Freund, Manager und Leiter einer Gruppe) ergeben sich jede Woche neue wichtige Ziele. Von Bedeutung sind jene Aktivitäten, die zur Erreichung Ihrer Ziele beitragen und/oder das größte Erfolgspotenzial beinhalten. Deshalb nehmen Sie sich jedes Wochenende 20 Minuten Zeit, um Ihre Ziele für die nächsten Tage neu zu formulieren. Reservieren Sie dabei immer noch genug Zeit für plötzliche Anrufe oder ungeplante Termine, die Sie bei Auftreten problemlos in den Zeitplan einfügen können.

→ Ergänzende und vertiefende Informationen zu diesem Thema finden Sie im Kapitel A 7 „Zeitmanagement“ im zweiten Band dieser Buchreihe (Methodenkoffer Arbeitsorganisation).

Anwendungsvorschlag

Wie kann ich am besten meine Zeit einteilen? Wie erkenne ich, ob meine Aktivitäten, die ich angehen will, auch wirklich wichtig für mich sind? Dazu einige Anregungen:

- **Woche** — Organisieren Sie die nächste Woche. Planen Sie Ihre Rollen und Ziele wöchentlich. Aus den Zielen leiten Sie Ihren Handlungsplan ab. Am Ende der Woche werten Sie aus, wie gut Ihr Plan dazu beitrug, Ihre Ziele in Ihr tägliches Leben zu übersetzen.
- **Tag** — Untersuchen Sie täglich Ihre Tätigkeiten aus dem Blickwinkel, ob sie Ihren Energieeinsatz wert sind. Unterscheiden Sie immer zwischen wichtigen und unwichtigen Aktivitäten. Ziehen Sie immer das Wichtigste vor!
- **Verlorene Zeit** — Nützlich ist auch, herauszufinden, wo Ihnen die Zeit verloren geht. Sind Sie es selbst, der seine Zeit nicht nutzt, oder sind es andere, die Ihnen die Zeit „stehlen“?

2.4 Weg 4: Gewinn-Gewinn-Denken

Gewinn-Gewinn Viele Menschen sind davon überzeugt, dass man im Leben nur auf Kosten anderer gewinnen kann. Doch die wahren Erfolge sind langfristig nur über ein *Gewinn-Gewinn-Denken* erzielbar.

Gewinn-Verlust Das *Gewinn-Verlust-Denken* ist die am meisten verbreitete Grundhaltung. Eine weitere Möglichkeit gibt es für Menschen mit dieser Einstellung nicht. Wer so handelt, ist meist autoritär und beharrt auf seiner Macht.

Verlust-Gewinn Das *Verlust-Gewinn-Denken* ist typisch für Verlierer. Sie empfinden nach dem Motto: „Nur zu. Trampel ruhig auf mir herum. Das tun doch alle. Ich bin ein Verlierer." Diese Menschen geben überwiegend negative Äußerungen über sich ab, um so anderen zu gefallen oder zu schlichten. Das aber schadet ihnen.

Verlust-Verlust Wenn zwei Einzelkämpfer aufeinandertreffen, wird zwangsläufig eine *Verlust-Verlust-Situation* eintreten. Anzustreben ist aber eine Gewinn-Gewinn-Situation, ein Verhältnis, das sich durch Mut und Rücksicht auszeichnet. Dies setzt aber eine gewisse Charakterreife voraus.

→ Ergänzende und vertiefende Informationen zu diesem Thema finden Sie in den Kapiteln A 4 „Das Modell von Thomas Gordon" und A 2 „Die Transaktionsanalyse" sowie C 10 „Mediation" im ersten Band dieser Buchreihe (Methodenkoffer Kommunikation).

Anwendungsvorschlag

Wie können Sie Ihr Denken auf Gewinn-Gewinn einstellen? Wie können Sie eine einheitliche Lösung finden, mit der alle zufrieden sind? Wenden Sie folgende Vorschläge an:

Mut und Rücksicht

- Bei der nächsten Konfliktsituation sollten Sie ein Gewinn-Gewinn-Denken versuchen. Achten Sie auf ein Gleichgewicht zwischen Mut und Rücksicht.
- Wählen Sie eine bestimmte Situation aus, in der Sie gern eine Gewinn-Gewinn-Vereinbarung erzielen würden. Versuchen Sie, sich in den anderen hineinzuversetzen, und schreiben Sie

ganz genau auf, wie der andere sich Ihrer Meinung nach die Lösung vorstellt. Führen Sie dann aus Ihrer eigenen Sicht auf, welche Ergebnisse für Sie einen Gewinn ausmachen würden. Gehen Sie auf den anderen Menschen zu und fragen Sie, ob er bereit sei zu kommunizieren, bis eine Einigung und eine für alle zuträgliche Lösung gefunden ist.

2.5 Weg 5: Erst verstehen, dann verstanden werden

Mitfühlendes Zuhören

Der fünfte Weg ist der beeinflussbarste Weg. Wenn Sie versuchen, mit aller Kraft das Verhalten Ihres Partners, Nachbarn oder Ihre Umstände zu verändern, werden Sie viel Energie verlieren, ohne etwas zu gewinnen. Deshalb sollten Sie zuerst einmal versuchen, Ihr Gegenüber zu verstehen, um selbst verstanden zu werden. Dabei geht es um das mitfühlende Zuhören, darum, den Gesprächspartner intellektuell und emotional zu verstehen.

Machen Sie den ersten Schritt! Versuchen Sie Ihren Gesprächspartner zu verstehen, dann wird er sich öffnen und versuchen, Sie zu verstehen.

→ Ergänzende und vertiefende Informationen zu diesem Thema finden Sie im Kapitel B 2 „Zuhörtechniken“ im ersten Band dieser Buchreihe (Methodenkoffer Kommunikation).

Anwendungsvorschlag

Nicht nur selbstbezogen reden

Wie gut verstehen Sie andere? Werden Sie auch von anderen verstanden? Wichtig hierbei ist, dass Sie nicht nur selbstbezogene Antworten von sich geben, sondern dem Gesprächspartner das Gefühl geben, interessant zu sein. Versuchen Sie es mit dieser Übung:

- Laden Sie eine Person zum Essen ein, die Ihnen nahesteht. Versuchen Sie, das Leben aus der Sicht dieser Person zu sehen. Bitten Sie die Person um ein Feedback für diesen Abend.
- Hören Sie bei den kommenden Gesprächen einfach nur zu. Die Wirkung auf den Gesprächspartner ist groß. Erzählen Sie nicht von sich, sondern lassen Sie sich vom Gegenüber unterhalten.

Zuhören

2.6 Weg 6: Synergie erzeugen

Ungeahnte Potenziale

Synergie wird gern mit diesem Satz ausgedrückt: „Das Ganze ist mehr als die Summe seiner Teile." Wenn Sie die ersten fünf Wege konsequent durchführen, werden plötzlich Potenziale in Ihnen geweckt, von denen Sie zuvor nicht einmal ahnten, dass Sie sie besitzen. Der Erfolg schlummert in Ihnen, bis Sie ihn entdecken.

→ Ergänzende und vertiefende Informationen zum Thema Synergie finden Sie im Abschnitt D „Zusammenarbeit, Kooperation" im vierten Band dieser Buchreihe (Methodenkoffer Führung).

Anwendungsvorschlag

Wie erzeugen Sie Synergie? Was können Sie bei Konflikten und anderen Auseinandersetzungen tun, um Synergie zu erzeugen? Einige Anregungen:

Rahmenbedingungen schaffen

- Suchen Sie sich ein Projekt aus, für das Sie sich mehr Synergie wünschen. Schaffen Sie hierfür die erforderlichen Bedingungen.
- Bei Auseinandersetzungen und unterschiedlichen Meinungen müssen diese angesprochen, diskutiert und möglichst kreativ verarbeitet werden, um Synergien zu schaffen.

2.7 Weg 7: Säge schärfen

Vier Dimensionen

Wenn Sie nicht auf der Strecke bleiben wollen, müssen Sie sich ständig weiterbilden und sich Erholungspausen gönnen. Nur dann können Sie langfristig Höchstleistung vollbringen. Der siebte Weg wird in vier Dimensionen aufgeteilt:

1. in die *physische* Dimension, bei der es um die körperliche Leistungsfähigkeit geht;
2. in die *spirituelle* Dimension, bei der es um den seelischen Ausgleich und um Entspannung geht;
3. in die *mentale* Dimension, bei der es um das Lernen geht;
4. in die *sozial-emotionale* Dimension, bei der es um zwischenmenschliche Beziehungen geht.

Keine Dimension vernachlässigen

Sie können auf Dauer nur erfolgreich leben, wenn Sie alle vier Bereiche beachten und in Einklang bringen. Sobald Sie ein Gebiet vernachlässigen, hat das negative Folgen für die anderen Dimensionen.

→ Ergänzende und vertiefende Informationen zu diesem Thema finden Sie im Kapitel D 8 „Work-Life-Balance" in diesem Buch.

Anwendungsvorschlag

Vier Bereiche im Einklang

Wie können Sie die Säge schärfen? Wichtig ist zu erkennen, dass Ihre Leistungen schnell nachlassen, sobald Sie aufhören, sich weiterzuentwickeln. Die vier Dimensionen müssen hierzu in Einklang gehalten werden. Wenden Sie folgende Vorschläge an:

- Werden Sie aktiv! Wichtig ist, dass Sie fit bleiben und gut in Form sind. Um diese Punkte zu erfüllen, erstellen Sie sich einen Plan mit Aktivitäten, die Sie anschließend abarbeiten.
- Nehmen Sie sich eine Aktivität vor und formulieren Sie das genaue Ziel. Tragen Sie dieses in den Arbeitsplan für die kommende Woche ein. Kontrollieren Sie anschließend die Ergebnisse!

Literatur

Stephen R. Covey: *Der 8. Weg: Von der Effektivität zur wahren Größe.* Offenbach: GABAL 2006.

Stephen R. Covey: *Die 7 Wege zur Effektivität. Prinzipien für persönlichen und beruflichen Erfolg.* Offenbach: GABAL 2005.

Stephen R. Covey, Roger A. Merrill: *Der Weg zum Wesentlichen. Zeitmanagement der vierten Generation.* Frankfurt am Main: Campus 2005.

3. Engpass-konzentrierte Strategie (EKS)

Breit nutzbar

Das Anwendungsgebiet der EKS-Strategie ist breit gefächert. Jedes Unternehmen, jeder Freiberufler oder leitende Angestellte kann in seiner persönlichen Situation diese Strategie anwenden, unabhängig davon, in welcher Branche, in welchem Unternehmen oder in welcher Position er tätig ist.

Aus den letzten zwei Jahrzehnten liegen genügend Beispiele vor, die zeigen, dass Organisationen oder Menschen mithilfe der EKS ihre Erfolgschancen verbessern konnten. Die vier Grundprinzipien und das darauf aufbauende 7-Phasen-Programm lassen sich auf viele Bereiche des Geschäfts- und Berufslebens anwenden.

3.1 Begriffsklärung

Gemeinsamkeiten von Systemen

Die Buchstaben EKS standen ursprünglich für die Bezeichnung „evolutions-konforme-“ und/oder „energo-kybernetische Strategie“. Der Begriff „evolutionskonform“ wurde gewählt, weil der geistige Vater dieses Denkmodells, Wolfgang Mewes (geb. 1924), zwischen wirtschaftlichen und ökologischen Systemen viele Gemeinsamkeiten erkannt haben wollte. So wie in der Natur wirken auch in der Ökonomie die Subsysteme (Unternehmen, Konsumenten, Lieferanten etc.) zusammen. Mewes meint, dass sich ökonomische Systeme (Unternehmen, Nachfrager und Märkte) dann optimal entwickeln, wenn sie sich dem Vorbild der Evolution entsprechend verhalten. Dort wirken die verschiedenen Subsysteme synergetisch zusammen.

Heutzutage stehen die Buchstaben EKS jedoch für „engpasskonzentrierte Strategie“. Damit will Mewes verdeutlichen, dass jedes System in seiner Entwicklung von einem Engpass blockiert wird. Gelingt es, diesen zu erkennen, dann kann er beseitigt werden, um dem System so optimale Entfaltungsmöglichkeiten zu verschaffen.

Vorbild: Militär

Diese Erkenntnis verdankt Mewes der Lektüre militärstrategischer Literatur. Das strategische Grundanliegen von Militärs besteht darin, den Schwachpunkt (Engpass) des Gegners herauszufinden, um ihn hier entscheidend zu treffen. Darum empfiehlt er, diesen Schwachpunkt zu suchen oder umgekehrt, dem Vernichtungskrieg zwischen Wettbewerbern zu entkommen. Dazu bietet sich eine Strategie an, die auf Verschiedenheit, Segmentierung, Nische und gegebenenfalls Vernetzung basiert.

3.2 Die vier Grundprinzipien der EKS-Strategie

Vier Grundprinzipien

Die EKS-Strategie empfiehlt folgende vier Grundprinzipien:
1. Konzentration statt Verzettelung
2. Kybernetisch wirkungsvollsten Punkt erkennen
3. Nutzung des Minimumprinzips
4. Nutzenorientierung statt Gewinnmaximierung

Diese Prinzipien finden sich im weiter hinten vorgestellten 7-Phasen-Programm wieder.

1. Konzentration statt Verzettelung

Kräfte bündeln

Mit Verzettelung ist die Ausweitung der Kräfte bzw. der Aktivitäten auf mehrere Aufgabenfelder, Zielgruppen oder Probleme gemeint. Im Gegensatz dazu steht die Konzentration, das heißt die Spezialisierung durch Bündelung der Kräfte auf einen Punkt (vgl. auch Kapitel H 3 „Kernkompetenzen“ im dritten Band dieser Buchreihe, Methodenkoffer Managementtechniken).

Sich unterscheiden

Die EKS meint: Wer auf vielen Gebieten aktiv ist, bleibt allenfalls durchschnittlich und hebt sich kaum vom Wettbewerb ab. Der Erfolg im Berufs- und Geschäftsleben hängt aber entscheidend davon ab, ob es gelingt, sich von anderen zu unterscheiden. Das

Konzept der Unique Selling Proposition (USP) im Marketing verfolgt einen vergleichbaren Ansatz.

Beispiel: Spitzensportler

Am Beispiel eines Spitzensportlers lassen sich die Vorteile von Konzentration und Spezialisierung gut darstellen. Der Sportler hat dann Erfolg, wenn er eine Sportart entsprechend seinem Talent betreibt, das heißt, er konzentriert sich auf seine persönlichen Fähigkeiten und Stärken. Um an die Spitze vorzudringen, muss er sich dieser einen Sportart voll und ganz widmen. Schließlich muss der Sportler seine Leistungen ständig verbessern, sei es aufgrund neuer technischer Voraussetzungen, neuer Trainingsmethoden oder eines neuen Reglements. Hier liegen Parallelen zur ständigen Innovation im Geschäftsleben bezüglich Produkt- und Prozessverbesserungen.

Positive Kettenreaktion

Durch permanentes Training im Spezialgebiet erzielt der Sportler Lerngewinne, mit denen er sein Leistungsvermögen optimiert. Daraus resultieren gegebenenfalls Erfolge mit motivationssteigerndem Effekt. Jeder Sieg ist ein Feedback dahin gehend, dass sich die Trainingsmühen der Vergangenheit lohnten. Diesen Effekt bezeichnet man als positive Kettenreaktion.

2. Kybernetisch wirkungsvollsten Punkt erkennen

Vernetzte Systeme

Kybernetisch bedeutet für die EKS so viel wie „vernetzt". Mewes erkannte, dass Märkte und Unternehmen miteinander vernetzte Systeme sind, ähnlich biologischen Organismen in der Tier- und Pflanzenwelt. Solche Systeme bestehen aus vielen Subsystemen und Elementen, z. B. Unternehmen, Kunden, Rohstoffen, Mitarbeitern. Da die heute existierenden Systeme sehr eng miteinander vernetzt sind, führt die Veränderung eines Elements zwangsläufig zur Veränderung anderer Elemente, sodass sich die Wirkung auf das gesamte System überträgt.

→ Ergänzende und vertiefende Informationen hierzu finden Sie im Kapitel C 4 „Systemisch Denken" im zweiten Band dieser Buchreihe (Methodenkoffer Arbeitsorganisation).

Nach Mewes gibt es in solchen ganzheitlich vernetzten Systemen zwei grundsätzliche Verhaltensstrategien:

1. Man erhöht den Ressourceneinsatz. Durch mehr Arbeit, Kapital oder Know-how wird ein Teilbereich oder werden mehrere Teilbereiche so verändert, dass sich die gewünschte Wirkung ergibt.

Mehr Ressourcen

2. Man konzentriert die Ressourcen auf den wirkungsvollsten Punkt im System. Der Mitteleinsatz ist nicht höher als im ersten Beispiel, aber der Output ist größer, weil der kybernetisch wirkungsvollste Punkt erkannt und genutzt wurde. Ein grundlegender Satz der EKS-Strategie ist daher auch: „Nicht wie, sondern wo man zuschlägt, ist entscheidend."

Konzentration der Ressourcen

Hierzu ein Beispiel: Als Hannibal auf seinem Zug über die Alpen 218 v. Chr. die Römer angriff, führte er den Stoß gegen den kybernetisch wirkungsvollsten Punkt des römischen Heeres, das Hauptquartier. Er schlug mit einer wesentlich kleineren Armee seinen großen und starken, jetzt aber kopflosen Gegner.

Beispiel: Hannibal

3. Nutzung des Minimumprinzips

In einem komplexen und unübersichtlichen System den kybernetisch wirkungsvollsten Punkt zu suchen, ist schwer. Wer es aber schafft, aus einer Vielzahl von Problemen das Kernproblem zu identifizieren, und eine Lösung findet, spart Energien bzw. Ressourcen. Diese Person oder Organisation kann nun mit einem Minimum an Energie ihre Chancen nutzen.

Kernproblem finden

Das Minimumprinzip geht auf den Chemiker Justus von Liebig (1803–1873) zurück. Er entdeckte Mitte des 19. Jahrhunderts, dass eine Pflanze folgende Elemente für ihr Wachstum benötigt: Kali, Kalk, Stickstoff und Phosphorsäure. Fehlt eines dieser Elemente oder ist es nicht in ausreichender Menge vorhanden, kann die Pflanze nicht wachsen. Liebig bezeichnete die fehlende Substanz als Minimumfaktor.

Vorbild: Pflanzenwachstum

Diese Entdeckung hat Mewes auf ökonomische Systeme angewandt. Demnach gibt es in jedem ökonomischen System einen Minimumfaktor, den dieses benötigt, um sich weiterzuentwickeln. Die EKS spricht daher vom Entwicklungsengpass, der zu beseitigen ist. Darum nennt sich dieses Strategiemodell auch engpasskonzentrierte Strategie.

Entwicklungsengpass

4. Nutzenorientierung statt Gewinnmaximierung

Egozentrik

Die meisten Menschen handeln egozentrisch, also ichbezogen, auf den eigenen Vorteil bedacht. Ähnlich verhält es sich bei Unternehmen. Im Zentrum ihres Handelns steht die Gewinnerzielung.

Indirekte Gewinnmaximierung

Gewinn zu erzielen setzt aber voraus, seiner Zielgruppe Nutzen zu bieten. Nutzenorientierung ist für die EKS der rote Faden zum Erfolg. Dabei wertet sie aber keineswegs die (direkte) Gewinnmaximierung ab, sondern betrachtet sie als positive Folge der Nutzenorientierung. Je konsequenter und besser man den Nutzen einer Zielgruppe steigert, desto zuverlässiger steigert sich auch der Gewinn bzw. das Einkommen. Darum bezeichnet die EKS die Nutzenorientierung als indirekte Gewinnmaximierung.

Konzentration statt Verzettelung	Den wirkungsvollsten Punkt suchen	Den Minimumfaktor bzw. Engpass finden	Nutzenorientierung statt Gewinnmaximierung
■ Konzentration ist die Verdichtung von Energie. ■ Klären Sie, was Sie am besten können und womit Sie Ihren Partnern den größten Nutzen bieten können. ■ Suchen Sie sich eine „Nische", in der Ihre Stärken am ehesten wirksam werden, Sie sich sozusagen zum „Marktführer" oder Meinungsführer entwickeln. ■ Seien Sie anders als andere. ■ Bauen Sie Ihre Stärken aus.	■ Klären Sie, was die größten und dringendsten Probleme Ihrer Kunden oder Partner sind. ■ Für dieses spezielle Problem bieten Sie Lösungen an. ■ Gefragt ist nicht die Durchschnittsleistung auf möglichst vielen Gebieten, sondern die Spitzenleistung auf Ihrem Spezialgebiet. ■ Profilieren Sie sich darum als Fachmann, nicht als ambulanter Bauchwarenhändler.	■ Klären Sie, was getan werden muss, um das Problem Ihrer Zielgruppe zu lösen: Was ist der entscheidende Hinderungsfaktor? ■ Wie begründet sich der Engpass? ■ Klären Sie aber auch, welches Ihr eigener Engpassfaktor ist: Was hindert Sie persönlich an Ihrem Wachstum?	■ Im Vordergrund Ihres Denkens und Handelns sollte der Nutzen stehen, den Sie anderen bieten wollen. Wenn Sie anderen nützen, nützen Sie sich selbst. ■ Welchen Grund- und welchen Zusatznutzen bieten Sie Ihren Kunden bzw. Partnern? Welchen Differenznutzen bieten Sie im Vergleich zu anderen? ■ Wenn Sie verdienen wollen, müssen Sie vorab dienen.

3.3 Das 7-Phasen-Programm zur Spitzenleistung

Das zur EKS gehörende 7-Phasen-Programm ist ein Leitfaden, um das Strategiekonzept systematisch anzuwenden. Diesem Programm liegen die erwähnten vier Grundprinzipien zugrunde.

Phase 1: Analyse der Ist-Situation und der speziellen Stärken

Unverwechselbares Profil

Hier geht es darum, herauszufinden, welche generellen Stärken und Fähigkeiten der Einzelne oder das Unternehmen im Vergleich mit anderen hat. Aus den gewonnenen Erkenntnissen ist dann ein unverwechselbares, individuelles Leistungsprofil zu erstellen, mit dem man sich vom Wettbewerb abheben kann.

Schwächen vernachlässigen

Als Person oder Unternehmen soll man sich auf diese Stärken konzentrieren und sie kontinuierlich ausbauen. Im Umkehrschluss gilt, dass man die Schwächen, deren Anzahl in der Regel die der Stärken übertrifft, zunächst einmal vernachlässigen sollte. Denn die Konzentration auf das, was man besser kann als andere, führt zu Lerngewinnen, größeren Erfolgserlebnissen, steigender Motivation und weiterführenden Erfolgen.

Phase 2: Das erfolgversprechendste Aufgabenfeld finden

Spezialisierung

Nun wird das erfolgversprechendste Aufgabenfeld gesucht, das zu den individuellen Stärken passt. Durch Spezialisierung und Bündelung der Kräfte auf dieses Aufgabenfeld bieten sich Aufstiegs- bzw. Erfolgschancen.

Die Suche nach dem erfolgversprechendsten Aufgabenfeld ist stark vom eigenen Stärkenprofil geprägt, da sich der Erfolg nur einstellt, wenn man etwas gut kann und gerne tut. Der Erfolg stellt sich umso schneller ein, je genauer das Aufgabenfeld definiert ist.

Umgang mit Widerstand

Bei Erfolg setzt man seinen Weg fort. Stößt man auf Widerstände, weicht man gegebenenfalls geringfügig vom ursprünglichen Weg ab und berücksichtigt die gewonnenen Erfahrungen in den nächsten Schritten. Das reduziert auch das Risiko, sich auf einem falschen Aufgabenfeld zu spezialisieren.

Phase 3: Die erfolgversprechendste Zielgruppe finden

Als Nächstes ist herauszufinden, welche Zielgruppe innerhalb des Aufgabenfeldes beworben werden sollte.

Zum Problemlöser werden

Eine Zielgruppe im Sinne der EKS-Strategie sind Menschen oder Unternehmen mit gleichen Wünschen, Bedürfnissen und Problemen. Bei genauerer Betrachtung ergeben sich mehrere Zielgruppen in verschiedenen Bereichen oder auf unterschiedlichen Ebenen. Die Konzentration, sprich die Bündelung der Aktivitäten, sollte auf diese Zielgruppe gerichtet sein, sofern auf diese ein direkter Einfluss möglich ist. Ziel ist es, der beste und nachhaltigste Problemlöser dieser Zielgruppe zu werden.

Phase 4: Das von der Zielgruppe als am brennendsten empfundene Problem erkennen

Schlüsselproblem herausfinden

Mittels intensiver Kommunikation mit der Zielgruppe muss es gelingen, das brennendste Problem der Zielgruppe zu extrahieren und zu definieren. Dieser Aspekt ist wichtig. Jede Zielgruppe hat im Grunde viele Probleme. Sie empfindet diese Probleme aber als unterschiedlich wichtig: Die meisten werden als nebensächlich, einige als wichtig und andere als existenziell bedeutsam wahrgenommen. Entsprechend fällt die Reaktion auf Ideen und Verbesserungsvorschläge aus. Die gleichen Personen oder Unternehmen, die auf vorausgegangene Ideen oder Vorschläge nur schwach oder gar nicht reagiert haben, reagieren plötzlich sehr interessiert, wenn ein Vorschlag das Problem lösen könnte, das sie aktuell als am brennendsten empfinden. Wahrscheinlich empfinden sie dieses Problem als Schlüsselproblem, von dem ihr Erfolg, ihre Weiterentwicklung oder ihr Überleben im Wettbewerb abhängt.

Ist das brennendste Problem erkannt, geht es darum, dieses zu lösen. Dazu benötigt man Informationen und die Kenntnis bisheriger Lösungsansätze.

Phase 5: Innovationsstrategie

Leistung verbessern

Für den EKS-Strategen sind Innovationen keine großartigen, bahnbrechenden Erfindungen, sondern schlichtweg Leistungsverbesserungen. Innovationen sind notwendig, da Stillstand

Rückschritt ist. Allerdings darf nicht blind innoviert und erfunden werden, sondern die Innovationen müssen sich am dringendsten Problem der Zielgruppe orientieren.

Dabei sollte auch das Ideenpotenzial von Kunden, Mitarbeitern und Geschäftspartnern genutzt werden. Auch sollte man nicht versuchen, etwas zu innovieren, was andere bereits entwickelten oder wo einem schlichtweg das Know-how fehlt.

Phase 6: Die Kooperationsstrategie

Kein Gegeneinander

Ein EKS-Grundsatz lautet: „Kooperation ist immer erfolgreicher als der Wettbewerb gegeneinander." Das gemeinsame Ziel der Kooperation muss sein, das brennendste Problem der Zielgruppe nutzenorientiert zu lösen.

Komplemetäre Fähigkeiten

Aber eine Kooperation ist nur dann erfolgreich, wenn strategisch richtig und mit kongruenten Zielen kooperiert wird. Bei der Auswahl des Kooperationspartners ist darauf zu achten, dass die Partner über komplementäre Fähigkeiten verfügen. Nur so lassen sich Synergiegewinne erzielen.

Phase 7: Das konstante Grundbedürfnis

Gefahren

Durch die Konzentration auf seine Stärken, auf ein bestimmtes Aufgabenfeld, eine bestimmte Zielgruppe und deren brennendstes Problem entwickelt man seine Spezialisierung. Aber diese birgt nicht nur Vorteile in sich, sondern ist auch Quelle möglicher Gefahren. Durch technische, wirtschaftliche, soziale und politische Veränderung kann der Grund für die Spezialisierung plötzlich entfallen.

Konstanten und Variablen

Um dieser Möglichkeit vorzubeugen, gilt es zunächst, zwei Spezialisierungsrichtungen zu unterscheiden: zum einen die Spezialisierung auf eine Konstante, zum anderen die auf eine Variable. Konstant sind etwa Grundbedürfnisse nach Ernährung, Bekleidung und Information. Variabel ist alles andere, etwa Produkte, Rohstoffe und Know-how.

Hinter jedem variablen Bedürfnis steht aber ein konstantes Grundbedürfnis. Deshalb ist es wichtig, sich nicht auf eine Variable, sondern auf eine Konstante zu spezialisieren. Damit vermeidet man die erwähnten Spezialisierungsrisiken.

Dauerhafter Erfolg

Wenn es gelingt, das konstante Grundbedürfnis im Blickfeld zu behalten, ist man offen für zielgruppenorientierte Veränderungen und Innovationen. Durch Befriedigung des konstanten Grundbedürfnisses der Zielgruppe kann man zur Denkzentrale bzw. zum Problemlöser der Zielgruppe aufsteigen, was dauerhaften und stetigen wirtschaftlichen Erfolg impliziert.

Literatur

Kerstin Friedrich: *Erfolgreich durch Spezialisierung – Kompetenzen entwickeln, Kerngeschäfte ausbauen, Konkurrenz überholen.* Landsberg: mi 2003.

Kerstin Friedrich, Edgar K. Geffroy, Lothar J. Seiwert: *Das neue 1x1 der Erfolgsstrategie – EKS, Erfolg durch Spezialisierung.* Offenbach: GABAL 2003.

Max Worcester: *EKS-Karrierestrategie, Band 1: Grundlagen und Phasen der EKS mit Fallbeispielen.* Frankfurter Allgemeine Zeitung, Informationsdienste 1994.

4. Selbst-GmbH (Employability, Jobility)

Als Folge von Globalisierung, Fusionen und Technologisierung werden Arbeitsplätze unsicher. Vor diesem Hintergrund entstand die Idee der Selbst-GmbH. Das Überleben eines Unternehmens hängt mehr denn je vom Engagement und der Qualifikation der Mitarbeiter ab. Auf der betrieblichen, der individuellen und der politischen Ebene werden Mittel und Wege gesucht, Beschäftigung und damit zusammenhängend Beschäftigungsfähigkeit zu schaffen. In diesem Zusammenhang haben sich die Begriffe Selbst-GmbH, Employability und Jobility herausgebildet.

Antwort auf Unsicherheit

4.1 Begriffsbestimmung „Selbst-GmbH"

Der Begriff GmbH kann im Kontext der Selbst-GmbH als „Gemeinschaft mit beispielhafter Haltung" oder „Gesellschaft mit beiderseitiger Haftung" definiert werden. Die Selbst-GmbH soll also ein neues Verhältnis von Arbeitnehmern und Arbeitgebern beschreiben. Dieses neue Verhältnis findet darin seinen Ausdruck, dass jeder Mensch sinnbildlich eine Selbst-GmbH gründet und sich damit als Unternehmer in eigener Sache etabliert. Grundlage des Selbst-GmbHlers ist die persönliche Verantwortung für den eigenen Lebens- und Berufsweg. „Selbstunternehmer" zeichnen sich durch Selbstbewusstsein, Eigenständigkeit und Eigeninitiative aus und sind zur Selbstreflexion ebenso bereit wie zur Selbstorganisation.

Neues Verhältnis

4.2 Der Kerngedanke

Der Kerngedanke des neuen Verhältnisses ist Verpflichtung auf Gegenseitigkeit, die auf Geben und Nehmen beruht. Auf der

Gegenseitigkeit

einen Seite bringen „arbeitnehmende Mitunternehmer“ ihre Kompetenzen ein, auf der anderen Seite bieten Unternehmen ihren Mitarbeitern unternehmerische Freiräume an.

Eigenverantwortung und Gestaltungsfreude

Verändertes Denken

Das Konzept der Selbst-GmbH zielt auf ein verändertes Denken vor allem der Arbeitnehmer. Dieses soll Anspruchsdenken und das Gefühl von Fremdbestimmtheit senken sowie Eigenverantwortung und Gestaltungsfreude steigern. Das Bewusstsein, sich als Unternehmer der eigenen Arbeitskraft zu begreifen, steht dabei ebenso im Vordergrund wie die persönliche Verantwortung, die der Einzelne für seinen Lebensweg und seine berufliche Entwicklung übernimmt.

Deckungsgleiche Interessen

Der Selbstunternehmer ist am größtmöglichen Geschäftserfolg des Unternehmens interessiert, für das er arbeitet. Dessen und sein Geschäftsinteresse sind deckungsgleich. Intellektuelle Flexibilität und Mobilität sind ihm selbstverständlich. Auf welchen Gebieten er weiterlernt und wie er seine Karriere gestalten will – ob als Fach- oder Führungslaufbahn –, obliegt seiner Entscheidung und seinem Talent, sich richtig einzuschätzen. Die Devise lautet: Dauerhaft fit für den Arbeitsmarkt, statt dauerhaft fest auf einem Arbeitsplatz.

Rahmenbedingungen seitens des Unternehmens

Flexible Strukturen

Starre Aufbauorganisationen werden zunehmend durch flexible projekt- und netzwerkartig gebildete Strukturen ersetzt. Als Folge hiervon verschwindet die Zeit- und Ortsgebundenheit der Arbeit. In der Vergangenheit war die Bindung an ein Unternehmen häufig durch Abhängigkeiten und patriarchalische Strukturen gekennzeichnet. Der Zukunftserfolg eines Unternehmens hängt u. a. von der dialogisch-partnerschaftlichen Führungskultur ab. Darum sind solche Mitarbeiter zu fördern, die zur Eigenverantwortung bereit sind.

Feedback

Durch Feedbackgespräche erhält der angestellte „Unternehmer“ einen Abgleich von Eigen- und Fremdbild. Er kann so Handlungsfelder erkennen und seinen Marktwert bzw. seine individuelle Beschäftigungsfähigkeit beurteilen.

Führungskräften stellt sich in diesem Zusammenhang die Aufgabe, Entwicklungsprozesse gemeinsam mit den Mitarbeitern zu besprechen und zu gestalten, um die Anpassungsfähigkeit des Unternehmens und des Selbst-GmbHlers an die sich ändernden Bedingungen zu gewährleisten. Vorgaben an die Mitarbeiter werden durch logisch begründete Aufgaben ersetzt.

Aufgabe der Führungskräfte

4.3 Umsetzung

Die Interessen des Selbst-Unternehmers sind mit dem Erfolg des Unternehmens und dessen Kunden verknüpft. Mit dem Erhöhen der Beschäftigungsfähigkeit der Arbeitnehmer könnte auch die Produktivität und Effizienz der Unternehmen und Organisationen gesteigert werden. Alle Beteiligten verpflichten sich, für eine Stärkung der Leistungskultur einzutreten und damit Energien freizusetzen, die bisher in die Verteidigung nicht mehr bezahlbarer Besitzstände investiert wurden.

Leistung statt Verteidigung

Arbeitsplatz

Der Arbeitsplatz ist kundenorientiert auszurichten. Darum ist der Selbst-Unternehmer bereit, seinen Standort zu wechseln, wenn seine Kundenbeziehungen bzw. die des Unternehmens dies erforderlich machen. Gleichzeitig sollte der Arbeitsplatz mitarbeiterorientiert gestaltet sein. So muss der Selbst-GmbH-ler nicht unbedingt in einem Gebäude des Unternehmens arbeiten. Da die Erreichung des gemeinsam definierten Arbeitsziels (Leistung) zählt, und nicht mehr die Anwesenheit am Arbeitsplatz, werden Telearbeit und andere neue Arbeitsplatzformen zu selbstverständlichen Alternativen.

Telearbeit

Immer wieder neu definierte und angepasste Lebens-, Arbeits- und Weiterbildungsphasen, Arbeitsplätze und -zeiten, Aufgaben, Funktionen und Vergütungssysteme belegen die gelebte Kundenorientierung, denn die Kunden sollten mit ihren differenzierten Anforderungen und Bedürfnissen den Takt angeben. Der damit verbundene Aufwand für lebensphasengerechtes Arbeiten muss gegebenenfalls von der Selbst-GmbH finanziell mitgetragen werden.

Gelebte Kundenorientierung

Arbeitszeit

Vertrauen statt Stechuhr

Zeit wird zur unternehmerischen Ressource der Selbst-GmbH, mit der der Selbst-Unternehmer flexibel, eigenverantwortlich und selbstorganisierend umgeht. Die Arbeitszeit richtet sich dabei nach den Bedürfnissen der Kunden, wobei Freiräume in gewissem Rahmen gewährt werden. Selbst-Unternehmer entscheiden in Abstimmung mit dem Unternehmen über Beschäftigungsdauer und Lebensarbeitszeit. Da Leistung honoriert wird und nicht Anwesenheit (Vertrauensarbeitszeit statt Stechuhr-Prinzip), muss auch Mehrleistung finanziell anerkannt werden. Leistung kann sowohl in Geld als auch wahlweise durch Zeitguthaben honoriert und dadurch transferierbar gemacht werden. Dies geschieht durch die Einrichtung von Leistungskonten, bei denen Leistungszeit in Geld umgerechnet wird, sodass sowohl Zeit als auch Geld entnommen werden können.

Vergütung

Flexible Entgeltsysteme

Die Veränderungen in der Unternehmensumwelt erfordern eine allgemeine Flexibilisierung der unternehmerischen Entgeltsysteme. Präzise Leistungs- und Zeitvorgaben sind innerhalb wissensintensiver Leistungsprozesse immer seltener möglich. Die Folge ist, dass spezifische Lohngruppen immer stärker auseinanderfallen. Geringste Veränderungen der Stellenanforderungen verursachen Zuordnungsprobleme (vgl. Fischer und Steffens-Duch 2000, S. 554).

„Cafeteria-Prinzip"

Um unternehmerisches Handeln zu fördern und anzuerkennen, sollte also die Bezahlung der Selbst-Unternehmer flexibel und leistungsgerecht gestaltet sein. Sie setzt sich aus einem Fixbetrag und einem variablen (Risiko-)Betrag zusammen, wobei Letzterer das Ergebnis der individuellen Leistung ebenso berücksichtigt wie die Gesamtleistung des Unternehmens, für das der Selbst-GmbHler arbeitet (Gewinnbeteiligung). Ein ganzheitliches Paket an Zusatzleistungen, das – nach dem „Cafeteriaprinzip“ – eine individuelle Auswahl und Zusammenstellung beinhaltet, bietet ergänzende Möglichkeiten der variablen Vergütung und Versorgung. Die Übertragung von Anteilen am Unternehmen (Beteiligung am Produktivvermögen) könnte den Anreiz zu unternehmerischem Handeln und zur Mitverantwortung stärken, da der Selbst-Unternehmer dann vom Erfolg des Unternehmens direkt profitiert.

Lebenslanges Lernen

Selbst Initiative ergreifen

Lebenslanges Lernen wird als Chance interpretiert, weil insbesondere diejenigen, die in ihrem bisherigen Lebensverlauf wenig Bildung genossen hatten, die Möglichkeit erhalten, jederzeit wieder einen „Bildungsanschluss" aufnehmen zu können, um so ihre gesellschaftliche Position zu verbessern. Um sich innerhalb oder auch außerhalb eines Unternehmens für verschiedene Aufgaben zu qualifizieren und für zukünftige Herausforderungen fit zu halten, muss daher jeder selbst Initiative für seine Weiterbildung ergreifen und für neue Lernmethoden aufgeschlossen sein.

Multifunktional einsetzbar

Im Hinblick auf ihre Aus- und Weiterbildung begreifen Selbst-Unternehmer lebenslanges Lernen demnach als hervorragende Chance, die eigenen Fähigkeiten und Talente kontinuierlich zu erweitern, um damit möglichst viele Tätigkeiten wahrnehmen zu können. Damit qualifizieren sie sich für unterschiedliche Aufgaben innerhalb einer Arbeitsgruppe und im Rahmen des Unternehmens, für das sie arbeiten: Sie sind dort multifunktional einsetzbar.

Hohes Eigeninteresse

So halten sie sich aber auch gleichzeitig fit, um gegebenenfalls Tätigkeiten in anderen Unternehmen zu übernehmen. Sie sind interessiert, ihr Können und ihre Erfahrungen genau dort einzubringen, wo sie gerade gebraucht werden. Darum sind sie gleichzeitig daran interessiert, das Angebotsspektrum ihrer Selbst-GmbH zu erweitern.

Selbst für Weiterentwicklung verantwortlich

Der Selbst-GmbHler ist sich seiner Kompetenzen bewusst und übernimmt die Verantwortung für deren marktgerechte Weiterentwicklung, um beschäftigungsfähig zu bleiben. Lebenslanges Lernen wird so zu einem wichtigen Element der sozialen Sicherung. Die Forderung nach stärkerer Eigenverantwortung und Entfaltung der unternehmerischen Fähigkeiten des Einzelnen steht nicht im Widerspruch zur sozialen Verantwortung der Unternehmen gegenüber ihren Mitarbeitern. Wichtig ist, auch den sozial Schwächeren zu ermutigen und zu befähigen, in seinem beruflichen Leben das Heft des Handelns in die eigene Hand zu nehmen und aktiv an der Gestaltung mitzuwirken. Mit individuell zu vereinbarender Hilfestellung wird es in vielen Fällen gelingen, das Selbstbewusstsein in die eigene Kraft zu stärken und eine passive Opferhaltung zu überwinden.

Schlüsselqualifikationen

Weiterbildung halten Selbst-Unternehmer nicht nur in fachlicher Hinsicht für sinnvoll und notwendig. Als Unternehmer in eigener Sache benötigen sie Managementkompetenz ebenso wie Organisationsfähigkeit und -wissen. Wichtig ist zugleich, sich einen Fundus an Schlüsselqualifikationen anzueignen. Mit solchen transferierbaren Kompetenzen ausgestattet, qualifizieren sich die Selbst-Unternehmer auch für Arbeitsplätze in anderen Unternehmen.

Weiterbildung allein reicht nicht

Die Unternehmen und ihre Selbst-Unternehmer müssen sich darüber einig sein, dass Weiterbildungsmaßnahmen allein keinen Kompetenzzuwachs auslösen. Von ebenso großer Bedeutung sind Rollenflexibilität, die Reflexion der eigenen Lebens- und Arbeitserfahrungen im Rahmen einer kontinuierlichen Persönlichkeitsentwicklung, bewusste Kontextwechsel und das Unterbrechen von Gewohnheiten. Zur Förderung dieser Komponenten könnten eine Ausweitung der Gruppen- und Projektarbeit im Unternehmen sowie der Tausch von Arbeitsplätzen beitragen.

Unternehmenskultur

Führungsqualität

Mündige, selbstbestimmte und zur Eigenverantwortung bereite Mitarbeiter brauchen Führungskräfte, die sie in ihren unternehmerischen Eigenschaften und Fähigkeiten proaktiv unterstützen. Darum sind Personalverantwortliche mit Einfühlungsvermögen, strategischem Weitblick und Überzeugungskraft gefragt, die mit entsprechenden Rahmenvorgaben individuelle Selbst-GmbH-Lösungen ermöglichen. Notwendig ist eine Führungsqualität, die das Selbstvertrauen, sich auch auf unbekanntem Terrain zurechtzufinden und erfolgreich weiterzukommen, stärkt und dazu ermutigt, über eigene Grenzen hinauszuwachsen. Das setzt voraus, dass Führungskräfte die ihnen anvertrauten Selbst-

Unternehmer in keiner Weise blockieren, weil sie beispielsweise deren Eigenverantwortlichkeit fürchten und als gegen sich und die eigenen Interessen gerichtet empfinden.

Pflichten der Führungskräfte

Die Flexibilisierung von Arbeitszeit und Arbeitsorganisation darf von den Führungskräften nicht als Mehrbelastung empfunden werden. Sie sind in der Pflicht, ihren Selbstunternehmern einen Teil ihrer Arbeitszeit für qualifikationserhaltende und -erweiternde Weiterbildungsmaßnahmen zur Verfügung zu stellen, einerseits, um eine große Bandbreite von Wissen für das Unternehmen nutzbar zu machen, andererseits, um ihre Beschäftigungssicherheit zu gewährleisten und zu fördern. Von den Führungskräften verlangt dies größtmögliche Aufgeschlossenheit gegenüber den Weiterbildungsaktivitäten ihrer Mitarbeiter. Die Angst vor einem möglichen Verlust an Herrschaftswissen ist hier ebenso wenig ein Argument wie die Sorge um den Mehraufwand an Organisationsarbeit.

4.4 Zusammenfassung und Ausblick

Selbstständigkeit und Eigenverantwortung

In Zukunft wird mehr denn je jeder Arbeitnehmer für den Wert seiner Arbeitskraft selbst verantwortlich sein. Um einen Job zu erhalten, der den individuellen Fähigkeiten und Möglichkeiten entspricht, muss jeder für seine Ausbildung und Qualifikation selbst sorgen. Dieses erhöht die Chance auf dem Arbeitsmarkt. Durch eigene Initiative qualifiziert sich der Selbst-GmbHler als eine Art Arbeitskraftunternehmer, der seine Ware Arbeitskraft ständig optimiert und sich selbst auf den fachlich neuesten Stand bringt. Anweisungen und Anordnungen werden auf ein Minimum reduziert, da ein von Selbstständigkeit und Eigenverantwortung geprägtes Verhältnis zwischen Arbeitgeber und Arbeitnehmer entsteht.

Versuchung für die Unternehmen

Unternehmen haben dabei den größten Nutzen. Sie verfügen mit Selbst-GmbHlern über gut ausgebildete und engagierte Mitarbeiter. Allerdings droht auch die Versuchung, sich der Verantwortung für die Qualifizierung der Beschäftigten zu entziehen. Dem einzelnen Mitarbeiter werden die Kosten und die

Entscheidung über die Weiterbildung aufgebürdet. Es ist außerdem zu befürchten, dass durch Employability eine Entsolidarisierung der vorwiegend an sich denkenden Arbeitskraftunternehmer entsteht. Folglich halten sich diese aus der betrieblichen Interessenvertretung und aus Arbeitskämpfen heraus.

Literatur

Heinz Fischer, Silvia Steffens-Duch: *Employability: Beschäftigungsfähigkeit sichern.* In: Personal, Heft 10/2000.

Heidi Haas, Helmut Muthers: *Mitarbeiter als (Mit-)Unternehmer.* Offenbach: GABAL 1996.

Katrin Kraus: *Die Pädagogik des Erwerbs. Vom Beruf zur Employability.* Wiesbaden: VS Verlag 2005.

Roman Lombriser, Heinz Uepping: *Employability statt Jobsicherheit. Personalmanagement für eine neue Partnerschaft zwischen Unternehmen und Mitarbeitern.* Neuwied: Luchterhand 2001.

Peter Speck: *Employability, Herausforderungen für die strategische Personalentwicklung.* Wiesbaden: Gabler 2005.

5. Selbstmarketing

Leistung effektvoll verkaufen

Wir leben in einer Zeit, in der gute Leistung allein leider nicht mehr ausreicht, um Karriere zu machen. Nur wenn Sie Ihre Fähigkeiten auch gekonnt präsentieren, haben Sie die Chance, beachtet zu werden. Das bedeutet allerdings nicht, dass Sie von nun ab ununterbrochen Ihre guten Seiten anpreisen sollten. Clevere und hilfreiche Public Relations in eigener Sache hat nichts mit Show, coolem Auftreten oder gar der Vorspiegelung falscher Tatsachen zutun. Es geht darum, sich als interessante Persönlichkeit zu präsentieren, authentisch zu sein und überzeugend aufzutreten. Es gilt: „Leistung muss genauso effektvoll verkauft werden wie ein Konsumprodukt, das durch seine Verpackung aufmerksam macht!“ (ManagerSeminare 2002, S. 46f.)

In diesem Zusammenhang wurde der Begriff Selbstmarketing geprägt. Er taucht in Zeitungen und Zeitschriften immer wieder auf, insbesondere in jenen, die das Thema Karriere zum Inhalt haben. Die Mediengesellschaft zwingt den Einzelnen geradezu, über die gekonnte Verpackung seiner Persönlichkeit nachzudenken.

5.1 Selbstmarketingplan

Hilfe für eine positive Darstellung

Mithilfe eines auf Ihre eigene Persönlichkeit zugeschnittenen Marketingplans können auch Sie herausfinden, wie Sie auf andere Menschen wirken. Der Plan leistet dabei Hilfestellung, Ihre eigenen Leistungen für andere sichtbar zu machen und sich positiv nach außen darzustellen. Er basiert auf den nachfolgend beschriebenen Schritten.

Eigene Ziele aufstellen bzw. definieren

Nutzen von Zielen

Ziele sind wichtig für die Gestaltung der Zukunft. Sie geben die Richtung vor. Sie ermöglichen es, sich an etwas zu messen und herauszufinden, wie gut man vorankommt. Ziele spornen an und motivieren zur Leistung.

Ziele konkret fassen

Beispiel: „Ich möchte in nächster Zeit vorankommen und aufsteigen." Diese Zieldefinition ist sehr allgemein und ungenau. Richtig wäre: „Ich möchte im Juli kommenden Jahres meine Trainee-Ausbildung bei der Firma XYZ GmbH erfolgreich abschließen und anschließend als Junior-Produktmanager für dieses Unternehmen arbeiten."

Sie sollten weder zu hohe noch zu niedrige Erwartungen an sich selbst haben. Zu hohe Ziele, Selbstüberschätzung oder ein zu schnelles Tempo anzupeilen, bewirken Druck, Ängste und Frust.

→ Ergänzende und vertiefende Informationen hierzu finden Sie im Kapitel A 6 „Zielmanagement" im zweiten Band dieser Buchreihe (Methodenkoffer Arbeitsorganisation).

Stärken und Schwächen analysieren

Grundlage für Souveränität

Eine wichtige Grundlage für Ihr souveränes Auftreten und erfolgreiche Public Relations in eigener Sache ist die Kenntnis der eigenen Stärken und Schwächen. Nur wenn Sie über Ihre eigenen Vorzüge und Mankos Bescheid wissen, können Sie andere von sich überzeugen und auch mit dem Potenzial arbeiten, das in Ihnen schlummert.

Begabungen erkennen

Mithilfe der Stärken- und Schwächen-Analyse lassen sich die eigenen Begabungen erkennen. Sie lernen sie zu schätzen und zu nutzen. Viele Menschen neigen dazu, sich selbst zu unterschätzen. Ihnen bleiben die offensichtlichen Fähigkeiten und Talente verborgen, weil sie diese für selbstverständlich halten.

Stärken-Analyse

Folgende Fragen sollten Sie beantworten, um sich sowohl Ihre fachlichen als auch die persönlichen Stärken bewusst zu machen (Härter und Öttl 2002, S. 42):

Fachkenntnisse

- Welche fachlichen Kenntnisse und Fähigkeiten habe ich mir bisher angeeignet (Schule, Studium, Ausbildung, Beruf)? Gehen Sie in die Details!
- Was kann ich besonders gut? Wofür habe ich ein besonderes Händchen? Denken Sie auch an Ihre Hobbys und Freizeitbeschäftigungen.

- Was habe ich bisher schon alles erreicht? Welche Erfolge haben ich schon feiern können? Schreiben Sie alle auf, die Ihnen einfallen!
- Wofür wurde oder werde ich gelobt?
- Wofür beneiden mich andere vielleicht sogar?
- Kann ich das Lob oder die Bewunderung anderer für mich nachvollziehen? Finde ich mich in diesen Eigenschaften selbst wieder?
- Welche persönlichen Stärken habe ich? Finden Sie mindestens 15 positive Eigenschaften! Was bedeuten diese Stärken (z. B. „flexibel sein“) genau?
- Warum sind andere Menschen gerne mit mir zusammen? Welche Charaktereigenschaften schätzen meine Freunde, meine Familie, meine Kollegen an mir besonders? Teile ich diese Einschätzung?
- Was finde ich toll an mir? Inwiefern bin ich stolz auf mich?

Bisherige Erfolge

Positive Eigenschaften

→ Ergänzende und vertiefende Informationen zum Thema „Stärken-Schwächen-Analyse“ finden Sie im Kapitel D 1 „Biografisch basierte Selbstanalyse“ in diesem Buch.

Begriffe hinterfragen

Bei der Beantwortung dieser Fragen sollten Sie nicht an der Oberfläche stehen bleiben und sich auch nicht mit abstrakten Begriffen zufriedengeben, indem Sie sich beispielsweise für einen „guten Teamplayer“ halten. Sie müssen hinterfragen, was man unter „gut“ versteht, wie sich das im Arbeitsalltag äußert und was man dafür tun muss, um gut mit anderen zusammenzuarbeiten.

Schwächen-Analyse

Defizite eingestehen

Bei der Schwächen-Analyse geht es darum, sich die eigenen Defizite einzugestehen und an ihnen zu arbeiten. Nur auf diese Weise wird es möglich, die persönliche Individualität zu betonen und zu zeigen, was in Ihnen steckt.

Viele Menschen neigen dazu, ihre Schwächen zu verbergen oder zu ignorieren. Beides sind jedoch Sackgassen. Die einzig sinnvolle und befriedigende Lösungsmöglichkeit ist es, sich den weniger positiven Seiten zu stellen, Defizite zu erkennen und mit ihnen bewusst umzugehen.

Grenzen respektieren

Schwächen stellen keine Katastrophen dar. Sie sind persönliche Grenzen und gehören zum Leben. Das bedeutet aber nicht, dass Sie sich mit ihnen abfinden müssen und es für immer so bleibt. Vielmehr geht es darum, die eigenen Grenzen zu identifizieren und zu respektieren.

Die nachfolgenden Fragen sollten Sie bearbeiten, um sich die eigenen Schwächen bewusst zu machen (Härter und Öttl 2002, S. 45):

- Welche Schwächen oder Defizite habe ich? Was kann ich nicht so gut? Was muss ich mir noch aneignen? Warum?
- Wofür habe ich kein besonders gutes Händchen? Womit tue ich mich schwer? Warum?

Misserfolge

- Wie sieht es mit Misserfolgen und Rückschlägen aus? Wo bin oder war ich weniger erfolgreich? Wo sind die Ursachen auszumachen?
- Wo liegen meine menschlichen Schwächen? In welcher Hinsicht möchte ich gerne ganz anders sein? Warum?
- Was schätzen andere weniger an mir? Weiß ich, was genau damit gemeint ist?
- In welchen Situationen stoße ich immer wieder an Grenzen und reagiere anders, als ich es eigentlich möchte? Warum ist das so? Wie würde ich lieber in solchen Situationen reagieren?

Sich nicht selbst abwerten

Sich der eigenen Schwächen bewusst zu werden bedeutet auch, mit sich selbst respektvoll umzugehen. Viele Menschen, die mit sich selbst unzufrieden sind, neigen dazu, sich selbst abzuwerten und somit die negativen Gefühle zusätzlich zu verstärken. Beispielsweise gehen ihnen Gedanken durch den Kopf wie „Ich bin zu dumm dafür“ oder „Das bekomme ich nie und nimmer hin!“.

Zur Ruhe kommen

In diesen Situationen sollten Sie es sich angewöhnen, die Situation bewusst zu analysieren. Sie sollten für sich klären, was Sie unsicher oder aggressiv macht und ob eine bestimmte Person der Auslöser ist. Auf diese Art und Weise kommen Sie innerlich zur Ruhe und nehmen Details des eigenen Verhaltens bewusster wahr.

Strategie festlegen und umsetzen

Basis

Die Stärken- und Schwächenanalyse bildet die Basis für Ihr Selbstmarketing: „Wer weiß, was er kann, weiß auch, was sich vermarkten lässt“ (ManagerSeminare 2002, S. 46). Wie beim Produktmarketing muss nun eine Strategie geplant werden. Die folgenden Punkte müssen hierbei berücksichtigt werden.

Den wichtigen Personenkreis für sich festlegen

Der richtige Ansprechpartner

Um Ihr festgelegtes Ziel zu erreichen, ist es wichtig, sich mit den richtigen Leuten auszutauschen. Sie können die besten Argumente und genialsten Ideen haben und sie auch überzeugend den Arbeitskollegen vermitteln. Wenn diese jedoch keine Entscheidungsbefugnisse haben, bringt Sie Ihr Vorgehen nicht einen Schritt weiter. Fragen Sie sich deshalb: „Wer ist der richtige Ansprechpartner in dieser Sache? Wer kann die Situation beurteilen, ändern oder an der passenden Stelle Vorschläge vorbringen?“

Sich lohnende Projektarbeiten aussuchen

Projektbeteiligung

Es gibt strategisch wichtige und „Nebenbei“-Projekte. In diesen weniger wichtigen Projektgruppen mitzuwirken, ist für die Selbstprofilierung im Unternehmen nicht förderlich. Es lässt sich leider auch keine allgemeingültige Empfehlung abgeben, wie ein Projekt beschaffen sein müsste, damit sich Ihre Teilnahme lohnt. Die Gründe dafür liegen in der jeweiligen Einzigartigkeit von Unternehmen, Projektteam und Teilnehmer.

Erwartungen klären

Sie können aber bei der Entscheidung, in einem Projekt mitzuwirken, für sich vorher klären: „Was erwarte oder lerne ich von diesem Projekt? Ergibt sich für mich ein fachlicher bzw. persönlicher Lerneffekt? Oder wäre es schlichtweg die Erfahrung, an einem Projekt teilzunehmen oder es gar zu leiten?“

Gespräche vorbereiten

Das Gespräch vorab durchdenken

Wenn Sie Aufmerksamkeit und Neugierde auf sich ziehen möchten, sollten Sie sich auf wichtige Gespräche sorgfältig vorbereiten. Das bedeutet, Informationen zu sichten: „Was gibt es an Vorschlägen oder Plänen? Was ist bereits passiert? Was ist meine Meinung dazu? Welche Ziele möchte ich erreichen?“

Negative Auswirkungen Wenn Sie unvorbereitet in ein Gespräch gehen, hat das negative Auswirkungen auf das eigene Image. Wenn Sie das Argument „keine Zeit“ vorschieben, vermitteln Sie Ihrem Dialogpartner, dass Sie andere Prioritäten haben und/oder das Gegenüber nicht wichtig genug ist.

Spickzettel Am besten sollten Sie vor Beginn des Gesprächs Ihre Gedanken schriftlich in aussagekräftigen Stichpunkten als Spickzettel abfassen. Das schafft Übersicht. Wichtig ist hierbei, die Punkte nach Prioritäten zu sortieren. Häufig kommen während einer Besprechung auch andere Themen zur Sprache. Dann laufen Sie Gefahr, den roten Faden zu verlieren. Mithilfe des Spickzettels halten Sie den Kurs.

Für Aufmerksamkeit sorgen

Neugierig machen Für Aufmerksamkeit zu sorgen bedeutet zunächst einmal nichts anderes, als sich Gehör zu verschaffen, und zwar nach dem Motto: „Mittendrin statt nur dabei!“ Sie sollten Ihre Gesprächspartner mit der Wirkung Ihrer Kompetenz neugierig machen. Das aber setzt voraus, dass Sie sich und Ihre Ideen vorstellen.

Interesse an der eigenen Arbeit wecken

Probleme anpacken Haben Sie erst einmal für Aufmerksamkeit gesorgt, müssen Sie nun Interesse wecken. Karriere machen die, an die man sich erinnert. Dem können Sie nachhelfen, indem Sie sich bereiterklären, bei Projektvergaben auch schwierige Problemstellungen zu bearbeiten. So zeigen Sie, dass Sie über Eigeninitiative, fachliche Kompetenz, unternehmerisches Denken und Führungsqualitäten verfügen. Das sind Eigenschaften, die sich jeder Vorgesetzte wünscht und die sein Interesse für diesen Mitarbeiter wecken. Es wird bei ihm der Wunsch geweckt, diesen Mitarbeiter und seine Fähigkeiten besser kennenzulernen.

Image aufbauen Verspürt der Vorgesetzte diesen Wunsch nicht, müssen Sie ein wenig nachhelfen. Sie müssen sich ein Image aufbauen. Das funktioniert nur, wenn Sie als Mitarbeiter Eigenschaften besitzen, die sich der Vorgesetzte wünscht. Deshalb sollten Sie sich immer fragen: „Was will mein Vorgesetzter?“ Verlangt er beispielsweise einen konsequenten oder einen kreativen Mitarbeiter? Allerdings dürfen Sie beim Beantworten dieser Fragen nicht vergessen, sich selber treu zu bleiben.

Selbstsicheres Auftreten

Grundlose Ängste

Oft wehren sich unsichere Menschen dagegen, selbstsicherer zu werden. Sie befürchten, arrogant und unsympathisch zu wirken. Diese Angst ist jedoch grundlos, weil ein authentisch-selbstbewusstes Auftreten die Menschen beeindruckt.

Sich durchsetzen und freundlich sein

Beim Thema Selbstbewusstsein fällt schnell die Äußerung: „Ich bin einfach zu nett." Viele möchten daher dieses anscheinend falsche Verhalten ablegen. Man glaubt, dass es nur eine „Entweder-oder-Lösung" gibt, das heißt, entweder ist man nett oder man setzt sich durch. Der beste Weg ist es, sich durchzusetzen und trotzdem ein freundlicher Zeitgenosse zu bleiben. Auf diese Weise bleiben Sie authentisch und kommen bei anderen Menschen besser an. Die Nähe von freundlichen Menschen wird gesucht und man unterstützt sie auch lieber.

Zugeben, wenn man etwas nicht weiß

Umgang mit Nichtwissen

Es ist sehr unangenehm, wenn man glaubt, etwas wissen zu müssen, und befürchtet, diese Erwartungen nicht erfüllen zu können. Es gibt Menschen, die in einer solchen Situation in Panik geraten. Andere werden immer kleiner und wären am liebsten unsichtbar, um keine Aufmerksamkeit auf sich zu ziehen, oder sie treten die Flucht nach vorne an und wechseln das Thema. Eine der schlimmsten Reaktionen besteht darin, irgendetwas zu erfinden und zu hoffen, sich damit durchmogeln zu können. Selbst wenn das hin und wieder gelingt, wird die Situation als unangenehm und verunsichernd erlebt. Und es ist ein deutliches Zeichen für mangelndes Selbstbewusstsein, das von der Umwelt schlimmstenfalls als Charakterschwäche gewertet wird. Der beste Weg ist es, zuzugeben, wenn Sie etwas mal nicht wissen. Bieten Sie an, sich um die Angelegenheit zu kümmern.

Neugier zeigen und zuhören können

Interesse zeigen

Wenn Sie wirklich daran interessiert sind, Neues zu erfahren, zu verstehen und zu lernen, kommt das gut bei Ihrer Umwelt an. Sie sollten sich für andere Meinungen und Fakten interessieren, nachfragen und sich Beweg- und Hintergründe erklären lassen. Auch gutes Zuhören ist in diesem Zusammenhang wichtig. Sie signalisieren Ihrem Gesprächspartner, dass Sie sich für seine Person und sein Thema interessieren und ihn ernst nehmen. Während der Gesprächspartner spricht, sollten Sie mit Ihren Gedanken nicht abschweifen oder darüber nachdenken, was Sie selbst als Nächstes sagen möchten. Das blockiert die Kommunikation. Durch gutes Zuhören können Sie ganz nebenbei von Ihrem Gesprächspartner sowohl fachlich als auch persönlich dazulernen.

→ Ergänzende und vertiefende Informationen zu diesem Thema finden Sie im Kapitel B 2 „Zuhörtechniken“ im ersten Band dieser Buchreihe (Methodenkoffer Kommunikation).

Zu seiner eigenen Meinung stehen und klar kommunizieren

Sich festlegen

Zu seiner eigenen Meinung zu stehen bedeutet auszusprechen, was man meint. Klarheit und Offenheit sind notwendig, um als Persönlichkeit anerkannt zu werden. Sich nicht festzulegen und lieber mehrere Eisen im Feuer zu haben, führt dazu, dass man es schwer hat, als loyaler und zuverlässiger Mitarbeiter zu gelten.

Sich nicht verschließen

Sie müssen in der Lage sein, Ihre Meinung zu ändern. Es wäre fatal, sich nur auf die eigene Sichtweise zu versteifen, auch wenn Sie dafür Argumente haben. Sie würden sich vor anderen Meinungen verschließen. Es ist wichtig, offen und neugierig zu sein und die Gedankengänge der anderen nachzuvollziehen.

Mit der Meinung der anderen respektvoll umgehen

Keine persönlichen Angriffe

Wenn Sie etwas zu kritisieren haben oder einfach anderer Meinung sind, sollten Sie darauf achten, wie Sie Ihre Einwände formulieren. Vermeiden Sie persönliche Angriffe wie: „So ein Schwachsinn!“ oder „Das führt doch zu nichts, das weiß doch jeder!“. Auch nonverbale Zeichen des Missfallens etwa durch lautstarkes Seufzen oder Augenrollen kommen schlecht bei Ihrem Gegenüber an. Sie selbst würden sich umgekehrt in so einer Situation auch sehr unwohl fühlen. Statt derartige Verhaltensweisen an den Tag zu legen, sollten Sie Ihre Zweifel Ihrem Gesprächspartner lieber auf eine freundliche Art kundtun: „Ich bin mir nicht sicher, ob das funktioniert, weil …“ oder „Ist das nicht zu viel Aufwand für uns?“.

→ Ergänzende und vertiefende Informationen zu diesem Thema finden Sie im Kapitel B 5 „Gesprächsführung“ im ersten Band dieser Buchreihe (Methodenkoffer Kommunikation).

Das Individuum und das Team

Das Team sehen

Jeder Mitarbeiter ist in seinem Unternehmen für sich und seinen Bereich verantwortlich, aber auch gleichzeitig Bestandteil eines oder mehrerer Teams. Hierzu gehören die eigene Abteilung, Projektteams und das gesamte Unternehmen. Man arbeitet in vielerlei Hinsicht kontinuierlich mit anderen Arbeitskollegen zusammen. Deshalb sind Ideen, Projekte oder Strategien meist eine gemeinschaftliche Leistung, auch wenn die Grundidee von einer einzelnen Person stammt. Beim Teamwork geht es aber nicht darum, Ideen oder Teilbeiträgen den eigenen Stempel aufzudrücken, etwa so: „Diese Idee war aber von mir!“

Teamleistung betonen

Wenn Sie die Ergebnisse einer Projektgruppe präsentieren und dafür Beifall und Lob ernten, sollten Sie betonen, dass es sich um eine Teamleistung handelt, und die Arbeitskollegen beim Namen nennen. „Ehre, wem Ehre gebührt.“ Das bedeutet aber nicht, den selbst beigetragenen Anteil herunterzuspielen.

→ Ergänzende und vertiefende Informationen zu diesem Thema finden Sie im Abschnitt D „Zusammenarbeit, Kooperation“ im vierten Band dieser Buchreihe.

5.2 Die häufigsten Fehler beim Selbstmarketing

Die nachfolgend genannten Punkte sind Ursache für eine wirkungslose Selbst-PR (vgl. ManagerSeminare 2002, S. 46f.).

Keine Ziele stecken

Ziellosigkeit schadet

Viele Mitarbeiter arbeiten ziellos vor sich hin. Man muss sich aber vorher genau überlegen, was man erreichen möchte, um seine Leistung auch richtig vermarkten zu können. Ohne Ziel existiert kein Konzept, und ohne Konzept ist wiederum keine Selbstvermarktung möglich.

Kontakte nicht nutzen

Jeder braucht Beziehungen

Mitarbeiter, die die Kontakte zu Schlüsselpersonen in ihrem Umfeld nicht suchen oder vielleicht sogar abblocken, werden für zukünftig anstehende Aufgaben in der Regel übersehen. Ein jeder ist im Berufsleben auf Förderer und nützliche Beziehungen innerhalb und außerhalb des Unternehmens angewiesen, um voranzukommen.

Netzwerke

Wichtig ist auch das Talent, Kollegen und Vorgesetzte für die eigenen Ideen zu begeistern. Nur dann wird dieser Personenkreis einem dabei helfen, das sich gesetzte Ziel zu erreichen. Solche Netzwerke stellen einen wichtigen Baustein des Selbstmarketings dar. Aber Achtung: Solche Netze sind keine Freundeskreise, sondern strategische Allianzen.

Chance verstreichen lassen

Nicht zu bescheiden sein

Die Devise, sich nicht vorzudrängeln, ist zwar ehrenwert, aber im Berufsleben nicht hilfreich. Wenn beispielsweise der Vorgesetzte eine Aufgabe zu vergeben hat, mit der Sie sich profilieren könnten, sollte Bescheidenheit keine Zier sein. Mitarbeiter, die sich eine solche Gelegenheit entgehen lassen, werden wahrscheinlich auch in Zukunft nicht mehr angesprochen.

Mund halten

Verpasste Gelegenheiten

Viele Menschen werden bereits als Kinder mit dem Spruch „Eigenlob stinkt" konfrontiert. Deshalb ist es auch nicht verwunderlich, dass es vielen Erwachsenen schwerfällt, stolz auf sich zu sein. Wer möchte schon als Angeber dastehen? Viele denken bei Besprechungen zu lange nach, bevor sie sich trauen, etwas zu sagen. Auf diese Weise verpassen sie es, zu zeigen, was sie können.

Lob herunterspielen

Falsche Antwort

Wenn der Vorgesetzte seinem Mitarbeiter Lob ausspricht wie etwa: „Das haben Sie super gemacht", freut sich der Angesprochene zwar, wiegelt aber ab mit den Worten: „Das war doch selbstverständlich!" Dies ist die falsche Antwort. Sie müssen in der Lage sein, Lob auch annehmen zu können. Wer dies nicht tut, gibt seinem Gegenüber auf Dauer das Gefühl, dass alles, was er tut, tatsächlich selbstverständlich ist.

Sprache falsch einsetzen

Relativierende Sprache

Es gibt bestimmte Ausdrücke bzw. Wörter, die den Inhalt einer Aussage relativieren. Beispiele sind „ein bisschen", „eigentlich" oder „in gewisser Weise". Sprache entlarvt! Wer häufig so redet, beraubt sich der Wirkung seiner Worte.

Zu dick auftragen

Keine Übertreibungen

„Schaumschlägerei" ist eine beliebte Aktivität unter Arbeitskollegen. Aber es ist Vorsicht geboten: Mitarbeiter, die eine große Klappe haben, werden schnell enttarnt. Dies gilt insbesondere für Bluffer. Das ist genau wie beim Produktmarketing. Erfolgversprechend sind nur Produkte, deren Stärken angemessen kommuniziert werden. Übertreibungen schaden dem Produkt. Wird außerdem das Versprechen nicht eingehalten, wandert der Kunde ab.

5.3 Erfolge wahrnehmen, feiern und erinnern

Motivation für neue Ziele

Erfolge wahrzunehmen, zu feiern und zu erinnern, stärkt das eigene Selbstbewusstsein und motiviert, auch in Zukunft weiter an sich zu arbeiten und sich neue Ziele zu setzen.

→ Ergänzende und vertiefende Informationen hierzu finden Sie im Kapitel A 5 „Erfolgsprinzipien" im zweiten Band dieser Buchreihe (Methodenkoffer Arbeitsorganisation).

Klärende Fragen

Um Erfolge bewusst wahrzunehmen, ist es hilfreich, sich folgende Fragen zu beantworten (Härter und Öttl 2002, S. 106–108):

- Wie definiere ich für mich Erfolg?
- Was ist Erfolg im Leben?
- Wann bin ich erfolgreich im Beruf?
- Wie beschreibe ich Erfolg für meinen Arbeitsbereich?
- Wann bin ich erfolgreich, wenn es um einzelne Projekte, Eigenschaften oder Fähigkeiten geht?

Wirkungen

Wenn Sie sich Ihrer Erfolge bewusst sind und auch selbst Anerkennung zollen, hat das diese Wirkungen:

- Die eigene Motivation steigt.
- Sie können sich selbst besser einschätzen und gezielt weiterentwickeln.
- Die eigenen Fortschritte werden sichtbar.
- Sie können sich besser verkaufen.
- Das Zutrauen in die eigenen Fähigkeiten und Möglichkeiten steigt.

Ständiger Prozess

Die Anwendung der Stärken-Schwächen-Analyse und die Strategieformulierung sind ein andauernder Verbesserungsprozess, an dem Sie ständig arbeiten müssen. Kontinuierliche Übungen führen zu mehr Selbstsicherheit und Professionalität in der Vermarktung Ihrer Person und Leistung. Das entspricht dem lang andauernden Positionierungsprozess eines Produktes im Marketing. Das Produkt muss ständig und immer wieder in der Werbung sichtbar sein, um Aufmerksamkeit zu erzeugen, Interesse zu wecken und um den Wunsch beim Konsumenten zu erzeugen, das Produkt kennenzulernen und letztendlich zu kaufen.

Literatur

Christiane Gierke: *Persönlichkeitsmarketing.* Offenbach: GABAL 2005.

Gitte Härter und Christine Öttl: *Selbst-Marketing. Zeigen Sie, was in Ihnen steckt.* München: Gräfe und Unzer 2005.

Gitte Härter und Christine Öttl: *Ich-Marketing.* München: Gräfe und Unzer 2002.

Christian Püttjer und Uwe Schnierda: *Zeigen sie, was sie können. Mehr Erfolg durch geschicktes Selbstmarketing.* Frankfurt/Main: Campus 2003.

Hermann Scherer: *Wie man Bill Clinton nach Deutschland holt. Networking für Fortgeschrittene.* Frankfurt/Main: Campus 2006.

6. Persönliches Finanzmanagement

Im Fokus: der „Normalfall"

In diesem Kapitel geht es um den „normalen" Menschen, nicht um Finanzmagnaten. Es geht um Möglichkeiten, Geld zu erwerben und damit zu arbeiten, also um das persönliche Finanzmanagement. Im Mittelpunkt stehen die üblichen Formen der Kapitalmehrung. Lotto- oder Glücksspiele werden nicht berücksichtigt.

Beim persönlichen Finanzmanagement geht es um die Mittelherkunft und den Mitteleinsatz bzw. die zielgerichtete Steuerung Ihrer persönlichen Finanzen. Sie sollen erfahren, wie und mit welchen Risiken Sie Ihre Spargelder vernünftig anlegen.

Aufgaben

Das Finanzmanagement im persönlichen Bereich hat dabei die folgenden Aufgaben:

- Geldanlage und Vermögensmanagement
- Informationsmanagement
- Finanzielle Alterssicherung
- Steuermanagement
- Risikomanagement
- Erbschaftsplanung
- Schuldenmanagement
- Ausbildungs- und Karriereplanung

Managementfunktionen

Im Rahmen der Vermögenserweiterung werden auch im persönlichen Bereich die Managementfunktionen Planung, Entscheidung und Kontrolle eingesetzt. Wenn mehrere Möglichkeiten mit unterschiedlichen Konsequenzen zur Zielrealisation gegeben sind, ist es die Aufgabe des Finanzmanagements, diejenige Möglichkeit aus den vorhandenen auszuwählen, die eine bestmögliche Zielerreichung mit einem hohen Grad an Wahrscheinlichkeit erwarten lässt. Dies stellt einen hohen Anspruch an den Anleger bezüglich seiner Kenntnisse und der Steuerung der ihm zur Verfügung stehenden Mittel.

Viele sind überschuldet

Der richtige Umgang mit Geld bedarf sorgfältiger Planung. Für den Lebensunterhalt muss gesorgt sein, Steuern, Versicherungen und vieles mehr sind regelmäßig zu bezahlen. Nach verschiedenen Statistiken ist jeder zwanzigste Haushalt in Deutschland so überschuldet, dass Zwangsvollstreckungsmaßnahmen drohen. Ein Grund hierfür ist, dass viele Menschen nicht gelernt haben, richtig mit ihrem Geld umzugehen.

Konsumverzicht

Das Hauptziel des Finanzmanagements ist die Existenzsicherung. Das setzt gegebenenfalls Konsumverzicht voraus, um Geld sparen zu können. Um Geldsorgen zukünftig zu vermeiden, ist es wichtig, sich ein eigenes Vermögen aufzubauen.

6.1 Anlagemotive

Vier Motivgruppen

Es gibt verschiedene Gründe, warum Vermögen aufgebaut wird. Man kann die zugrunde liegenden Motive in vier Gruppen zusammenfassen (Jäcklin 1997, S. 2):

1. Geldanlage für Anschaffungen zu späteren Zeitpunkten
2. Rücklage für Notfälle
3. Geldanlage für zeitlich unbestimmte Anschaffungen
4. Kapitalanlage zur langfristigen Absicherung der Angehörigen und des eigenen Ruhestandes

Wie gut und wie schnell man dieses Ziele erreicht, ist abhängig vom Einkommen und Alter. In jungen Jahren ist das Einkommen meist geringer als in späteren. Darum werden hier oft nur die Punkte 1 und 2 realisiert:

Kurzfristige Sparziele

- *Punkt 1: Geldanlage für Anschaffungen zu späteren Zeitpunkten:* Hierbei handelt es sich um kurzfristige Sparziele, die zur Befriedigung von Konsumwünschen dienen. Mit diesem Geld werden Dinge wie Computer, Fernseher, aber auch Urlaub finanziert.

Notfälle

- Im *Punkt 2* geht es um die finanzielle Absicherung, die oft auch als „eiserne Reserve“ bezeichnet wird. Das gesparte Geld ist für *Notfälle* gedacht. Zu empfehlen sind drei bis fünf Monatsgehälter. Dabei ist auf hohe Liquidität zu achten, das heißt, das Geld muss kurzfristig verfügbar sein. Um das zu erreichen, wird meist ein Sparbuch angelegt. Dies hat jedoch den Nachteil einer geringen Verzinsung. Beispielsweise kommt man bei einer Anlage von 10 000 Euro und einer jährlichen Verzinsung von zwei Prozent nach 15 Jahren auf 13 458 Euro. Dagegen kommt man bei einer Anlage in Gestalt einer Inhaberschuldverschreibung in Höhe von 10 000 Euro und einer durchschnittlichen jährlichen Verzinsung von sieben Prozent nach 15 Jahren auf 27 590 Euro.

Zur Abdeckung eventueller Notfälle ist es ratsam, eine Kreditlinie von drei Monatsgehältern mit der Bank zu vereinbaren.

- Die Geldanlage unter *Punkt 3* für *zeitlich unbestimmte Anschaffungen* benötigt bereits eine höhere Sparleistung und gehört zu den mittelfristigen Anlageformen. Hier wird eventuell der Grundstock für den Erwerb von Wohneigentum gebildet.

Höhere Sparleistung

- Beim *Punkt 4, dem langfristigen Sparen für das Alter oder die Absicherung der Familie,* geht es zumeist um die persönliche Rentenplanung, um die Nutzung von Lebensversicherungen und um andere Anlagen, die auch als Erbmasse eingesetzt werden können. Gerade in der heutigen Zeit ist die persönliche Altersvorsorge wichtig. Die staatlichen Rentenleistungen gehen zurück, da eine immer größere Zahl von Rentenempfängern einer immer kleineren Zahl von Rentenversicherungszahlern gegenübersteht. Dies bedeutet, dass in nicht allzu ferner Zukunft die staatliche Rentenleistung so gering sein wird, dass sie wohl kaum ausreicht, um im Alter finanziell abgesichert zu sein.
  Weiter fällt unter Punkt 4 die Berufsausbildung der Kinder. Eine fundierte Ausbildung ist wichtig, kostet aber Geld.

Alter und Erbe

6.2 Anlageformen

Zwei Hauptgruppen

Jeder Anleger hat bei den verschiedenen Anlageformen die Qual der Wahl, wie er sein gespartes Geld anlegen soll. Die Vielfalt der Möglichkeiten ist enorm, lässt sich aber gut in diese zwei Hauptgruppen untergliedern:

1. Geldanlagen
2. Sachwertanlagen

Geldanlage

Finanzprodukte

Bei der Geldanlage handelt es sich um ein Gläubiger-Schuldner-Verhältnis. Der Anleger (Gläubiger) leiht sein Geld einer Bank oder Versicherung (Schuldner) und hat Anspruch auf Zinsen und die Rückzahlung seines Kapitals zum vereinbarten Zeitpunkt. Beispiele für Geldanlagen sind Sichteinlagen, Sparbücher, Festgelder, Optionsanleihen, Rentenfonds, festverzinsliche Wertpapiere, Lebensversicherungen und Währungsanleihen. Bei dieser Anlageform ist es wichtig zu wissen, wem man sein Geld anvertraut, denn schließlich sollen die Zinsen pünktlich gezahlt werden und die Rückzahlung bei Fälligkeit erfolgen.

Sachwertanlage

Gegenstände

Sachwertanlagen verkörpern einen direkten Anspruch auf eine gegenständliche Substanz. Hier ist man Teileigentümer oder auch Eigentümer von Gold, einer Immobilie oder eines Unternehmens. Sachwerte können auch Wachstumswerte sein. Hierunter fallen beispielsweise Immobilien oder Grundstücke in sehr guten Lagen. Der Vorteil der Sachwertanlage gegenüber den Geldanlagen ist der Werterhalt bei inflationärer Entwicklung. Zu den Wertanlagen gehören neben Immobilien (hierunter fallen auch Anteile an Immobilienfonds) Edelmetalle, Edelsteine, Antiquitäten und Kunstwerke.

6.3 Anlegermentalität

Drei Typen

Für die richtige Auswahl der Anlageform spielt die Mentalität des Anlegers eine wichtige Rolle. Man kann folgende Anlegertypen unterscheiden:

- Vorsichtiger und konservativer *Sparer*, der aus seinem Vermögen konstante Zinseinkünfte erzielen will.
- *Risikofreudigerer Anleger*, der sich gut informiert und ständig mit seinen Anlagen beschäftigt. Seine Ertragserwartungen sind höher als die des konservativen Sparers, das heißt, er geht mehr Risiken ein, um höhere Erträge zu erzielen.
- Schließlich folgt noch der *spekulative Anleger*. Er scheut das Risiko nicht. Sein Ziel ist es, in relativ kurzer Zeit hohe Erträge zu erzielen.

6.4 Anlageentscheidung

Sicherheit oder Rendite?

Die Auswahl der unterschiedlichen Anlageformen ist abhängig vom Anlegertyp. Im Allgemeinen bleiben die meisten Sparer auf der sicheren Seite und streben nach einem mittel- bis langfristigen Kapitalaufbau. So wird ein konservativer Sparer kaum mit ständig schwankenden Aktienkursen leben können. Ein Kursabfall unter den Einstandspreis wäre für ihn nur schwer verdaubar. Ein trendorientierter Anleger dagegen kann sich mit dieser Mentalität kaum anfreunden. Sein Ziel sind überdurchschnittliche Renditen. Dabei erfolgt häufig eine Aufteilung in Aktien- und Rentenwerte.

Große Chancen, hohe Risiken

Der Risikoanleger will hohe und schnelle Gewinne. Er bevorzugt Optionsscheine und „Futures", also Terminkontrakte, etwa auf Aktienindizes. Dabei kann es vorkommen, dass das gesamte eingesetzte Kapital verloren geht.

Persönliche Situation

Viele Anlageentscheidungen trifft man im Rahmen des persönlichen Umfeldes. Der Erfolg einer Anlage hängt entscheidend vom Zinsniveau, der Inflation und den Steuern ab. Zudem ändern sich im Laufe eines Lebens die Sparziele und damit auch die Anlagedauer. Auch persönliche Veränderungen mit Blick auf den Beruf und die Familie beeinflussen die Entscheidungen. Gemeint ist, dass sich die Einnahmen und Ausgaben im Leben ständig verändern und so die Möglichkeit der Anlagegröße und Anlagedauer variiert.

Alle Kapitalanlageformen haben ihre starken und schwachen Seiten. Jeder Sparer verfolgt seine eigenen Anlageziele, die sich mit dem Alter, dem Vermögensstatus und dem persönlichen Blick in die Zukunft verändern.

6.5 Vermögensaufbau

Keine Sache von Glück

Der Aufbau von Vermögen ist kein Glücksfall, sondern beruht auf strategischer Systematik. Das Aneignen von Kenntnissen ist wichtig. Es gibt kein allgemeingültiges Geheimrezept.

Praktikables Konzept Ein Konzept, das sich in diesem Zusammenhang anbietet, ist die Vermögenssicherungspyramide. Sie teilt das Gesamtvermögen in verschiedene Anlageformen auf. Kriterien für die Aufteilung sind Rendite, Laufzeit und Risiko. Außerdem wird das Vermögen prozentual auf die Kriterien aufgeteilt. Dieser Vorgang wird als „Asset Allocation" bezeichnet und bedeutet die Aufteilung des Vermögens auf die einzelnen Anlageformen, um so das Risiko und den Gewinn gut kontrollieren zu können.

Vermögenssicherungspyramide (Quelle: Jäcklin 1997)

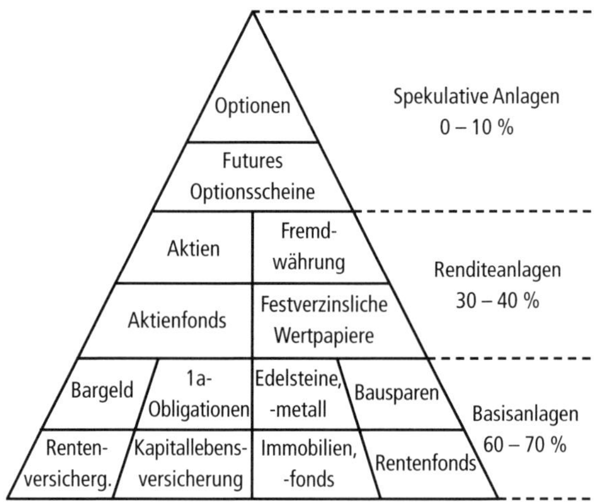

Risikostreuung Im Wirtschaftsleben ist es schwierig, Konjunkturbewegungen und die Entwicklung einzelner Anlageformen zu prognostizieren. Daher ist es wichtig, das Gesamtrisiko der Kapitalanlage so gering wie möglich zu halten, denn nur so erhöht sich das Anlagevolumen. Risikostreuung ist oberstes Gebot. Bewährt hat sich die Aufteilung in die bereits angesprochenen Geld- und Sachwerte. Auch die weltweite Streuung wirkt absichernd. Als Folge dieser Risikominimierungsstrategie ist es aber nicht immer möglich, alle Chancen maximal zu nutzen.

Basis der Pyramide Wie in der Vermögenssicherungspyramide dargestellt, befinden sich im *unteren Teil* die sicheren und langfristigen Anlagen. Sie bilden den Stützpfeiler der Existenz für den Notfall. Sicherheit steht hier vor der Rendite. Generell empfiehlt es sich, dort 60 bis 70 Prozent des Anlagevolumens zu halten.

Mitte der Pyramide

Auf das Nutzen von Wirtschaftszyklen und -trends baut der *mittlere Teil* der Pyramide auf. Hier muss gesteuert bzw. Anlagemanagement betrieben werden. Es ist notwendig, sich mit seinen Anlagen laufend zu beschäftigen, bei Aktien etwa mit dem Kursverlauf und Unternehmensnachrichten. Nur so sind Kursgewinne zu erzielen. Bei festverzinslichen Wertpapieren sind mit den Zinszyklen Umschichtungen notwendig. Der mittlere Teil sollte in etwa 30 bis 40 Prozent der Anlagen einnehmen.

Spitze der Pyramide

Mit dem *obersten Teil* der Pyramide geht man das größte Risiko ein. Deshalb sollte das Anlagevolumen zehn Prozent des insgesamt eingesetzten Kapitals nicht überschreiten. Zwar sind hier die größtmöglichen Gewinne in kürzester Zeit realisierbar, aber auch Totalverluste sind möglich.

6.6 Möglichkeiten der Kapitalbeschaffung

Ausgaben kontrollieren

Wer nicht zu den Glücklichen zählt, die über ein Grundkapital verfügen – etwa durch Erbschaft –, muss beharrlich sparen. Die Kunst hierbei liegt darin, die Ausgaben zu kontrollieren, denn der Einfluss auf die Ausgaben ist größer als auf die Einnahmen. Wichtig ist, sich einen Überblick über die monatlichen Einnahmen und Ausgaben zu verschaffen. Hinzu kommt die Bereitschaft, einen Teil des Einkommens nicht auszugeben, sondern zum Aufbau des Kapitalgrundstocks einzusetzen. Am Anfang ist dies eine enorme Umstellung, die aber mit zunehmender Grundstockerhöhung nicht mehr so empfindlich spürbar ist.

Geld investieren

Während der Grundstock lediglich durch Ansammeln entsteht, bedarf es als nächsten Schritt der sicheren und ertragreichen Investition dieses Geldes. Die Erträge werden dann immer wieder neu angelegt. Das Kapital steigt somit schneller als in der Aufbauphase. Das Angebot reicht von Anlagen bei Banken und Versicherungen über die Börse bis hin zu Investitionen in Sachwertanlagen.

Fremde Mittel

Geliehene Gelder

Auch Investitionen mit geliehenen Mitteln sind denkbar. Diese Möglichkeit beinhaltet natürlich eine höhere Belastung für den Anleger. Er muss seine Geldleihe so anlegen, dass er nicht nur Erträge erzielt, sondern auch Zins und Tilgung leisten kann. Eine Fehlinvestition hätte hier schlimme Folgen für den Anleger. Daher ist Privatpersonen davon abzuraten.

Nutzungsformen

Trotzdem wird diese Form der Kapitalbeschaffung häufig genutzt, insbesondere von staatlichen Stellen, Kommunen, Industrie, Handel und Gewerbe, die so ihre Investitionen in Fabriken, Straßen, Krankenhäuser etc. finanzieren. Diese Gelder werden zumeist als Pfandbriefe, Kommunalobligationen, Industrieobligationen, Bankschuldverschreibungen usw. gehandelt.

6.7 Steuern

Großer Anteil

Die Steuern – direkte und indirekte – haben einen entscheidenden Einfluss auf das Vermögen. So zahlt der Durchschnittsverdiener insgesamt betrachtet etwa 45 Prozent seines Einkommens an den Fiskus. Bei der momentanen Entwicklung wird dies auch so bleiben, denn der Staat benötigt infolge der hohen Staatsverschuldung viel Geld.

Das Resultat bekommen Sie als Kleinanleger zu spüren. Mit der Zinsabschlagsteuer, der Kapitalertragsteuer, anteiligen Körperschaftsteuern usw. werden Sie „geschröpft". Zum Aufbau eines Vermögens ist es wichtig, dies zu berücksichtigen. Aber auch allgemeine wirtschaftliche Einflüsse sind zu beachten, insbesondere Konjunkturverlauf, Inflation und Zinsniveau.

Steuerlast reduzieren

Die steuerlichen Belastungen sind hoch, aber es gibt Möglichkeiten, sie zu reduzieren. Damit erhöht sich das potenziell einzusetzende Kapital.

Der wichtigste Posten ist die Einkommenssteuer, die der Staat auf die folgenden Einkunftsarten erhebt:

Einkunftsarten

1. Einkünfte aus Land- und Forstwirtschaft
2. Einkünfte aus Gewerbebetrieb
3. Einkünfte aus selbstständiger Arbeit
4. Einkünfte aus Kapitalvermögen
5. Einkünfte aus nichtselbstständiger Arbeit
6. Einkünfte aus Vermietung und Verpachtung
7. Sonstige Einkünfte

Addiert bilden diese Einkunftsarten Ihre Einkünfte. Hieraus errechnet sich dann nach einigen möglichen Abzügen – etwa Werbekosten und Kinderfreibetrag – das zu versteuernde Einkommen.

Negative Ergebnisse

Hier sind Spareffekte erzielbar, vor allem dann, wenn sogenannte negative Ergebnisse dagegengerechnet werden können. Diese schmälern das Einkommen, so beispielsweise die Hypothekenzinsen bei vermietetem Wohnraum. Denkbar ist auch, die Anlagen so zu verteilen, dass möglichst steuerfreie Erträge entstehen.

Zinsen

Bei Anlagen mit Zinsgutschrift beansprucht der Staat 30 Prozent Zinsabschlagsteuer. Durch einen Freistellungsauftrag ist es jedoch möglich, den Abzug zu verringern. Zu berücksichtigen ist dabei, dass der Staat jedem Bürger einen Sparerfreibetrag von 801 Euro (Ehepaare 1.602 Euro, Stand: Februar 2007) einräumt. Dies bedeutet, dass erst ab diesem Zinsertrag pro Jahr der Abzug der Zinsabschlagsteuer erfolgt.

Dividenden

Bei Dividendeneinnahmen sieht es ähnlich aus. Hier kassiert der Staat 25 Prozent der Einnahmen als Kapitalertragsteuer. Auch dieser Abzug lässt sich durch den Freistellungsauftrag mindern.

Solidaritätszuschlag

Zudem kommt noch sowohl bei der Zinsabschlagsteuer als auch bei der Kapitalertragsteuer der Solidaritätszuschlag hinzu. Die Zinsabschlagssteuer gilt mit der Überschreitung der Freibeträge für alle in- und ausländischen Kapitalanleger, die ihren Wohnsitz oder gewöhnlichen Aufenthaltsort in Deutschland haben.

Der Solidaritätszuschlag beträgt seit 1998 5,5 Prozent auf die Höhe des jeweiligen Steuerabzugs.

Spekulationsgewinne

Spekulationsgewinne gehören zu den sonstigen Einkünften und werden auch besteuert. Die Regelung besagt, dass bei Spekulationsgewinnen und einer Spekulationsfrist von weniger als einem Jahr ein Steuerabzug erfolgt (Stand: Februar 2007; eine gesetzliche Änderung dieser Regelung zuungunsten der Anleger gilt als wahrscheinlich).

Vorsorgeaufwendungen

Prämien für private Sozialversicherungen, die der Vorsorge dienen, mindern die Steuerlast. Die folgenden Versicherungen kommen dabei infrage:

- *Kapitallebensversicherung* mit laufender Beitragszahlung, wenn der Vertrag auf mindestens zwölf Jahre abgeschlossen ist.
- *Rentenversicherungen mit Kapitalwahlrecht* bei laufender Beitragszahlung und einer Mindestlaufzeit von zwölf Jahren.

Allerdings gibt es bei den Vorsorgeaufwendungen, die steuermindernd geltend gemacht werden können, einen Höchstbetrag.

Kein Automatismus

Bei der Vielzahl von Steuerverordnungen und -gesetzen ist es ratsam, sich gut zu informieren, um sie zu nutzen. Automatisch gewährt der Staat die Vorteile nicht, sie müssen beantragt werden.

6.8 Kapitalanlagen und ihre Risiken

Es gibt nur wenige risikoarme Kapitalanlagen. Es ist wichtig, die Risiken zu erkennen und zu minimieren, insbesondere diese:

Ausfall

- Das *Ausfallrisiko,* z. B. indem Zinszahlung und die Rückzahlung am Ende der Laufzeit ausbleiben.

Währungsrisiko

- Das *Währungsrisiko,* das bei Anlagen in Fremdwährung auftritt. Es betrifft das spätere Tauschverhältnis zwischen den Währungen.

Liquiditätsrisiko

- Beim *Liquiditätsrisiko* geht es um das Problem, gewisse Anlagen ohne Verluste in Bargeld umzutauschen. Dies gilt zum

Beispiel bei Spareinlagen, die rechtzeitig vorher gekündigt werden müssen, da sonst Vorschusszinsen anfallen.

- Das *Inflationsrisiko,* bei dem die zukünftige Entwicklung des Preisniveaus und der Währungssicherheit eine Rolle spielt. Das Vermögen würde bei einer schleichenden Inflation im Zeitraum von mehreren Jahren an realem Wert verlieren. **Inflation**
- *Kurs- und Wertrisiken* treten bei fast allen Wertpapieren auf. Auch der Preis der Sachwertanlagen ist nicht konstant, hier kann es ebenfalls zu Preiseinbrüchen kommen, die den realen Sachwert mindern. **Kurs- und Wertrisiko**
- Auch das *Betrugsrisiko* ist zu beachten. Tagtäglich ist von unseriösen Finanzjongleuren zu lesen, die beispielsweise auf der Basis von Kettenbriefen Traumzinsen versprechen. Darum sollte man sein Geld nur in den regulären Finanzmärkten arbeiten lassen. **Betrug**

Literatur

Dirk Farkas-Richling, Wolfgang Staab: *Private Finanzplanung, Vermögensanlage und Steuern. Know-how für die moderne Finanzberatung und Vermögensverwaltung.* Stuttgart: Schäffer-Poeschel 2003.

Sylvia Gräber: *Vom Umgang mit Geld. Finanzmanagement in Haushalten und Familien.* Frankfurt am Main: Campus 1998.

Peter Jäcklin: *Vermögen bilden und vermehren. Ratgeber für Ihr privates Finanzmanagement.* München: dtv 1997.

Herbert Otten: *Private Finanzplanung in Zeiten knapper Kassen.* Norderstedt: Books on Demand 2004.

Jürgen Rochlitz: *Die individuelle Vermögensplanung. Profiwissen für private Geldanleger.* München: Heyne 2000.

7. Umgangsformen im Privat- und Geschäftsleben

Wandel der Tugenden

Lange galten Ordnungsliebe, Anpassungsfähigkeit, Bravsein und Fleiß als wichtige Tugenden im Geschäftsleben. Sie werden mehr und mehr durch kommunikative Kompetenz, Teamfähigkeit und gute Umgangsformen verdrängt. Man will Mitarbeiter mit eigener Individualität und innovativem Eigensinn, solche, die sich von der Masse abheben. Außerdem sollen sich Mitarbeiter, besonders jene mit Kunden- oder Lieferantenkontakt, benehmen können, denn es mangelt an guten Umgangsformen.

Achtung und Respekt

Umgangsformen sind wahrnehmbare Verhaltensweisen gegenüber anderen. Sie haben sich im Laufe der Zeit entwickelt, um das Neben- und Miteinander so angenehm wie möglich zu gestalten. Ihnen liegen natürliche Eigenschaften wie Herzlichkeit, Hilfsbereitschaft, Takt und Rücksichtnahme zugrunde. Gute Umgangsformen drücken Achtung und Respekt aus, sie signalisieren eine gute Erziehung und beweisen Rücksichtnahme gegenüber Schwächeren. „Gute Manieren sollten – auch in beruflichen Zusammenhängen – nie den Anschein bewusst eingesetzter Strategien erwecken“ (Wrede-Grischkat 2001).

Manieren ermöglichen den Erfolg

Die Grenzen zwischen Umgangsformen und Etikette im Geschäftsleben und im privaten Bereich sind fließend. Wie immer der Einzelne dazu auch stehen mag, Tatsache ist: Es gibt in allen Gruppierungen Verhaltensnormen, gegen die niemand ungestraft verstößt. Gute Umgangsformen garantieren nicht Erfolg, sie ermöglichen ihn. Die Welt, in der wir leben, ist hektisch und hoch technisiert. Viele empfinden sie auch als zunehmend kalt und feindlich. Die Familienbande werden lockerer, die Menschen sind mobiler und leben weit voneinander entfernt. Vor diesem Hintergrund erscheint es eigentlich als selbstverständlich, gut miteinander umzugehen.

Jeden Tag haben wir Probleme zu bewältigen, beruflich wie auch privat. Wir sollten sie nicht noch unnötig durch schlechte Umgangsformen verschärfen. Deshalb sollten wir uns stets so verhalten, dass andere sich durch uns nicht brüskiert, gestört oder belästigt fühlen. Ein höflicher Mensch fällt nirgendwo unangenehm auf.

7.1 Die Rolle der Kommunikation

Höflich-korrekter Stil

Gute Umgangsformen drücken sich stets in der Art und Weise der Kommunikation aus. Ein höflich-korrekter Stil ist das effizienteste Kommunikations- und Informationsmedium, privat und beruflich. Höfliche Umgangsformen sind zum einen Motivationsmittel, weil sich Mitarbeiter in ihrer Person ernst genommen fühlen, zum anderen ist ein respektvoll-freundlicher Ton in der Lage, Reibungsverluste zu minimieren oder sogar zu vermeiden.

Anreden

Mit Namen ansprechen

Sowohl bei privaten als auch bei geschäftlichen Begegnungen ist es von großer Wichtigkeit, Menschen mit ihrem Namen anzureden. Der eigene Name ist das liebste Wort des Menschen. Hier einige Hinweise zum richtigen Anreden:

- Immer sollte man versuchen, sich Namen zu merken, um sein Gegenüber persönlich anreden zu können.
- Hat man einen Namen bei der Vorstellung nicht verstanden, kann man durchaus nachfragen.
- Doppelnamen werden stets in voller Länge genannt.
- Akademische Titel sollten in der Anrede stets im unmittelbaren Zusammenhang mit dem Namen gebraucht werden. Nur auf ausdrücklichen Wunsch darf der Titel in der Anrede weggelassen werden.
- Bei Trägern mehrerer akademischer Titel verwendet man in der Anrede meist nur den ersten Titel.

Grüßen

Grüßen ist eine Geste des Respekts, beruflich und privat. Dies ist in allen Kulturen und sozialen Schichten bzw. Gruppen so. Die

Art und Weise, in der Menschen sich begrüßen, ist unterschiedlich und hängt davon ab, in welcher Situation oder Rollenverteilung man sich befindet.

Fremde grüßen

Im Allgemeinen grüßen wir Menschen, die wir kennen. Damit drücken wir Respekt aus. Es gibt dennoch Situationen, in denen man auch fremde Menschen grüßt, z. B. Besucher im Unternehmen oder Wanderer im Wald.

Begrüßung in der Firma

Kollegen und Mitarbeiter, die man oftmals schon lange kennt, werden nicht so vertraulich begrüßt wie Freunde im privaten Bereich. In der Firma sollten Sie diese Aspekte beachten:

- Grundsätzlich grüßt derjenige zuerst, der den anderen zuerst sieht; dies gilt sowohl für Vorgesetzte als auch für Frau oder Mann.
- Der Jüngere sollte nie warten, bis der Ältere grüßt und der Mitarbeiter nicht, bis der Chef grüßt.
- Stets sollte man versuchen, dass ein „Rangniederer" einen höher gestellten Mitarbeiter zuerst grüßt.
- Wer einen Raum betritt, grüßt als Erster.
- Mit Handschlag sollte man – wenn überhaupt – nur die engsten Mitarbeiter begrüßen, z. B. eine Sekretärin. Handgeben wird nämlich schnell zu einem Ritual, das sich später schwer verändern lässt.

Vor und nach dem Urlaub

- In der Regel gibt man Kollegen vor Urlaubsantritt und bei der Rückkehr die Hand.
- Sie sollten nie vergessen, Mitarbeiter bei der Begrüßung mit Namen anzureden.
- Alle Mitarbeiterinnen werden ab dem Zeitpunkt der Volljährigkeit mit „Frau" angeredet, unabhängig davon, ob sie verheiratet sind oder nicht.
- Männer stehen bei einer Begrüßung durch Handschlag auf; im beruflichen Bereich gilt dies auch für Frauen.
- Bei einer offiziellen Begrüßung sollten Sie Ihren Jackettknopf schließen.

Händedruck

Der offizielle Handschlag ist an bestimmte Situationen und Rollenverteilungen geknüpft und an bestimmte Regeln gebunden.

Anfang und Ende des Gesprächs

Bei uns wird der Händedruck als Ausdruck von Höflichkeit verstanden. Der Händedruck markiert in der Regel den Anfang und das Ende eines Gesprächs. Hier einige Tipps zum Ritual des Handgebens:

- Die Hand zum Gruß wird grundsätzlich vom Ranghöheren dem Rangniederen gereicht.
- Beim Handschlag blickt man sich auf jeden Fall gegenseitig in die Augen; die linke Hand wird aus der Hosentasche genommen.
- Personal wird nicht mit Handschlag begrüßt.

Nicht zu fest, nicht zu lange

Das Händeschütteln, das nicht jedem liegt, übermittelt uns eine Fülle von Informationen über den anderen Menschen. Energisch und kräftig sollte der Handschlag sein, allerdings nicht so energiegeladen, dass Ihrem Gegenüber Tränen des Schmerzes in die Augen steigen. So sollten Sie die Ihnen entgegengestreckte Hand nicht zu dynamisch schütteln und sie auch nicht lange festhalten. Positive Mimik und Blickkontakt gehören dazu.

Bitte und danke

Die beiden Wörter „bitte" und „danke" unterteilen die Menschen in zwei Gruppen. Zum einen in solche, die man mit Respekt behandelt, zum anderen in jene, die man als Ausführende einer Funktion oder seiner Arbeit betrachtet.

Achtung der Person

Sich bei einem Menschen bedanken bedeutet, dass man ihn als Person wahrnimmt und beachtet. Daher sollte es eine Selbstverständlichkeit sein, von einer Person mit einem „Bitte" einen Dienst oder eine Gefälligkeit zu verlangen und „Danke" zu sagen, wenn diese Bitte erfüllt wurde, denn es ist ein unverwechselbarer Ausdruck von persönlicher Souveränität. Bei einer ununterbrochenen Reihe aufeinander folgender Handreichungen bedankt man sich natürlich nicht permanent, sondern einmal am Schluss.

Duzen und Siezen im Unternehmen

Das gegenseitige Duzen im Unternehmen ist branchenabhängig unterschiedlich und nach wie vor problematisch. Die Frage, ob das Duzen im Betrieb angebracht ist, kann nicht allgemein mit bestimmten Regeln beantwortet werden. Einige Regeln lassen sich dennoch formulieren:

Rang
- Das „Du" wird grundsätzlich vom Ranghöheren dem Rangniederen angeboten.
- Eine Dame bietet dem Herrn das Du an.
- Sollte jemand Vorgesetzter von Mitarbeitern werden, mit denen man sich während der Ausbildungszeit geduzt hat, so empfiehlt es sich, das Du im Betrieb zu vermeiden.

Vorgesetzte
- Es wird nicht so gern gesehen, wenn sich Vorgesetzte mit Mitarbeitern duzen, weil dies häufig mit einem Verlust an Autorität gleichgesetzt wird.

Besondere Auszeichnung

Das Du sollte eine besondere Auszeichnung für Menschen bleiben, die Ihnen besonders sympathisch sind und Ihnen nahestehen. Viele empfinden das ungefragte distanzlose und kumpelhafte Duzen als anmaßend und peinlich. Ebenso ist das Duzen von Ausländern, ohne dass Sie sie näher kennen und vorher um Erlaubnis fragen, eine Unverschämtheit. Es wirkt diskriminierend und selbstgefällig.

Hat Ihr Vorgesetzter anlässlich eines geselligen Beisammenseins das Du angeboten, so sind Sie sicher gut beraten, wenn Sie am nächsten Tag seine Reaktion abwarten. Haben Sie das Gefühl, dass er seinen Entschluss bereut, so gehen Sie kommentarlos wieder zum Sie über.

7.2 Besucheretikette

Aufgabe der Sekretärin

Ausschlaggebend für die Art und Weise, in der Besucher empfangen werden, ist die persönliche Kultur desjenigen, dem im Moment die Gastgeberrolle zufällt. In der täglichen Geschäftspraxis ist meistens die Sekretärin die erste Anlaufstelle für Kunden, Lieferanten und fremde Besucher. Ihre Hauptaufgabe ist es, einen optimalen Eindruck vom Unternehmen zu hinterlassen. Dennoch reicht ihr perfektes Auftreten für die Imagebildung nicht aus. Wichtig sind auch der Raum und das Ambiente, in dem die Besucher empfangen werden.

Besucher empfangen

Bei Situationen, in denen mehrere Besucher eintreffen, befindet sich die Sekretärin in einer Doppelrolle. Sie ist einerseits Gastgeberin und andererseits Mitarbeiterin ihres Chefs. Im Klartext bedeutet dies, dass sie aus Eigeninitiative handeln muss, aber gleichzeitig auch eine weisungsgebundene Mitarbeiterin ist. Diese Aufgaben fallen ihr zu:

Doppelrolle

- In der Regel sollte sich ein Besucher vorstellen. Wenn er dies jedoch vergisst, sollte sich die Sekretärin mit ihrem Namen vorstellen, in der Hoffnung, dass der andere sich nun auch vorstellt.
- Sie wird zum Ablegen des Mantels auffordern, aber als Frau niemals behilflich sein.
- Sachdienlich ist es, den Besucher freundlich nach der Visitenkarte zu fragen, die sie dann dem Chef auf den Tisch legt, damit auch er den Gast mit Namen anreden kann.
- Muss der Besucher länger warten, empfiehlt es sich, ein Getränk anzubieten und eine leichte Konversation zu beginnen.
- Sollte die Sekretärin keine Zeit haben, sich mit dem Gast zu unterhalten, sollte sie das mit einer kurzen Entschuldigung erklären.

Visitenkarte

Was ist bei einer Verspätung zu tun?

Selbstverständlich hat sich derjenige für seine Verspätung zu entschuldigen, der das Meeting einberufen hat. Verspätet man sich bei einer Besprechung im kleinen Kreis, entschuldigt man sich mit einer kurzen Begründung beim Besprechungsleiter und setzt sich schnell auf seinen Platz.

Entschuldigung

Verspätet man sich bei einem größeren Meeting (Konferenz, Seminar), nimmt man am besten sofort und unauffällig seinen Platz ein. Bei der nächsten Unterbrechung entschuldigt man sich kurz und ohne Begründung für das Zuspätkommen.

Anklopfen

Anklopfen ist eine Geste des Respekts, der Höflichkeit und der Souveränität. Denn nur derjenige, der selbst Wert darauf legt, dass seine Distanzzone gewahrt bleibt, kann ein Gefühl für die „Gebiete“ anderer Menschen entwickeln. In beruflichen Zu-

Distanzzonen wahren

sammenhängen geht es in erster Linie um die Erlaubnis einzutreten, denn kein höflicher Mensch betritt ohne Erlaubnis einen Raum, in dem er eine Person vermutet. Im Unterschied zum privaten Bereich braucht man im Normalfall nach dem Anklopfen keine Erlaubnis abzuwarten, sondern tritt direkt danach ein. In einem Unternehmen ist es zweckmäßig, Vereinbarungen über das Anklopfen zu treffen, sodass es im gesamten Unternehmen einheitlich gehandhabt wird. Grundsätzlich gilt: Es ist höflich, als Unternehmens- oder Betriebsfremder vorher kurz anzuklopfen, bevor man ein Büro betritt; dies gilt auch für die Türen von Kollegen und Kolleginnen.

Vorstellung und Rangfolge

Rangordnung

Die starren Grußregeln von einst werden heute situativ angewendet, doch Vorsicht: Bei vielen Gelegenheiten gilt das alte Rangordnungsschema.

Protokollarische Folge

In früheren Zeiten wurde streng nach der Rangfolge vorgegangen, wobei natürlich die Damen immer Vorrang hatten. Im Berufsleben kann eine Dame allerdings auch entsprechend ihrer Position in die Unternehmenshierarchie eingegliedert sein. Haben Sie die Aufgabe zu bewältigen, Gäste ihrem Rang nach einzuordnen, so legen Sie, im beruflichen wie im privaten Bereich, die protokollarische Rangfolge zugrunde:

- Er wird ihr vorgestellt.
- Die Jüngeren werden den Älteren vorgestellt.
- Der/die Einzelne wird der Gruppe vorgestellt.
- Die rangniedere Person wird der ranghöheren vorgestellt.
- Damen sind (auf gesellschaftlichem Parkett) ranghöher als Männer.
- Fremde sind ranghöher als Verwandte.
- Ausländer sind ranghöher als Inländer.
- Bei einer Selbstvorstellung nennt der Rangniedere seinen Namen zuerst und erwartet dann, dass sein Gegenüber anschließend seinen Namen nennt und ihm dann die Hand reicht.
- Bei Selbstvorstellung werden Titel (Doktor, Professor etc.) nicht genannt.
- Mitarbeiter von fremden Unternehmen sind ranghöher als eigene Mitarbeiter.

Empfehlenswert ist es auch, im geschäftlichen Umgang den Begriff „Vorstellen“ durch den Ausdruck „Bekanntmachen“ zu ersetzen. Dies ist deshalb klüger, weil das Vorstellen immer mit einer Rangfrage verknüpft ist, während das gegenseitige Bekanntmachen ohne vorherige Klärung der Rangfolge auskommt.

„Bekanntmachen“ statt „vorstellen“

Mit Namen ansprechen

Namen korrekt aussprechen

Der Name des Gesprächspartners ist besonders wichtig. Fall Sie ihn nicht wissen oder glauben, ihn nicht richtig aussprechen zu können, z. B. bei ausländischen Geschäftspartnern, sollten Sie versuchen, im Vorfeld den Namen und/oder die Aussprache des Namens in Erfahrung zu bringen.

Visitenkarte

Es empfiehlt sich, bei allen geschäftlichen Begegnungen eine Visitenkarte bereits bei der Vorstellung ungefragt zu übergeben.

Erwartet man mehrere Personen zum Gespräch, empfiehlt es sich, dass die Sekretärin schon bei der Anmeldung die Karten der Besucher mitbringt. Der Besucher kann auf diese Weise gleich mit Namen angesprochen werden.

Karte der Sekretärin geben

Trifft man als Besucher, Kunde oder Lieferant in einem Unternehmen ein, gibt man seine Karte in der Regel der Sekretärin. Um die spätere Archivierung zu erleichtern, sollte diese auf der Rückseite notieren, wann und bei welchem Anlass man diese Karte erhielt.

Bewirtung von Geschäftsbesuchern im Haus

Drei Servierarten

Für Besprechungen und Konferenzen sollten ausreichend Getränke mit passenden, sauberen Gläsern in kleinen Gruppen eingedeckt sein. Für die Bewirtung mit Kaffee bei Besprechungen und Konferenzen gibt es drei Servierarten:

- Der Kaffee wird frisch zubereitet und von der Sekretärin serviert.
- Der Kaffee wird vorher zubereitet und in einer Thermoskanne auf dem Konferenztisch bereitgestellt.
- Es werden Kaffeepausen vorgesehen und der Kaffee wird im Flur oder in einem anderen Raum bereitgestellt.

Das externe Geschäftsessen

Einst opulent, heute „small"

Die Art und Weise, wie solche Treffen und Termine ablaufen, unterliegt Trends und Moden. Während in den 80er-Jahren noch opulente Geschäftsessen an der Tagesordnung waren, sind in der heutigen Zeit „small business lunches" in Mode gekommen.

Dem Gast die Wahl lassen

Von Vorteil erweist es sich, zwei Lokale vorzuschlagen und dem Gast die Wahl zu lassen. Das Gleiche bietet sich mit dem Termin an. Auch hier sollte der Gast entscheiden. Beachten Sie diese Grundsätze bei der Auswahl des Lokals:

- Es sollte ein repräsentatives Lokal der gehobenen Kategorie, aber nicht der Luxusklasse sein (Ausnahme: Man feiert einen Geschäftsabschluss).
- Neben Fleischgerichten sollten auch vegetarische Gerichte angeboten werden. Allzu Exotisches und Extravagantes ist zu vermeiden.
- Wenn es sich nur um einen kurzen Besprechungstermin handelt, kann dieser auch in einem Café durchgeführt werden.

Verhalten beim Geschäftsessen

Pünktlichkeit ist oberste Pflicht. Als Einlader sollten Sie etwa zehn Minuten vorher eintreffen. So können Sie in Ruhe auf die Gäste warten. Wenn man eine Verspätung absehen kann, sollte man dem Geschäftspartner per Mobiltelefon Bescheid geben.

Der beste Platz

Ihr Gast hat grundsätzlich Anspruch auf den besten Platz. Sie selbst sollten sich erst setzen, wenn Ihr Gast Platz genommen hat. Nachdem man Platz genommen hat, wird die Serviette halb auseinandergefaltet über den Schoß gelegt. Verlässt man während des Essens den Tisch, legt man die Serviette links vom Teller auf den Tisch.

Rasch wählen

Eine alte Protokollregel besagt, dass der Gast als Erster bestellt. Niemals sollten Sie Ihren Gast alleine essen lassen. Ist man selbst Gast, so sollten Sie sich bei der Auswahl des Essens nicht zu viel Zeit lassen, denn es erweckt den Eindruck, man sei auch bei geschäftlichen Entscheidungen unentschlossen.

Kommt der Gast nicht zuerst auf das Thema zu sprechen, wird das Geschäftliche erst besprochen, wenn das Essen bestellt ist. Arbeitsunterlagen werden entweder beim Aperitif oder nach dem Essen ausgetauscht. Sind noch Sachverhalte zu klären, so empfiehlt es sich, die Unterlagen vorher zu übergeben, damit die Zeit während des Essens zu Gesprächen genutzt werden kann.

Austausch der Unterlagen

Sitzt man an einem Rauchertisch, sollten Sie nur rauchen, wenn Ihr Gegenüber auch raucht. Während des Essens sollte man stets darauf achten, dass der Service stimmt. Wenn etwas fehlt, signalisiert dies der Gastgeber dem Kellner, niemals aber der Gast. Alkohol während des Geschäftsessens ist tabu. Im äußersten Fall wird ein kleines Bier oder ein Glas Wein zum Essen toleriert.

Rauchen und Alkohol

Das Bezahlen der Rechnung erfolgt in aller Stille. Es empfiehlt sich, mit Kreditkarte zu zahlen, und das Trinkgeld bar hinzuzufügen. Dies trifft auch auf eine weibliche Repräsentantin einer Firma zu. Ein Mann sollte niemals darauf bestehen, die Rechnung zu zahlen, denn es geht nicht um ein Mann-Frau-Verhältnis, sondern um eine Geschäftsbeziehung.

Bezahlung

Konversation

Allgemein lässt sich sagen, dass zunächst ein paar Minuten lang Höflichkeiten ausgetauscht werden, man dann aber relativ schnell auf das Thema des Treffens zu sprechen kommt. Sie sollten sich stets auf ein Geschäftsessen vorbereiten. Neigt der Termin sich dem Ende, wendet man sich wieder allgemeinen und persönlicheren Themen zu. Geht ein Geschäftspartner auf private Themen nicht ein, sollten Sie über ein allgemeines, unverfängliches Thema sprechen. Gespräche über Geld, Politik, Religion und Krankheiten sind zu vermeiden.

Mit allgemeinen Themen beginnen und enden

Abschließend bleibt zu sagen, dass der maximale Zeitrahmen eines Geschäftsessens eineinhalb Stunden nicht überschreiten sollte. Der beste Ort für ein Geschäftsessen ist weder zu laut noch zu intim, weder zu leer noch zu hektisch. Bei einem wichtigen Termin empfiehlt es sich, bei der Tischreservierung einen ruhigen Tisch zu wünschen.

Der Ort

7.3 Das äußere Erscheinungsbild

Viele Menschen ahnen nicht, was andere alles am Äußeren ablesen oder wie sie dieses interpretieren. Darum ist das gepflegte Erscheinungsbild für Ihren beruflichen und privaten Erfolg von Bedeutung.

Das Äußere als Eintrittskarte

Der erste Eindruck, den Sie von Ihrem Gegenüber haben, ist ein visueller. In den ersten drei Minuten haben Sie die stärkste Aufmerksamkeit Ihres Gesprächspartners. Durch Ihre Mimik, Gestik, die Sprache Ihres Körpers, durch Ihre Kleidung drücken Sie bereits aus, wer Sie sind. Deshalb ist Ihr Äußeres oft auch die Eintrittskarte für einen bestimmten Kreis. Ein nachlässiges Erscheinungsbild verschafft Ihnen ein schlechtes Image und nimmt Ihnen unter Umständen die Gelegenheit, Ihr Wissen und Können ins rechte Licht zu setzen. Durch Ihren äußeren Stil drücken Sie aus, wo Sie stehen und wie wichtig Sie sich nehmen. Oder wie ein persisches Sprichwort es ausdrückt: „Die Außenseite eines Menschen ist das Titelblatt des Inneren."

Kleidung

Nicht zu extravagant

Ihre Kleidung muss zur Erwartungshaltung Ihres Umfelds und zum Image Ihres Unternehmens passen. Achten Sie darauf, dass Ihre Garderobe gut aufeinander abgestimmt ist, damit Sie kombinieren können und so ohne zu großen finanziellen Aufwand immer wieder anders gekleidet erscheinen. Kaufen Sie passende Farbtöne zu Ihrem Typ. Generell gilt: Auffallende Signalfarben, großflächige Muster und grobe Strukturen eignen sich weniger für das Geschäftsleben. An modische Extravaganzen erinnern sich Ihre Kollegen und Vorgesetzten viel leichter und werden dann sofort registrieren, dass Sie schon wieder die gleiche Kleidung wie beim letzten Meeting tragen.

Businesskleidung für den Herrn

Konservative Vorschriften

Sie sollten schon beim Kauf darauf achten, welches Outfit am besten geeignet ist. Eine schicke Kombination gilt bei uns in den meisten Branchen als angemessene Businesskleidung für den Herrn. Die Bekleidungsvorschriften für den Mann mit Erfolg im

Beruf sind meist noch konservativer, als viele glauben möchten. Sie müssen versuchen, alles zu vermeiden, was Ihrer Seriosität abträglich ist: Zerknüllte Papiertaschentücher (der gepflegte Mann trägt in der rechten Brusttasche stets ein sauberes, gebügeltes Stofftaschentuch bei sich), ungepflegte Haare, aus denen der Schnitt herausgewachsen ist, nicht ausrasierter Nacken, schlechter allgemeiner „Pflegezustand", Beschläge auf den Schuhen, Panzerarmbänder und Ohrringe.

Der Businessanzug

Größe von Jackett und Hose

Den Kauf eines Anzugs beginnen Sie grundsätzlich mit der Auswahl des Jacketts. Wirft es Querstreifen, ist es zu klein, und falls die Steifen in Längsrichtung zeigen, ist das Jackett zu groß. Die Ärmel des Jacketts sollten knapp über das Handgelenk reichen, die des Hemdes bis zum Handballen. In zugeknöpftem Zustand darf das Jackett Sie nicht einengen und nicht am Körper „herunter fallen". Die Hose sollte bis über den Schuhrand reichen und einen leichten „Überknick" bilden.

Krawatte und Gürtel

Experimente vermeiden

Die Krawatte sagt viel über Ihre Persönlichkeit aus. Deshalb sollten Sie die Wahl der Krawatte nicht dem Zufall überlassen. Falls Sie keine glückliche Hand in modischen Dingen besitzen, sollten Sie Experimente vermeiden und eher ein klein gemustertes, konservatives Modell in Seide bevorzugen. Kleine, zierliche Männer sollten ohnehin auf großflächige Muster verzichten. Mit bunten Bildern und Comicfiguren verzierte Krawatten gehören nicht in den Berufsalltag. Die Breite der Krawatte muss zu Ihrer Halsbreite passen, die Krawattenspitze endet am Gürtel.

Gürtel und Hosenträger

Einen Gürtel trägt der gepflegte Herr immer, denn Hosen von Konfektionsanzügen haben Gürtelschlaufen, und Schlaufen ohne Inhalt sehen unschön und nachlässig aus. Aus Leder sollte er schon sein, möglichst in einer neutralen Farbe und ohne zu auffallende Verzierungen oder passend zum Schuhwerk, obwohl auch hier ein Meinungswandel eingetreten ist. Wenn Sie den Sitz Ihrer Hose durch Hosenträger verbessern möchten, so dürfen diese nicht unter dem Jackett hervorblitzen.

Socken

Wade bedeckend

Dunkler als der Hosensaum sollten die Socken sein. Weiße, bunt gemusterte oder zu kurze Socken zerstören den guten Eindruck, den Sie durch Ihr Äußeres vermitteln möchten. Achten Sie darauf, dass auch beim Sitzen Ihre Wade bedeckt bleibt.

Schuhe

Für den Gesamteindruck sehr wichtig

Ihre Fußbekleidung ist für den Gesamteindruck äußerst wichtig! Selbst wenn sonst alles perfekt ist – billiges Schuhwerk verdirbt den guten Eindruck mit einem Schlag. Fürs Geschäftsleben sind dunkle, geschlossene Lederschuhe am günstigsten. Verzichten Sie auf Stiefeletten, bequeme Sandalen, helle Schuhe, solche mit Lochmustern, Goldkettchen und Kreppsohlen. In vielen Branchen sind auch Slipper unangebracht. Tennisschuhe gehören in den Freizeitbereich.

Farb-Typ-Beratung

Erster Anhaltspunkt

Ausgehend von verschiedenen Ländern und dementsprechend verschiedenen Menschentypen, die jeweils einen unterschiedlichen Körperbau haben, können Sie die nachfolgende Tabelle als einen ersten kleinen Anhaltspunkt nehmen, um sich beim Kauf Ihrer Garderobe ein wenig zu orientieren.

Typ Körperbau	Dunkel	Hell
Schlank	▪ kräftige Farben (schwarz, anthrazit, dunkelblau u. Ä.) ▪ weiche Formen (Einreiher, Sportjackett u. Ä.)	▪ Pastellfarben (beige, hellbraun u. Ä.) ▪ weiche Formen (Einreiher, Sportjackett u. Ä.)
Sportlich	▪ kräftige Farben (schwarz, anthrazit, dunkelblau u. Ä.) ▪ weiche Formen (Einreiher, Sportjackett u. Ä.) ▪ eckige Formen (Zweireiher, Frack u. Ä.)	▪ Pastellfarben (beige, hellbraun u. Ä.) ▪ weiche Formen (Einreiher, Sportjackett u. Ä.) ▪ eckige Formen (Zweireiher, Frack u. Ä.)
Vollschlank	▪ kräftige Farben (schwarz, anthrazit, dunkelblau u. Ä.)	▪ Pastellfarben (beige, hellbraun u. Ä.) ▪ eckige Formen (Zweireiher, Frack u. Ä.)

Persönlichen Stil finden

Kreieren Sie Ihren persönlichen Stil, der typisch für Sie ist, mit dem Sie sich wohl fühlen und überzeugend wirken. Die Mühe lohnt sich gewiss: Jedes Produkt verkauft sich in einer ansprechenden Verpackung leichter. Und schließlich – auch das hat schon Freiherr von Knigge vor 200 Jahren erkannt –: „Jeder Mensch gilt in dieser Welt nur so viel, als wozu er sich selbst macht."

Literatur

Helen A. Augst: *Das große Buch der Umgangsformen. Das Standardwerk des „guten Tons" für alle Bereiche des beruflichen und privaten Lebens. Mit Business-Knigge.* Baden-Baden: Humboldt 2004.

Alessandra Borghese und Gloria von Thurn und Taxis: *Unsere Umgangsformen. Die Welt der guten Sitten von A bis Z.* München: Goldmann 2004.

Andrea Hurton: *Gute Umgangsformen heute.* Augsburg: Weltbild Verlag 1998.

Constanze Hutter: *Zeitgemäße Umgangsformen. Selbstsicher und erfolgreich in Beruf und Privatleben.* München: Heyne 2004.

Claudia Piras: *365 Tipps Umgangsformen.* Köln: DuMont 2002.

Brigitte Ruhleder: *Umgangsformen im Beruf.* Offenbach: GABAL 2001.

Asfa-Wossen Asserate: *Manieren.* München: dtv 2005.

Rosemarie Wrede-Grischkat: *Mit Stil zum Erfolg.* München: Heyne 2001.

8. Work-Life-Balance

Belastungsquellen erkennen und reduzieren

Wochenendarbeit, Übermüdung und mangelnde Leistungsmotivation sind die Folgen aus Überforderung und Stress. Dieser führt auch zu lustlosem und unkonzentriertem Arbeiten, zu ungeduldigerem und aggressiverem Verhalten, zu einem steigenden Risiko von Fehlentscheidungen und – abhängig von der Arbeitsmarktlage – zu einer größeren Wechselbereitschaft. In einer Wirtschaft, in der Mitarbeiter durch wachsenden Leistungsdruck, ständige Lernprozesse, hohe Flexibilität, permanente Erreichbarkeit und globale Mobilität bis an ihre Grenzen gefordert werden, ist es notwendig, Belastungsquellen und Stress der Lebenswelt zu erkennen und zu reduzieren. Um dies zu erreichen, braucht der Mensch ein ganzheitliches Lebensmanagement, bei dem die beruflichen Anforderungen mit den persönlichen Wünschen des Individuums im Einklang stehen. Das Work-Life-Balance-Konzept bietet hierzu einen konzeptionellen Rahmen.

8.1 Die fünf Lebensbereiche und Handlungsfundamente

Fünf Bereiche

Wollen Sie Ihrem Leben eine Struktur geben, so ist es sinnvoll, diese fünf Bereiche zugrunde zu legen (vgl. Seiwert und Tracy 2002, S. 29):

1. *Sinn und Werte*
   Liebe, Religion, Philosophie, Selbstverwirklichung
2. *Arbeitund Leistung*
   Beruf, Geld, Erfolg, Karriere, Vermögen
3. *Körperund Gesundheit*
   Fitness, Ernährung, Erholung, Entspannung
4. *Beziehungund Partnerschaft*
   Kontakte, Familie, Freunde, Zuwendung
5. *Umsetzungs-und Handlungskompetenz*
   Mentale Einstellung, Zielmanagement

Keinen Bereich vernachlässigen

Um zur Work-Life-Balance zu gelangen, ist es wichtig, allen fünf Bereichen gleichermaßen Aufmerksamkeit und Zeit zu schenken. Sind Sie beispielsweise unzufrieden mit Ihren Arbeitsbedingungen oder haben Geldsorgen, so wirken diese Faktoren auf die anderen Bereiche. Bauen Motivation und Leistungsfähigkeit nicht auf klaren Wertvorstellungen und persönlicher Sinngebung auf, so fehlt es an Orientierung. Lebensentscheidungen könnten möglicherweise in eine Sackgasse führen.

Gesunde Wechselwirkung

Gute Planung ist die Grundlage einer Work-Life-Balance. Zu dieser Planung gehört ein ganzheitliches Selbstmanagement von Zeit und Leben. Ziel ist dabei nicht eine prozentuale Gleichverteilung von Zeit auf alle Lebensbereiche, sondern die gesunde Wechselwirkung zwischen Psyche, Körper und sozialem Umfeld.

→ Ergänzende und vertiefende Informationen zu diesem Thema finden Sie im Abschnitt E „Stressbewältigungsmethoden" im zweiten Band dieser Buchreihe (Methodenkoffer Arbeitsorganisation).

Das Handlungsfundament für eine erfolgreiche Work-Life-Balance

Vier Säulen

Das Handlungsfundament des Lebens besteht aus vier Säulen: Träume, Werte, Ziele und Strategien. Auf diesem Fundament wird die Work-Life-Balance aufgebaut. Träume, Werte und Ziele sind zugleich die grundlegenden Handlungsmotive in der Lebensgestaltung eines Menschen. Strategien dienen der Umsetzung.

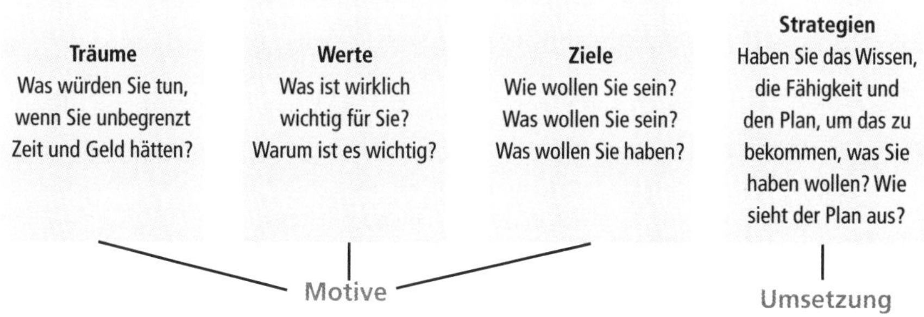

Träume

Träume können Hinweise darauf geben, was Sie im Leben glücklich machen würde. Basierend darauf können Ziele definiert werden. Wichtig dabei ist, dass Träume und Ziele mit Ihren persönlichen Werten im Einklang stehen.

Werte und Ziele

Werte entstehen im kulturellen Kontext und oft aus der elterlichen Erziehung heraus. Heute entscheidet jedoch jeder selbst über die Wahl seiner Werte. Diese sind nichts Endgültiges, sie können sich verändern und sich den Umständen anpassen. Wichtig ist zu erkennen, welche Werte Sie durch Ihr Leben begleiten. Sie müssen dabei sicherstellen, dass unterschiedliche Werte nicht in gegensätzliche Richtungen zielen, was ein „Auf-der-Stelle-Treten" zur Folge hätte. Werte und Ziele müssen also miteinander übereinstimmen. Nur wenn Sie bewusst und wertebasiert entscheiden, haben Sie die Kontrolle über Ihr Leben.

8.2 Life-Leadership: Analyse und Planung der Lebensbereiche

Lebensbereich Sinn und Werte

Werte geben Orientierung

Wenn Sie im Leben Entscheidungen nach dem „richtigen" Wert treffen, leben Sie auf Dauer stressfreier, da Ihnen klare Wertvorstellungen als Lebensorientierung dienen. Daher steht eine Analyse der inneren Werte am Anfang des Planungsprozesses einer Work-Life-Balance. Sie ist Basis und Vorausetzung, um im Leben zu Erfolg und Glück zu gelangen. Erfolg bedeutet, das zu bekommen, was man will, glücklich sein, das zu genießen, was man bekommen hat (Schäfer 1999, S. 28f.).

Decken sich Werte und Verhalten erst einmal, so bietet dies die Chance zur Selbstverwirklichung, denn: Nur wer seine Werte kennt, wird Ziele definieren, von denen er wirklich beseelt ist.

Persönliches Werteprofil

Jüngere Forschungen zu Motivationsstrukturen und Wertesystemen konstatieren für das menschliche Verhalten 16 grundlegende Bedürfnisse und Werte, die in ihrer jeweiligen Gewichtung zu einem persönlichen Werteprofil führen und damit Orientierung für den individuellen Lebensplan und den Lebensweg schaffen.

16 grundlegende Bedürfnisse

Zu ihnen gehören:

1. Ordnung
2. Macht
3. Beziehungen
4. Romantik
5. Sparen
6. Neugier
7. Familie
8. Ernährung
9. Ehre
10. Anerkennung
11. Status
12. Körperliche Aktivität
13. Idealismus
14. Unabhängigkeit
15. Rache
16. Ruhe

Fragen

Fragen Sie sich an dieser Stelle:

- Was sind die wirklich wichtigen Werte in meinem Leben?
- Welche Dinge interessieren mich überhaupt nicht?
- Wie gut kann ich meine wichtigsten Bedürfnisse in den verschiedenen Lebensbereichen verwirklichen?
- Welche Hindernisse und Schwierigkeiten gibt es dabei?
- Wie viel Zeit verbringe ich mit Dingen, die mir eigentlich nichts bedeuten?

→ Ergänzende und vertiefende Informationen zu diesem Thema finden Sie in den Kapiteln C 4 „Neurolinguistisches Programmieren“, D 1 „Biografische Selbstanalyse“ und B 2 „INSIGHTS-MDI®-Verfahren“ in diesem Buch.

Lebensprioritäten

Aus der Analyse von persönlichen Werten und Zielen folgt die Vergabe von Lebensprioritäten. Das Gefühl, im Leben zu vielen Dingen gleichzeitig nachzugehen und dabei das Wesentliche auf der Strecke zu lassen, hängt damit zusammen, dass wir oft zu viele Rollen im Leben gleichzeitig einnehmen. Diese Situation führt zu Zeitproblemen. Nur eine Konzentration auf das Wesentliche – sowohl im privaten als auch im beruflichen Bereich

– führt zu Erfüllung, Ausgewogenheit und Lebenserfolg (Seiwert und Tracy 2002, S. 34). Die Kräftekonzentration auf persönliche Leitbilder (Werte, Ziele, Lebensvision) sowie auf eigene Stärken, Talente und Fähigkeiten ist die Basis für jede zeitliche und inhaltliche Prioritätenbildung. Hiernach wird klar, welche Gewohnheiten, Kontakte und Handlungen beibehalten und welche verändert oder abgelegt werden sollten. Hierzu können Sie die Lebensbereiche gewichten und auch für private Termine Zeitfenster einplanen.

Schlüsselaufgaben

Ein weiterer wichtiger Punkt zur effizienten Zielerreichung ist die Konzentration auf Schlüsselaufgaben (Seiwert und Tracy 2002, S. 66ff.). Formulieren Sie eine Schlüsselaufgabe pro Lebensbereich. Um diese zu identifizieren, helfen die folgenden Fragen:

- Was will und muss ich in der nächsten Zeit beruflich wie privat tun, um erfolgreich zu sein?
- Welche Probleme, die sich ergeben, muss ich dafür aus dem Weg räumen?
- Was ist aus heutiger Sicht die wichtigste Aufgabe?
- Welche Partner und Mentoren können mich dabei unterstützen?
- Was würde mir am schnellsten helfen, meinem Leitbild näher zu kommen?
- Worauf will ich mich in den nächsten 18 bis 36 Monaten konzentrieren?
- Welche Grundbedürfnisse möchte ich dabei konstant erfüllen?

Lebensbereich Arbeit und Leistung

Zeitmanagement

Um den Lebensbereich Arbeit und im Besonderen die Arbeitsleistung zu optimieren und dabei die Arbeitszeit effektiv zu gestalten, empfiehlt das Work-Life-Balance-Konzept ein gutes Zeitmanagement, so wie es im Band 2 dieser Buchreihe dargestellt wurde.

→ Ergänzende und vertiefende Informationen zum Thema „Zeitmanagement“ finden Sie im Kapitel A 7 im zweiten Band dieser Buchreihe (Grundlagen der Arbeitsorganisation).

Fragen

Überprüfen Sie Ihren Lebensbereich Arbeit und Leistung mit diesen Fragen:

- Ist die tägliche körperliche und geistige Beanspruchung erträglich?
- Fühlen Sie sich am Arbeitsplatz sicher und sind Sie gewiss, ihn zu behalten?
- Finden Sie Zeit für Erholung und wissen Sie, was Sie am besten entspannt?
- Befindet sich Ihre biologische Uhr im Einklang mit den persönlichen bzw. beruflich bedingten Schlaf- und Wachrhythmen?
- Wissen Sie, was Sie am Arbeitsplatz besonders belastet, und können Sie damit umgehen?
- Haben Sie auch in Freizeit und Familie Ihre „Stressoren" im Griff?
- Fühlen Sie sich in Ihrer Arbeitsgruppe wohl?
- Genießen Sie die Möglichkeit, sich mit Ihren Kolleginnen und Kollegen zu unterhalten?
- Gibt Ihnen Ihre Arbeit ein Stück Selbstverwirklichung?

Lebensbereich Körper und Gesundheit

Fitness

Um im Besitz Ihrer emotionalen und geistigen Kräfte zu bleiben, sind körperliche Fitness und regelmäßiger Sport erforderlich. Körperliche Fitness ist ein wirksamer und leichter Weg zu mehr Lebensfreude und mehr Lebensenergie. Ein tägliches Lauftraining von 30 Minuten ist dafür ausreichend.

Wichtige Punkte

Diese Punkte sollten im Rahmen einer Work-Life-Balance in die Planung Ihres Lebensbereiches Körper und Gesundheit einfließen:

- *Gesundheitscheck*
  Mindestens einmal im Jahr sollte eine ärztliche Untersuchung stattfinden.
- *Körperpflege*
  Eine Wechseldusche (heiß – kalt) am Morgen stärkt den Kreislauf und das Immunsystem.
- *Bewegung*
  Es sollte eine Sportart gewählt werden, die Freude macht und ein regelmäßiges Ausüben erlaubt. Im Tagesplan sollte

die Sport-Zeit einen Vermerk erhalten. Partner helfen in der Ausübung von Sport (Hund, Freunde, Familie).

- *Entspannung*

  Abschalten Nach der Arbeit und vor anderen Tätigkeiten sollten mindestens 20 Minuten zum Abschalten genutzt werden (Spaziergang, Sport, Meditation). Aktive Entspannung oder Hobbys reduzieren den Tagesstress.
- *Körperkontakt*

  Partnermassage, Streicheleinheiten und Sex steigern körperliches und seelisches Wohlbefinden. Nehmen Sie sich daher Zeit für Zärtlichkeiten.
- *Ernährung*

  Mahlzeiten Nehmen Sie sich Zeit für regelmäßige Mahlzeiten. Das Essen sollte gut gekaut und dabei auch genossen werden. Eine ausgewogene Ernährung und ausreichende Flüssigkeitsaufnahme bringen Sie fit durch den Tag.
- *Schlaf*

  Ausreichend Schlaf (mindestens sieben Stunden) und angenehme Schlafbedingungen (ungestörter Schlafkomfort) sind elementar. Ein täglicher Mittagsschlaf wirkt Wunder. Auch ein zehnminütiges Augenschließen über dem Schreibtisch dient der Regenerierung in der Mittagspause.

Lebensbereich Beziehungen und Partnerschaft

Beziehungen pflegen Soziale Beziehungen und ein harmonisches Familienleben sind die Quellen unseres Lebensglücks und damit Antriebsfeder für Erfolg und ein Leben in Balance. Daher müssen Beziehungen im privaten Bereich ebenso gepflegt werden wie im beruflichen. Ansonsten kommt es zu Angst vor Konflikten mit dem Ehe- bzw. Lebenspartner oder zu einer Distanzhaltung gegenüber der Familie. Eine Negativspirale würde beginnen: Das Familienleben und Kontakte zu Freunden würden verkümmern.

Bewusste Abkehr Soziale Kontakte sind also elementar für den Aufbau einer Work-Life-Balance. Doch müssen Sie diese so dosieren, dass sie den individuellen Lebensumständen entsprechen. Sie sollten sich Gedanken machen, für welche Ihrer Mitmenschen Sie offen sind und sein möchten. Auch ist eine bewusste Abkehr von Einladungen, Problemen und Gesprächen oftmals angebracht.

Auch hier müssen strikte Prioritäten gesetzt werden. Eine ganzheitliche Lebensbalance fordert eben ein Bewusstwerden über seine sozialen Kontakte und bedeutet, aktiv Zeit für die Pflege von Freundschaften und Beziehungen einzuplanen, die einem besonders wichtig sind.

Kontakte bewusst gestalten

Diese Punkte sind für die Planung von sozialen Kontakten zu beachten (Seiwert und Tracy 2002, S. 128):

- *Kontaktvorbereitung*
  - Nach der Arbeit sollten Sie erst einmal abschalten (Spaziergang, Sport, Entspannung).
  - Erstellen Sie eine Liste mit Punkten, über die Sie mit Ihrem Partner sprechen wollen. Das unterstützt aktive Kommunikation.
  - Überlegen Sie, was Ihrem Partner wichtig ist und wie Sie ihm eine Freude bereiten können.
- *Kommunikation*
  - Reduzieren Sie Kommunikationsdiebe (passives Fernsehen, sich hinter der Zeitung verkriechen etc.).
  - Planen Sie Zeit für regelmäßige Aussprachen mit dem Partner, auch für Tabu-Themen.
  - Nehmen Sie sich Zeit, um mit dem Partner über Sinnfragen nachzudenken.
- *GemeinsameAktivitäten*
  - Halten Sie den Urlaub und das Wochenende möglichst frei von Arbeit.
  - Schaffen Sie sich Zeit für Familienaktivitäten (Sport, Spiel, Gespräche, Essen, Kino).

Kommunikationsdiebe

Umsetzung und Handlungskompetenz

Nicht Wissen ist Macht, sondern nur angewandtes Wissen! Die größte Hürde auf dem Weg zum Erfolg ist die fehlende Selbstdisziplin. Sie müssen sich daher mit Ihren Lebenszielen programmieren und Ihre Visionen schriftlich niederlegen. Zur Realisierung Ihrer Ziele müssen die persönlichen Visionen des beruflichen und privaten Lebens Bestandteil des Alltags werden und der große Lebensplan muss auf die Wochen- und Tagesplanung heruntergebrochen werden. Hiermit erfolgt in vielen kleinen täglichen Schritten die Vernetzung der Lebensvisionen.

Nur angewandtes Wissen ist Macht

Vier Aktionspunkte

Ein Team der Uni Würzburg arbeitete für die Balance von Arbeit und Leben diese vier Aktionspunkte heraus (vgl. o. V. 2002):

1. Zeitmanagement: Wofür wird die Zeit verwendet? Was ist sinnvoll, wo kann man Freiräume schaffen? Nur die Hälfte der Zeit sollte verplant werden, denn mit Störungen muss man immer rechnen!
2. Wer von Stress redet, muss erkennen, was er persönlich als Stress empfindet, und dann folgende Fragen beantworten:
   a) Was kann ich in meinem Umfeld tun?
   b) Wie sieht mein Verhalten gegenüber anderen Personen aus?
   c) Könnte ich meine persönliche Einstellung, meine Bewertung von Stress-Situationen ändern?
3. Erst jetzt folgt die Überlegung: Wo liegt für mich überhaupt mein Gleichgewicht? Wo würde ich gerne mehr Zeit und Energie investieren, damit eine Balance entsteht?
4. Sie müssen sich selbst gegenüber ehrlich sein: Woran scheitert die Umsetzung meiner Pläne? Es gilt, den „inneren Schweinehund" an die Leine zu legen und die Alltagsprobleme dingfest zu machen, die Sie immer wieder ausbremsen.

Zielmanagement

In diesem Zusammenhang empfiehlt sich ein Zielmanagement als Kursbuch für Ihren Lebens- oder Berufserfolg.

→ Ergänzende und vertiefende Informationen zu diesem Thema finden Sie im Kapitel A 2 „Willenstraining" im zweiten Band dieser Buchreihe (Methodenkoffer Arbeitsorganisation).

Glück und mentale Einstellung

Der Schlüssel zum Glück lautet: „Widme dich selbst der Entwicklung deiner natürlichen Talente und Fähigkeiten, indem du das machst, was du gerne tust. Und werde darin besser und besser" (Seiwert und Tracy 2002, S. 125).

Gesunder Egoismus

Glücklichsein erfordert demnach, das Leben nach eigenen Bedingungen und Ressourcen zu definieren und es so zu leben, wie Sie es sich wünschen. Glücklichsein erfordert daher auch ein gutes Stück gesunden Egoismus. Persönliches Glück hängt also davon ab, ob Sie sich selbst gefallen und Ihr Leben so führen, dass es Ihnen selbst gefällt.

Das Glück akzeptieren

Manche Menschen denken, sie verdienten kein Glück, und fühlen sich verleitet, das eigene Glück zu sabotieren. Daher muss man lernen, Glück zu akzeptieren. Das geht am besten, wenn Sie sich vergegenwärtigen, dass man ja für das Glück, das einem widerfährt, oftmals seine Talente und Fähigkeiten eingesetzt hat. Bezogen auf seine Lebensziele wird schon der kleinste Schritt, der Sie voranbringt, als Glück empfunden.

Positive Einstellung

Ein weiterer Grundsatz für das Erzielen Ihrer Work-Life-Balance ist eine positive mentale Einstellung und Haltung dem Leben gegenüber. Ihre Realität wird von dem bestimmt, was Sie denken und wie Sie denken. Soll sich in Ihrem Leben etwas ändern, müssen Sie sich zunächst selbst ändern. Hierbei ist die Kontrolle über das eigene Tun eine der wichtigsten Voraussetzungen für eine ausgeglichene Persönlichkeit. Das Prinzip der Kontrolle besagt: Wenn Sie sich selbst positiv wahrnehmen, kontrollieren Sie Ihr eigenes Leben. Wenn Sie sich negativ wahrnehmen, haben Sie keine eigene Kontrolle, sondern werden von außen fremdbestimmt. Nicht die anderen oder die Umstände, sondern die eigene Einstellung dazu ist mitverantwortlich.

Negative Emotionen

Negative Emotionen wie Ärger, Frust, Schuld, Groll, Neid, Eifersucht oder Angst sind der Hauptgrund für Versagen und Unzufriedenheit und rauben Ihnen die Lebensfreude. Negativ-Emotionen sind angelernt und können daher umgelernt werden. Sie sollten sich daher bewusst machen, welche Einstellungen und Entscheidungen in Ihrem Leben aus Angst oder aus Freude heraus entstehen. Angst „muss" und Lust „kann". Diese zwei Worte sind oft ein Indikator dafür, welche Lebenseinstellung gewählt wird und ob Entscheidungen aus Angst oder aus Lust heraus getroffen werden.

Nein sagen

Um zu Glück, Zufriedenheit, Balance und zum Erfolgstrio Selbstbewusstsein, Selbstwertgefühl und persönlicher Stolz zu gelangen, ist das Wort „Nein" wichtig. Wenn ein privater Anlass oder ein berufliches Projekt nicht die beste Art ist, die Lebenszeit zu verbringen, dann lernen Sie, Nein zu sagen, und tun Sie etwas anderes, was Ihre Zeit wirklich wert ist. Eine Rückbesinnung auf die inneren Werte und tiefsten Überzeugungen erweist sich somit als die Lösung für viele Probleme im Leben.

8.3 Fazit

Gutes Selbstmanagement

Work-Life-Balance erfordert, wie andere in dieser Buchreihe vorgestellten Konzepte, ein gutes Selbstmanagement und eine aktive Lebensgestaltung. Dazu gehören die Ausarbeitung persönlicher Lebensvisionen, die Formulierung von konkreten Lebenszielen im beruflichen und privaten Umfeld und das Festlegen geeigneter Erfolgsstrategien.

Glück durch Ausgewogenheit

Jedoch gibt es kein Patentrezept für ein ausgeglichenes Leben. Jeder Einzelne muss seine eigene Work-Life-Balance finden und seine Lebensbereiche so gewichten, dass ein Ausgleich zwischen Anspannung und Entspannung, zwischen Beruf und Privatem möglich wird. Wer diese Ausgewogenheit im Leben erreicht, wird dieses als glücklicher und zufriedener empfinden.

Literatur

Manfred Cassens (u. a.): *Work-Life-Balance. Wie Sie Beruf und Privatleben in Einklang bringen.* München: Beck 2003.

Heike M. Cobaugh, Susanne Schwerdtfeger: *Work-Life-Balance. So bringen Sie Ihr Leben (wieder) ins Gleichgewicht.* Landsberg: mvg 2005.

Hannelore Fritz: *Besser leben mit Work-Life-Balance. Wie Sie Karriere, Freizeit und Familie in Einklang bringen.* Frankfurt am Main: Eichborn 2003.

Helmut M. Großkopf: *Die souveräne Führungspersönlichkeit. Ratgeber für Rastlose.* Gräfelfing: Verlag Dr. Ingo Resch 2002.

Michael Kastner: *Die Zukunft der Work-Life-Balance. Wie lassen sich Beruf und Familie, Arbeit und Freizeit miteinander vereinbaren?* Kröning: Asanger 2004.

Jörg Knoblauch: *www.ziele.de. Wie Sie umsetzen, was Sie sich vornehmen.* Offenbach: GABAL 2005.

Harald Rost: *Work-Life-Balance, Neue Aufgaben für eine zukunftsorientierte Perosnalpolitik.* Leverkusen: Budrich 2004.

Lothar Seiwert und Brian Tracy: *Lifetime-Management: Mehr Lebensqualität durch Work-Life-Balance.* Offenbach: GABAL 2002.

Work Life Balance Expert Group: *Work-Life-Balance.* Frankfurt am Main: Redline 2004.

Work Life Balance Expert Group: *Work-Life-Balance. Leistung und Liebe leben.* Landsberg: Moderne Industrie 2004.

o. V. (2002): „Work-Life-Balance: Bleiben Sie im Gleichgewicht". Stuttgarter Zeitung vom 27.11.2002

Soweit nicht anders angegeben, entstammen die Zitate dieses Beitrages allesamt dem Buch „Lifetime-Management: Mehr Lebensqualität durch Work-Life-Balance" von Lothar Seiwert und Brian Tracy. Offenbach: GABAL 2002.

Stichwortverzeichnis